时滞奇异摄动不确定系统的
稳定性分析与控制

孙凤琪　著

科学出版社

北　京

内 容 简 介

控制系统要解决的一个基本问题是稳定性问题。时滞、摄动和不确定性的广泛存在,常常会使一个系统失稳失衡。因此,时滞奇异摄动不确定系统的鲁棒稳定性分析和设计问题,是控制理论研究的重要内容。本书针对现有系统研究的单一性和方法的局限性,对这类系统进行了综合性研究;构造一类新的 Lyapunov-Krasovskii 泛函,推导出一系列新的稳定性判据和控制器设计方法,并在 Lurie 系统以及滤波问题中进行推广和深入研究。

本书可供系统工程、信息与计算科学等相关工程应用专业的研究生、高年级本科生使用,也可为相关领域的科研人员提供理论参考。

图书在版编目(CIP)数据

时滞奇异摄动不确定系统的稳定性分析与控制/孙凤琪著. —北京:科学出版社,2018.8

ISBN 978-7-03-058527-1

Ⅰ.①时… Ⅱ.①孙… Ⅲ.①控制系统 Ⅳ.①TP13

中国版本图书馆 CIP 数据核字(2018)第 186626 号

责任编辑:裴 育 纪四稳 / 责任校对:张小霞
责任印制:吴兆东 / 封面设计:蓝 正

科 学 出 版 社 出版
北京东黄城根北街 16 号
邮政编码: 100717
http://www.sciencep.com

北京中石油彩色印刷有限责任公司 印刷
科学出版社发行 各地新华书店经销
*
2018 年 8 月第 一 版 开本:720×1000 B5
2023 年 2 月第五次印刷 印张:12
字数:242 000

定价:88.00 元
(如有印装质量问题,我社负责调换)

前　言

控制理论是集数学、计算机科学以及工程学于一体的交叉学科。20 世纪 50 年代,由钱学森撰写的《工程控制论》出版,开创了我国工程控制领域研究的先河,如今,许多控制理论的优秀研究成果已经居于世界领先地位,被广泛应用于实际生产中。其中,奇异摄动系统控制理论能够更加精准地对客观实际建模,被广泛投入工业实践,已跻身于现代高科技领域,具有高端的理论价值,获得了很好的社会效益,受到业内外普遍重视。

目前,侧重于时滞系统鲁棒稳定性的研究已经取得许多有意义的成果,但在理论上,时滞奇异摄动不确定综合控制系统的稳定性分析与镇定问题,还需要跟进与补充。

时域法中,如何选择适当的 Lyapunov-Krasovskii 泛函,是用状态空间法进行系统分析与设计的关键。本书在研究总结现有理论成果的基础上,提出新的 Lyapunov-Krasovskii 泛函,借助 Lyapunov 稳定性理论、线性矩阵不等式技术和矩阵分析理论等,研究这类综合系统的稳定性分析和控制问题。

全书共 7 章,第 1 章是理论综述,介绍时滞奇异摄动系统的理论背景和研究现状,对稳定性分析和控制进行概述,对已有的研究方法和研究结果作归纳总结,提出存在的不足与改进方向。第 2~5 章分别针对时不变时滞奇异摄动系统、时变时滞奇异摄动系统、时滞奇异摄动不确定系统进行稳定性分析与控制;构造出一种新的依赖奇异摄动参数的 Lyapunov-Krasovskii 泛函,提出基于线性矩阵不等式的稳定性分析方法、控制器设计方法和稳定界的估计方法,得到时滞相关、时滞无关的稳定性判据,以增大系统稳定界;在保性能控制中,设计一种新的二次 Lyapunov-Krasovskii 性能指标,得到闭环系统性能指标最小上界。第 6 章是理论推广与应用,列举两种系统,并运用本书理论进行深入研究。本书方法的优势在于:直接分析系统,不做任何模型变换,不依赖于系统分解和降阶技术,能够应用于标准、非标准情形。通过数值算例,与已有结果比较,证明本书方法具有很好的可行性和较小的保守性。第 7 章是总结与展望,指出针对本书的时滞奇异摄动不确定系统,鲁棒控制理论研究中需进一步探讨和解决的问题,并提出时滞奇异摄动系统的未来发展方向。

本书由吉林师范大学孙凤琪教授撰写,是继《凤琪散文集》之后,作者又一部个人专著。学术尚浅,成品犹欢;“萃时域之经典,著摄控之华章”。

在书稿整理与撰写期间,得到了韩国汉阳大学刘亦格博士的专业策划与指点;

在前期理论学习期间,得到了中国矿业大学杨春雨教授、东北大学张庆灵教授和井元伟教授,以及燕山大学马越超教授等的指导和帮助。在此向各位老师表示诚挚的谢意。

　　由于作者学术水平有限,书中难免存在不妥之处,诚请广大读者批评指正。

作　者

2018 年 3 月于吉林师范大学

目　　录

第1章　时滞奇异摄动系统理论与应用综述

1.1　时　滞　系　统

1.1.1　时滞系统概述

系统的变化趋势不仅依赖于系统当前的状态,也依赖于过去某一时刻的状态,这类系统称为时滞系统[1-5]。具体地说,时滞系统是指作用于系统上的输入信号或控制信号与在其作用下系统所产生的输出信号之间存在着时间延迟的一类控制系统[6-8]。时滞是传输时间和计算次数的直接反映,时滞产生的原因有很多,如系统变量测量、物质及信号的传递、复杂的在线分析仪、长管道进料或皮带传输以及缓慢化学反应过程等。这些因素的存在,使得时滞现象普遍存在于电子、机械、金属、化工、生命科学以及经济管理等各种实际系统之中,它是造成系统不稳定的重要原因,而且常常是导致实际控制系统品质恶化甚至不稳定的主要因素。

时滞控制(有文献称为时滞重复控制)最初是由以中野道雄为首的日本学者,利用时滞环节的记忆功能而提出的重复控制方案[8],是一种基于时滞正反馈的控制方法。从外部表现形式来看,反映的是系统跟踪周期信号的能力。

在工业生产过程中,具有时滞特性的控制对象是非常普遍的。对象的纯滞后时间对控制系统的控制性能极为不利,不仅使系统的稳定性降低、过渡过程的特性变坏,而且往往可以使系统的性能指标下降,而且,纯滞后占整个动态过程的时间越长,控制的难度越大[9]。虽然有些情况下人们往往忽略时滞对系统性能的影响,但在通常情况下,时滞对系统的影响非常显著,这时就要充分考虑时滞对系统的影响。

时滞系统的控制问题,一直是困扰自动控制领域的一大理论难题。运动方程存在唯一性及零解的稳定性理论,之后逐渐产生 Smith 预估控制、Dahlin 算法、自适应控制、预测控制、鲁棒控制、变结构控制、智能控制及各种复合控制策略等。

从理论分析的角度来看,在连续域中,时滞系统属于无穷维系统,特征方程是一个超越方程,有无穷多个特征根;而在离散域中,时滞系统的维数随时滞的增加呈几何规律增长,这给系统的稳定性分析和控制器设计带来很大困难。对时滞系统的研究,不论从数学理论上还是在工程实际中,都是非常困难的。文献[10]～[12]所研究的系统都含有时滞项,直至目前,该领域的理论研究中仍存在许多尚未完全解决的问题。

在不同情况下,时滞项对不同系统的影响不尽相同,有的情况下因系统的时间滞后量相对于系统的时间常数较小,对系统影响不大,在系统的设计与模型中可以将时滞略去,从而简化该控制系统的模型,以无滞后系统来代替实际的有滞后系统。但在有的情况下,时滞项会对系统产生重大的影响。例如,在化工过程的锅炉温度控制中,一个控制信号输入后,许久不见输出信号响应,这就需要考虑实际系统中的大滞后对工程系统的影响;在过程控制中,例如,输油管道中的滞后,其滞后量是时间的函数,会因季节不同,而使之成为时间的陡升曲线函数,在这种情况下,就要考虑时变滞后、无穷滞后和相关滞后对控制系统的影响;尤其在航天领域,对航天飞机或宇宙飞船的控制信号,一秒钟的时间滞后也会对航天飞机或宇宙飞船的控制大系统产生很大的影响,可能会造成不可估量的损失甚至灾难。因此,对时滞系统的研究具有广泛的应用背景和实际的理论价值。

滞后系统的基本理论主要包括稳定、镇定、鲁棒控制、保性能控制、预测控制、次优控制和最优控制等。

稳定性是控制系统的重要结构特征,也是系统能够正常运行的首要条件。镇定是通过反馈控制律的选取,使闭环系统稳定。目前,时滞系统的稳定性和镇定的研究方法主要可归结为时域法和频域法,国际上,关于时滞系统的研究成果多集中在时滞无关鲁棒镇定与鲁棒控制等方面[13-19]。

在实际系统中,出现的时滞项一般都是有界的,无穷时滞通常不会出现,时滞无关的鲁棒控制结果一般都比较保守。与时滞无关镇定相比,时滞相关镇定的研究结果较少,这是因为时滞相关镇定及鲁棒控制更精确的结果较难得到。由于镇定控制的初衷是保证闭环系统的稳定性,一般不考虑系统的动态性能,影响了它的使用效果。时滞系统的变结构控制因容易实现及其滑动模态对外部扰动有很强的自适应性等优点,近年来越来越受到人们的重视。目前,国际上见到的相关论著较少,国内学者做了一些有益的工作,得到的结果多数是时滞无关控制。时滞无关变结构控制因条件较保守,应用上受到了很大的局限性。在时滞系统的控制结构研究中,工程上常利用预估器将闭环系统的时滞部分移至环外[20-22],从而,控制律可按无时滞系统的方法设计。然而,Smith 预估器对系统模型的精度要求较高,且一般只适用于低阶系统,并且系统模型的不精确性还可能导致系统的不稳定性。时滞系统的保性能控制由于考虑了系统的性能指标,近年来受到了人们的重视[23-29]。保性能控制的控制目标是保证性能函数收敛,这一控制效果一般优于镇定控制,但没有考虑性能的最优化问题。

最优控制是指在一定的具体条件下,选取一个控制,使系统的某些性能指标具有最优值。最优控制是现代控制理论的核心,时滞系统的最优控制一直是人们关注的热点问题之一[30,31],但求时滞系统的精确解几乎是不可能的。更可行的方案是用近似方法求解,即得到时滞系统的次优控制。时滞系统基于二次型性能指标的最优控制问题,通常导致一既含时滞项又含超前项的两点边值问题,求解该问题的解析解非常困难。因此,人们通过研究其数值解法,如逐次逼近法、摄动法[32-34]等,进而研究系统的次优控制律[35-37]。文献[37]给出了利用 Taylor 级数逼近线性时滞系统最优控制律的近似方法。另外,模糊控制等智能控制方法[38]也是研究时滞系统最优控制问题的有效工具之一。

1.1.2　时滞系统稳定性

稳定性是时滞控制理论中的重要问题,很多专家学者对此进行了深入研究。时滞项的存在致使时滞连续系统特征方程在本质上是超越方程而不再是代数方程,这便导致时滞系统比非时滞系统更难以整定,对其稳定性的分析也变得困难。在时滞系统稳定性分析中常用到的稳定性概念主要有 Lyapunov 意义下的稳定性、指数稳定性、α 稳定性、一致稳定性、渐近稳定性、大范围渐近稳定性、D 稳定性和鲁棒稳定性等。当考虑不确定性因素时,人们最关心的是系统的鲁棒稳定性问题,本节主要研究 Lyapunov 意义下的鲁棒稳定性。

稳定性分析方法[39-41]有无限维系统理论方法、代数系统理论方法和微分方程理论方法[42-44]。目前,研究时滞系统主要应用微分方程理论方法。

时滞系统稳定性判据主要有两类:一类是以研究系统传递函数为主的频域法;另一类是以研究系统状态方程为主的时域法,即状态空间法。频域法是最早的稳定性研究方法,它通过超越特征方程根的分布即传递函数的根的特性分析或复 Lyapunov 矩阵函数方程的解来判定稳定性,只适用于定常时滞系统,频域法难以处理含有不确定项以及参数时变的时滞系统;时域法是目前时滞系统稳定性分析和综合的主要方法,Lyapunov-Krasovskii 泛函方法(简称 L-K 方法)创立于 20 世纪 50 年代末,是目前应用最广泛的方法,但没有一般方法来构造 Lyapunov-Krasovskii 泛函。因此,得到的只是一些存在条件,不能获得一般解。后来,利用 MATLAB 工具箱来求解 Riccati 方程或线性矩阵不等式(LMI),利用它们的解来构造 Lyapunov-Krasovskii 泛函,使其在线性系统的稳定性分析中起着非常重要的作用,本书就是侧重这一点进行深入研究的。

近年来,Lyapunov-Krasovskii 泛函方法占据了时滞系统鲁棒性分析综合的主要部分。利用 Lyapunov-Krasovskii 泛函结合 LMI 工具对时滞系统进行稳定性分析,得到的结果便于进行控制器的设计和综合,因此成为控制理论和控制工程领域研究的热点问题,得到一大批优秀成果。在这类成果中,两类充分条件备受关注。

(1)条件独立于时滞大小,称为时滞无关(time-delay independent)条件[45-49],此时的 Lyapunov-Krasovskii 泛函一般取为如下形式:

$$V_1(t,x_t) = x^{\mathrm{T}}(t)Px(t) + \int_{t-h}^{t} x^{\mathrm{T}}(s)Qx(s)\mathrm{d}s$$

其中，$P=P^{\mathrm{T}}>0$、$Q=Q^{\mathrm{T}}>0$ 为待定对称正定矩阵。

对 $V_1(t,x_t)$ 沿着系统求导并令其小于零，即得系统稳定的时滞无关矩阵不等式条件为

$$\begin{bmatrix} PA+A^{\mathrm{T}}P+Q & PA_d \\ * & -Q \end{bmatrix} < 0$$

其中，A、A_d 是所给系统的系数矩阵，它对于矩阵变量 P、Q 是线性的，利用 MATLAB 的 LMI 工具箱进行求解，若有解，则根据 Lyapunov-Krasovskii 稳定性理论可知，系统对任意的 $t \geqslant 0$ 渐近稳定。

时滞无关条件对于小时滞系统具有较强的保守性。

（2）与时滞大小信息有关的稳定性条件，称为时滞相关（time-delay dependent）条件，最大允许时滞上界就成为衡量时滞相关条件保守性的主要指标。自 20 世纪 90 年代开始，研究时滞相关稳定性的主要方法，是在时滞无关 Lyapunov-Krasovskii 泛函中加入二次型双积分项：

$$V(t,x_t) = \left(x^{\mathrm{T}}(t)Px(t) + \int_{t-h}^{t} x^{\mathrm{T}}(s)Qx(s)\mathrm{d}s\right) + \int_{-h}^{0}\int_{t+\theta}^{t} x^{\mathrm{T}}(s)Rx(s)\mathrm{d}s\mathrm{d}\theta$$
$$= V_1(t,x_t) + V_2(t,x_t)$$

其中，$V_2(t,x_t)$ 对时间的导数为

$$\dot{V}_2(t,x_t) = hx^{\mathrm{T}}(t)Rx(t) - \int_{-h}^{0} x^{\mathrm{T}}(s)Rx(s)\mathrm{d}s$$

国际上针对时滞相关问题采用的研究方法主要是确定模型变换方法，确定模型变换方法主要是将一个具有离散时滞的系统通过牛顿-莱布尼茨公式，将其转变成一个具有分布时滞的新系统，具体有四类[35,49]。

国内外学者致力于时滞控制系统的时滞相关条件研究，减小结果的保守性是其主要努力方向，且主要采用三种方法，即交叉项界定方法、模型变换方法以及 Lyapunov-Krasovskii 泛函的适当选取。目前所得到的稳定性结果都是基于一个或多个技术的结合，Fridman 提出的描述模型变换方法结合 Moon 不等式方法[43,50]，可以得到具有较小保守性的条件。最近也出现了一些创新性的思想和方法，如韩清龙和张先明的积分不等式法、何勇的自由权矩阵法，以及新的 Lyapunov-Krasovskii 泛函的选取方法等[51-53]。近年来，在稳定性分析、鲁棒控制、可靠控制、保性能控制，以及混沌控制中的时滞相关问题已引起了许多学者的关注和广泛研究，成为控制领域热点问题。本书主要侧重新的 Lyapunov-Krasovskii 泛函的选取方法，以此来研究系统的稳定性。

1. 时滞控制器设计发展概况

时滞系统的特征方程有无穷多个极点，控制的难度很大。对时滞系统的控制

最早可追溯到 20 世纪 30 年代的 PID 控制。不过,控制界一般认为 $\tau/(\tau+T)$ 接近于 1 时,PID 控制便无能为力。所以,Smith 预估器被认为是时滞系统控制的第一种方法。此算法采用补偿原理,将过程的滞后环节从系统特征方程中消除,使系统经过滞后时间以后的输出响应能够任意调整。状态预估控制和过程模型控制都是借用 Smith 预估器的思想实现理想的抗干扰性能。后来,这一方法成为建立在有限 Laplace 变换基础上的有限谱配置。继 Smith 预估器之后的又一种时滞系统控制器设计方法是 Dahlin 算法。它是基于最小拍设计思想,将一阶惯性加纯滞后过程或二阶惯性加纯滞后过程设计成闭环系统传递函数为一阶惯性加纯滞后的形式。预测控制吸收了 PID 控制和最优控制的长处,克服了二者的缺点,在时滞系统的控制方面得到了广泛的应用。PID 控制、Smith 预估控制和 Dahlin 算法控制在对时滞过程的控制方面各有千秋,张卫东[54]找到了其内在联系,指出借用内模原理和 H_2/H_∞ 设计思想,PID 控制、Smith 预估控制、Dahlin 算法控制,甚至包括预测控制中的模型算法控制在传递函数意义上是一致的,它们都等价于实际 PID 控制器[46,47]。

近几年来,时滞系统的理论面临着一个转折点。上述方法仅考虑了对标称对象的控制,没有充分考虑不可避免的建模误差。在实际运用中,当扰动存在时,有时会导致不稳定。因此,从实践的角度考虑,对时滞系统的控制需要考虑鲁棒稳定性和低灵敏度问题。人们的目标开始转向鲁棒镇定控制和混合灵敏度问题,转向不确定系统保成本控制、鲁棒可靠控制、容错控制、无源控制、耗散控制以及基于鲁棒性能指标的 PID 参数自整定等问题[55,56]。

2. 保性能控制

保性能控制(guaranteed cost control)也称为保成本控制或保代价控制[57-60],是人们在寻找实现全局目标函数优化问题的有效方法时产生的,其基本思想由 Chang 和 Peng 首次提出。对于不确定系统,利用 Lyapunov-Krasovskii 泛函建立一个具有上界的二次成本函数,然后依此来设计反馈控制律(保成本控制律),使得闭环系统鲁棒稳定且其成本函数不超过预先确定的上界(称为保成本值)。保性能控制问题的主要思想就是对具有参数不确定性的系统,设计一个控制律,不仅使得闭环系统稳定,而且使得闭环系统的性能指标不超过某个确定的上界。最初,保性能控制是基于以下状态方程描述的不确定系统提出的:

$$\dot{x}(t)=(A+\Delta A)x(t)+(B+\Delta B)u(t),\quad x(0)=x_0$$

其中,$x(t)\in \mathbf{R}^n$ 是系统的状态向量;$u(t)\in \mathbf{R}^m$ 是控制输入;A、B 是具有适当维数的已知常数矩阵;ΔA 和 ΔB 是适当维数的不确定性矩阵函数,表示系统模型中的参数不确定性。假设所考虑的参数不确定性是参数有界的,且具有以下形式:

$$[\Delta A\quad \Delta B]=DF(t)[E_1\quad E_2]$$

其中,D、E_1 和 E_2 是适当维数的常数矩阵,它们反映了不确定性的结构信息;$F(t) \in \mathbf{R}^{i \times j}$ 是一个未知矩阵,它可以是时变的,且满足如下范数有界形式:

$$F^{\mathrm{T}}(t)F(t) \leqslant I$$

对于上述系统,定义二次型性能指标:

$$J = \int_0^\infty (x^{\mathrm{T}}(t)Qx(t) + u^{\mathrm{T}}(t)Ru(t))\mathrm{d}t$$

其中,Q 和 R 是给定的对称正定权矩阵。

对于该系统和性能指标,如果存在一个控制律 $u^*(t)$ 和一个 J^*,使得对所有允许的不确定性,闭环系统是渐近稳定的,且闭环性能指标值满足 $J \leqslant J^*$,则 J^* 称为不确定系统的一个性能上界,$u^*(t)$ 称为不确定系统的一个保性能控制律。

近年来,随着不确定系统鲁棒二次整定研究的极大进展,保性能控制再次受到关注。Peterson 和 McFarlane 等[37,57]研究了不确定线性系统关于积分二次型成本函数的优化保成本控制问题,获得全局目标函数 J 的次优性。基于线性系统的保成本分析思想,Esfahani 和 Peterson、俞立等[60-63]采用 LMI 方法,对不确定线性状态时滞系统的状态反馈/输出反馈保成本控制进行了具有指导意义的探讨。然而,这些文献中,要么求解方法存在缺陷,要么所做的模型假设或初始条件假设很难满足[64,65]。因此,如何减弱条件,考虑控制时滞和关联时滞等将是不确定性时滞系统保成本控制研究中需要解决的问题。时滞系统分类如表 1.1 所示。

表 1.1　时滞系统分类

系统名称	主要特征
集中参数时滞系统	用普通的时滞微分(或差分)方程来描述
分布参数时滞系统	用偏微分方程来描述
确定性时滞系统	数学模型的各项系数是确定的
不确定性时滞系统	数学模型的各(部分)项系数可表示为确定量和不确定有界量之和的形式
随机时滞系统	数学模型的各(部分)项系数是随机的
连续时滞系统	用时滞微分方程来描述
离散时滞系统	用时滞差分方程来描述
混合时滞系统	用时滞微分、差分方程来描述
线性时滞系统	用线性时滞微分(或差分)方程来描述
非线性时滞系统	不能用线性时滞微分(或差分)方程来描述
时不变时滞系统	用常系数时滞微分(或差分)方程来描述
时变时滞系统	用变系数时滞微分(或差分)方程来描述

注:本书研究的是用时滞微分方程描述的连续线性时滞系统。

1.1.3　今后需要进一步解决的问题

（1）目前有关时滞系统稳定性的分析结果有很多[66-68]，但是进行控制器设计时，只在个别情况下才会得到线性矩阵不等式，多数情况下得到的是多项式矩阵不等式（PMI）或双线性矩阵不等式（BMI）。如何将多项式矩阵不等式转化为线性矩阵不等式，或者在无法转化成线性矩阵不等式时，如何对其利用优化方法进行求解，是今后继续努力的方向，目前发展起来的多项式优化理论有望为这一问题提供系统化方法[69-72]。

（2）如何得到计算复杂性低，同时保守性较小的稳定性准则是未来的努力方向。其中 Lyapunov-Krasovskii 泛函的适当选取，尤其是参数依赖的 Lyapunov-Krasovskii 泛函的选取，将对结果的保守性产生积极影响[73]，而利用二次分离原理进行稳定性分析，也为减小结果的保守性提供了思路，这方面还有大量的工作有待进行。

（3）基于线性矩阵不等式的稳定性准则在保守性方面难以比较，至少看起来不直观。原因是线性矩阵不等式在矩阵维数、变量及变量个数方面有所不同。常用的比较是基于数值算例，理论分析较少，文献[74]～[76]在这方面做了很好的探索。进一步寻求系统化方法进行相关分析很有意义。

（4）近年来有关时滞的讨论多数集中在线性系统，有关非线性时滞系统的讨论则较少（当然也有例外[77]），而实际系统往往是非线性的，这也是进一步努力的方向之一。

（5）目前，时滞系统的无记忆不依赖于时滞大小的各种 H_∞ 控制器的设计已基本解决，包括状态反馈控制器设计、动态输出反馈控制器设计、基于状态观测器的动态反馈控制器设计等。其处理问题的方法已从 Riccati 方法过渡到先进的线性矩阵不等式方法。同时，不依赖于时滞的不确定系统的 H_∞ 控制方法在时滞较小时存在的保守性，以及无记忆反馈控制对于时滞较大的系统显得无能为力，因此对于时滞不确定系统，利用 LMI 技术和有记忆控制研究时滞相关型鲁棒 H_∞ 控制器的设计问题是一个具有挑战性的课题。

最简单的包含滞后的一阶线性定常系统，其特征方程是超越方程，有无穷多个特征根，所以其解空间是无穷维的。含滞后的非线性控制系统、时变系统或高阶系统则具有更加复杂的动态响应行为。因此，虽然自 18 世纪在弦振动中提出了滞后系统的概念，到今天在滞后系统的研究中发表了大量的论文，出版了多本著作，但对于滞后系统的研究方兴未艾，预计在今后很长一段时间内，滞后系统仍是科研工作者感兴趣的研究课题之一。

1.2　奇异摄动系统

1.2.1　奇异摄动系统概述

在工业生产过程和其他制造行业中,许多系统往往包含一个以上的时标,这类系统统称为奇异摄动系统。在航行、电力等许多领域的建模与控制中经常遇到一类双时标系统,奇异摄动系统就是控制领域中一类典型的动态双时标系统[78-82]。

1964 年,钱伟长教授提出了建立广义变分原理的系统性方法,奠定了中国近代力学和应用数学奇异摄动理论的基础。随着近代数学、物理学、天文学研究的快速发展,在自动控制、量子力学、气体力学、天体运动学等相关领域的研究中抽象出了一类特殊的微分方程数学模型,即最高阶导数前带有小参数的微分方程,对这类方程求解,利用经典的幂级数解法,构造其解的一致有效的渐近展开式是非常困难的,这类问题统称为摄动问题。

摄动问题分为正则摄动问题和奇异摄动问题两类形式。通常通过抑制小参数来达到降低系统维数的系统为奇异摄动系统。换句话说,一个由含有小参数 ε 的微分方程描述的问题,如果这个微分方程的阶数当 $\varepsilon=0$ 时要比 $\varepsilon\neq0$ 时低,那么称此问题为奇异摄动问题。反之,则是正则摄动问题。

为解决这类问题,数学家和物理学家开创了伸缩坐标法、匹配渐近展开法、多重尺度法等一系列方法和技巧,并形成了应用数学的一门新的学科:摄动方法(perturbation method)。

摄动方法是处理摄动问题的控制方法,是把系统视为理想模型,视参数或结构为微小扰动的结果来研究其运动过程的数学方法。这种方法最早应用于天体力学,用来计算小天体对大天体运动的影响,后来广泛应用于物理学和力学的理论研究中[83,84]。

奇异摄动方法是研究奇异摄动理论的主要方法,早在 1904 年由 Prandtl 在流体动力学系统的边界层现象中提出并且研究。后来,Levinson 和 Tikhonov 等又做了大量工作[82-88],直到 Vasil'eva[89] 和 Wasow[90] 将奇异摄动问题的求解在理论上最终归结为微分方程分析问题,这些工作都为系统控制领域中的奇异摄动系统模型的建立和进一步研究打下了坚实的基础。

这类系统通常是以高阶动态方程的形式出现的,一些小参数的出现通常会导致这些系统具有逐渐增加的阶数。而这些含有小参数的附加方程会使系统的数学模型有较宽的时间跨度,可能跨越一个甚至多个数量级,这个大的时间跨度通常会导致数学模型是"刚性"的。

对这类系统通常的处理方式是针对具体关心的时间尺度,完全忽略更为高频特性的快动态,仅以主导极点所表征的低频和中频动态来近似逼近原系统。这类方法控制精度要求不高,系统运行环境较为理想,高频动态不被激发时具有较好的效果,因此直到今日一直被沿用。然而,随着控制精度要求和系统的复杂性日益提高,高频的快动态一般不能做简单的忽略处理。

在这个背景之下,许多传统的控制领域,如电力系统已经开始考虑以快慢动态兼顾的各类网络结构保留模型,这些模型的形式是典型多时标系统模型。因此,如何恰当地处理这一类较为精确的模型已经成为一个较为迫切的实际问题。这些模型之中,奇异摄动系统可以成为一类典型的多时标系统模型[91,92]。

奇异摄动法分析和设计的主要目的就是减小模型中快变量和慢变量的相互关系,降低系统维数,严格限制作为快慢变量比率的摄动小参数,使快变量相对于慢变量的动态响应趋于零。当参数比较小时,在各自的时域内求其近似的响应特性。

维数“灾难”连同“刚性”,使得对这类系统的分析和控制显得尤为困难,而奇异摄动和时标方法能够很好地降低系统维数和缓解刚性,因此是研究上述系统的主要手段。

中国力学工作者对摄动方法的发展有开创性贡献。钱伟长在 1948 年求解圆板大挠度问题时,提出现在称为合成展开法的方法;郭永怀在 1953 年把由庞加莱和莱特希尔发展起来的方法推广应用于边界层效应的黏性流问题;钱学森 1956 年又深入阐述了这个方法的重要性,并将其称为 PLK(Poincaré-Lighthill-Kuo)方法[93-95]。

对于研究摄动问题的奇异摄动系统,又分为连续和离散两种情形。而连续、离散奇异摄动系统又可分为线性的和非线性的,还有不确定线性的等。这些理论相互交错在一起,构成错综复杂的理论脉络,形成庞大的摄动理论控制体系,在当今时代,具有极其广泛的理论空间和应用价值。

1. 连续奇异摄动系统

连续奇异摄动系统(continuous systems)[96-102] 的系统模型一般表现形式如下:

$$\begin{cases} \dot{x}(t) = A_{11}(t)x(t) + A_{12}(t)z(t) + B_1(t)u(t) \\ \varepsilon\dot{z}(t) = A_{21}(t)x(t) + A_{22}(t)z(t) + B_2(t)u(t) \end{cases} \tag{1.1}$$

其中,摄动参数 $\varepsilon \ll 1$,如果式(1.1)中各系统矩阵是时不变定常矩阵,则式(1.1)就为线性连续时不变奇异摄动系统,否则称为时变奇异摄动系统。

2. 离散奇异摄动系统

离散系统与连续系统不同,离散奇异摄动系统(discrete systems)由于采样速率的不同,往往存在多种表达形式[103-106],常见的有以下几种差分方程形式:

$$\begin{cases} x(k+1) = A_{11}x(k) + A_{12}z(k) \\ z(k+1) = A_{21}x(k) + A_{22}z(k) \end{cases}$$

$$\begin{cases} x(k+1) = A_{11}x(k) + (1 - A_{12})z(k) \\ z(k+1) = A_{21}x(k) + A_{22}z(k) \end{cases} \qquad (1.2)$$

$$\begin{cases} x(k+1) = (1 + A_{11})x(k) + A_{12}z(k) \\ z(k+1) = A_{21}x(k) + A_{22}z(k) \end{cases}$$

目前,许多连续系统的分析方法已推广到离散情形。

1.2.2　奇异摄动系统的应用背景

近年来,时滞奇异摄动系统的分析与设计问题越来越受到人们的重视。例如,文献[107]～[113]分别讨论了时滞奇异摄动系统的可控性问题和镇定问题[114-116],Fridman 讨论了时滞对奇异摄动系统稳定性的影响[117,118]。关于无时滞奇异摄动系统二次型最优控制的研究已有大量的研究成果[119-125]。对于时滞奇异摄动系统的优化控制问题,Glizer 等[118]给出了含小时滞的线性奇异摄动系统的 H_∞ 算法;针对奇异摄动系统组合控制律和减振控制律的近似设计方法受文献[35]中 Taylor 级数法的启发,文献[126]和[127]将更一般的正交级数方法引入时滞奇异摄动系统组合控制的近似研究,采用正交多项式方法研究时滞奇异摄动系统的组合控制律设计问题。

随着大规模的智能化生产日新月异和社会机械自动化水平的不断进步,奇异摄动系统的应用正迅速普及推广,现已逐步渗透到科研和生产生活的各个领域,如复杂系统分析、机器人控制、航天工程、过程控制、制造业和电力系统领域等。除此之外,以下几个方面也是正在广泛应用的最新范畴[128-130]:

(1) 奇异摄动方法在缓速系统中的应用;

(2) 奇异摄动方法在输电线非线性振动问题中的应用;

(3) 奇异摄动型卡尔曼滤波算法及其在互联电力系统负荷频率控制中的应用;

(4) 污水处理过程的奇异摄动模型仿真研究;

(5) 奇异摄动建模及其在飞机着陆控制中的应用。

目前,摄动系统还广泛应用于传热、力学以及网络摄像机的设计等许多实际问题中。

1.2.3　稳定性与镇定控制

1. 线性

对线性时不变奇异摄动系统,经典的稳定性分析结果由 Klimushev 于 20 世纪

60 年代通过快慢分解的思想得到，即如果快、慢子系统均是稳定的，则摄动参数必存在一个稳定上界，在此范围之内，奇异摄动系统是稳定的。

由于该方法将奇异摄动系统的稳定性分解为快、慢子系统的稳定性，避免了由摄动参数引入的病态问题，因而直至今日仍然是分析稳定性的主要方法之一，该方法的关键在于对摄动参数上界的计算。多年以来，各国的学者在这一领域做了大量工作，早期的方法一般是频域方法，如文献[131]～[134]采用频域方法求取上界，即将状态空间模型转化为等价的频域模型，通过检查相关条件来确定其值。而文献[135]采用广义 Nyquist 图作为工具，当快模态维数为 1 时，能够得到确切的上界，但该方法很难推广到高维情形。

较之频域方法，时域方法的优点在于所需的假设较少，且可用于高阶系统，如文献[136]将问题转化为摄动参数不确定性的系统鲁棒性问题，利用临界判据法，只需求解矩阵的实特征值即可。文献[137]采用时域方法和频域方法同时给出了摄动参数上界的闭合解析式。线性时不变奇异摄动系统的严格稳定性判别条件已经得到，但计算过程尚需简化。

在闭环系统方面，文献[138]研究了采用输出反馈时闭环系统的稳定性，并给出鲁棒稳定性的定量分析。

对于时滞系统，文献[139]研究了单时滞情形，在估计稳定上界方面，提出了与时滞无关的充分条件，但只限于时滞存在于慢状态方程的情形。文献[140]采用 Laplace 变换，利用 H_∞ 指标，得出了存在多重时滞时的稳定上界，结果适用于时滞同时出现在快、慢状态方程中的情形，而且依赖于时滞。

2. 非线性

在非线性奇异摄动稳定性分析方面，文献[141]的工作影响力较大。

由于奇异摄动系统的特殊性，其稳定性问题比较复杂，需要说明是否存在摄动参数上界，使得系统对于任意满足条件的摄动参数都是稳定的，最大允许时滞上界就成为衡量时滞相关保守性的主要指标。

镇定控制方面也有丰富的研究成果。文献[142]～[144]研究了采用输出反馈时闭环系统的稳定性，并给出鲁棒稳定性的定量分析；利用 Lyapunov 方程，研究了可以使稳定摄动参数上界达到无穷大的状态反馈控制律。

1.2.4 最优控制

对于线性奇异摄动系统，二次型最优控制早在 20 世纪 70 年代起就引起了人们的关注。用传统的最优控制理论，会涉及含小参数的 Riccati 方程求解问题，设计出的控制器实际上只是次优的。

文献[145]提出著名的两步法，设计出独立于摄动参数的次优调节器，但由于未能实现严格分解,受快子问题的影响,在求解慢子问题时可能导致无解。文献[146]利用著名的 Chang 变换对其做了严格的快慢分解,可以获得 $O(\varepsilon)$ 的近似性能。文献[147]介绍了适用于有限时间调节的两步法,给出了时变的调节器。文献[148]在两步法的基础上,提出了若干修正算法,包括忽略快动力学的降阶控制和对最优控制的零阶近似、一阶近似等。

另一种分解方法是直接对 Riccati 方程进行分解,文献[149]从 Hamilton 矩阵块对角化的角度对奇异摄动 Riccati 方程的分解进行了研究,从数学意义上将其严格地分解为两个低阶的不对称 Riccati 方程,由于方程的 $O(\varepsilon)$ 近似是对称的,并且实际上就是对应于快、慢子系统的 Riccati 方程,故可以通过对近似方程求解作为初始解,再用牛顿迭代逼近原方程的解,这一理论对于奇异摄动系统的二次型最优控制问题有十分重要的意义。文献[150]将其推广到一类特殊的非标准情形,文献[151]开发出了特征向量法。

近年来,有学者尝试使用 LMI 来替代 Riccati 方程求解最优控制问题,文献[99]将这一思想应用到了奇异摄动系统。使用 LMI 的优点在于可以方便地考虑对控制系统结构的约束问题,如分散控制、输出反馈等。最近,文献[152]提出了一种迭代 LMI 方法,由于该方法直观简便,在将来很可能有较大发展。文献[153]采用 Tikhonov 定理设计二次型最优调节器,不用求解 Riccati 方程,所得结果可以直接应用于时变情形。由于求解过程中没有对控制作用的形式作出假设,故适用于控制量受约束的情形。

一般地,采用快慢分解的方法比较难以处理非标准情形,于是,许多学者转而借助广义系统来研究奇异摄动系统,从而可以统一地处理标准和非标准情形。文献[154]证明,对充分小摄动参数,广义系统的最优控制器对应奇异摄动系统的次优控制器,其性能指标与最优指标之间只相差 $O(\varepsilon)$ 数量级。文献[155]进一步证明了该性能指标的近似能力可以达到 $O(\varepsilon)$,此结论已被推广到非标准、多参数、多时标的奇异摄动系统。文献[156]~[160]利用广义系统的方法研究了非线性系统的复合最优控制和输出跟踪控制问题,但对性能指标的优化只是局部的。

1.2.5　时滞奇异摄动系统理论问题、研究进展

问题 1　奇异摄动参数上界是如何获得的

实际系统中,奇异摄动参数大致范围一般是已知的,所以这个上界可以根据实际需要给定。另外,奇异摄动参数上界越大,说明系统鲁棒性越好,所以一般选一个相对较大的数值。此外,可以设目标函数,伴随相关信息条件求解凸优化问题而得到。

问题 2 如何理解奇异摄动系统的多时间尺度特性

多时间尺度特性是指系统状态分为两个部分,其中一部分随时间的变化率较快,另一部分随时间的变化率较慢,系统的动态变化速度差异太大,以至于从慢动态时间尺度看过去,快动态的变化几乎是没有任何过渡过程的直接跳跃;从快动态看过去,慢动态几乎又是一个恒定不变的过程。参照广义系统中降阶子系统分解,快子系统和慢子系统分别相应于奇异摄动系统的慢动态和快动态。

例如,化工过程,有的环节化学反应速度较快,有的环节化学反应速度较慢;从人类社会的日常时间尺度去看天空星座的形状变化过程;电力系统的电磁暂态特性相对于电压相位的变化;航天控制中,航机发电机的转速与飞行器方向的变化;等等。实际的物理系统基本上都是这种多时标特性系统。

问题 3 奇异摄动系统的核心问题是什么

相比一般的系统,奇异摄动系统的分析和控制问题更为复杂。一方面,由于奇异摄动参数的存在,应用一般方法容易导致病态数值问题,所以如何避免病态数值问题是一个关键问题;另一方面,分析或估计系统性能(如稳定性)关于奇异摄动参数的鲁棒性也是一个关键问题。

问题 4 如何避免奇异摄动系统分析和控制器设计中的病态数值问题

一般有两种方法用于避免奇异摄动系统分析和控制器设计中的病态数值问题。传统的方法是将奇异摄动系统分解为快、慢子系统,然后针对快、慢子系统分别进行分析或设计,再进行组合控制,这种方法的优点是既避免了"病态数值问题",又通过模型降阶而减小了计算量;缺点是保守性较大,且不能应用于无法进行慢、快子系统分解的奇异摄动系统(一般称为非标准奇异摄动系统)。针对这些问题,近年来学者提出新的方法,把原系统看作一个广义系统,根据系统的结构特性,构造依赖奇异摄动参数的 Lyapunov-Krasovskii 函数,然后利用 Lyapunov 稳定性理论研究奇异摄动系统的稳定性分析和控制问题。基于广义系统的方法不依赖于系统分解,通过特定结构的 Lyapunov-Krasovskii 函数有效避免"病态数值问题",应用范围较广。但由于没有进行系统分解,当系统维数较高时,算法计算量较大。

随着大规模、复杂智能系统的深入研究,奇异摄动技术将发挥越来越大的作用。而针对某些具体的特定物理对象,如柔性机器人等,如何开发出更加适合系统特点的方法仍是值得探讨的方向。文献[107]提出如下几个问题至今仍未得到完善解决:

(1)多摄动参数奇异摄动系统的理论研究应引起关注,而现有的许多理论其仿真结果都仍限于低维情形。

（2）非线性奇异摄动系统的研究成果还相当有限，在这方面，积分流形由于在降阶过程中保留了快变量的影响，可以获得精确的慢动力学，从而显示出较大的优越性，然而如何使系统从任意初始状态进入积分流形的问题仍然没有完全解决。

（3）广义系统方法因为能综合处理标准和非标准的奇异摄动系统，所以将是一种非常有潜力的方法。但目前对于离散广义系统与离散奇异摄动系统的联系还几乎没有相关研究成果。

除此之外，还有以下几个方面将是未来研究的重点：

（1）离散系统的一些理论研究成果还有待继续推广，最优控制问题还有待研究。

（2）虽然目前在统一时间尺度和双频域尺度上对奇异摄动系统的相关问题得到了研究，但是，由于奇异摄动系统具有多时间尺度，系统性能在频域上，在相应的低频段和高频段具有不同的特性。因此，对奇异摄动系统在高频段和低频段分别建立指标进行性能分析和设计是合理的。对该方向的研究目前还少见相关文献涉及，因此是一个有待进一步研究的方向。

（3）如何将实际物体模型的复杂系统抽象成与之匹配的合理的摄动控制状态模型，是一个需要进一步完善的研究方向。

（4）虽然奇异摄动系统在理论上已取得了一定的成果，但是到目前为止，这些理论成果都不同程度地存在保守性，且很多方法的实用性欠佳。

（5）现存设计方法基本都依赖于系统分解，且摄动参数上界不明确，另外还存在上述有待研究的问题，需要更多的学者做更深入和广泛的研究。

（6）输入饱和会严重影响闭环系统性能，甚至会导致系统的不稳定。输入饱和现象给奇异摄动系统的控制问题和摄动参数上界的估计与优化带来重大挑战，亟待深入研究。

1.3 本书的主要研究工作

1.3.1 研究目的

首先，在实际系统中，由于系统的自身复杂性及外部环境的干扰作用，再加上各种不可避免的因素，系统将出现一些不确定参数。理论上，时滞奇异摄动系统就可以看成这类特殊的不确定系统。当考虑到系统的这些不确定性时，使闭环系统同时有鲁棒稳定性和鲁棒镇定性能，在理论和应用两方面都具有十分重要的意义。其次，任何控制系统都存在一定的时间滞后问题，在有些情况下，系统的时间滞后是不能被忽略的。因此，研究时滞奇异摄动系统的稳定性分析与控制就具有十分重要的意义。本书力求在已有研究成果的基础上，引进新方法，发现新的稳定性条件和更加优越的控制器新型设计方法,达到更加稳定的控制效果,完善控制理论,减少其保守性,以便更好地为工业生产和高科技实际性能服务,并努力将研究成果应用于工程实践中,为经济建设服务。

1.3.2　主要内容

本书主要研究时滞奇异摄动连续系统的稳定性分析和控制器设计。

在结构上,全书共 7 章。第 1 章对摄动控制理论的发展历史进行系统介绍,并对时滞系统的鲁棒控制问题进行详尽概述,对已有的研究方法和研究结果进行总结。第 2～4 章分别研究时不变时滞奇异摄动系统、时变时滞奇异摄动系统、时滞奇异摄动不确定系统的稳定性分析与控制器设计,给出时滞相关和时滞无关两种情况下的系统鲁棒稳定的充分条件判定定理;对具有范数有界不确定性参数的时滞不确定系统,进行鲁棒稳定性分析及鲁棒镇定控制器的设计。第 5 章研究时滞奇异摄动系统的保性能控制,设计系统的有记忆、无记忆状态反馈控制器,给出严格的理论证明,所设计的控制器既能使闭环系统稳定,又能保证系统具有一定的鲁棒性。第 6 章是理论推广与应用,把上述方法应用于滤波器设计系统和 Lurie 控制系统。所得出的结论均以线性矩阵不等式的形式给出,最后均给出了数值算例,验证了本书方法的有效性。第 7 章是总结与展望,指出针对本书的时滞奇异摄动不确定系统,鲁棒控制理论研究中需进一步探讨和解决的问题,并提出时滞奇异摄动系统的未来发展方向。

第 2 章 时不变时滞奇异摄动系统的稳定性研究

2.1 引　　言

对线性时不变奇异摄动系统,经典的稳定性分析结果由 Klimushev 于 20 世纪 60 年代通过快慢分解的思想得到。在时域方面,线性时不变奇异摄动系统的严格稳定性判别条件也已经得到。含有时滞的奇异摄动系统有两类:一类是时滞与摄动参数成比例;另一类是时滞与摄动参数无关。对于第一类,由于系统可以做严格的快、慢子系统分解,其分析和综合问题也已经被广泛研究。对于更一般的时滞与摄动参数无关的情形,若只有慢状态含有时滞,系统仍然可以做快、慢子系统分解。但是,当快、慢子系统均含有时滞时,系统不能做严格的快、慢子系统分解。

时滞系统的稳定性判据分为时滞无关和时滞相关两种情形,而含有时滞的奇异摄动系统,又分为时滞部分依赖于摄动参数和时滞、摄动参数相互独立两种情形。

对于第一种情形,利用降阶技术[108-112],对时滞奇异摄动系统的分析、合成已经取得了一些重大进展[113-116];对于比较一般情形的时滞、摄动参数独立状况,用两种方式进行研究,即频域法和时域法,频域法利用传递函数作为理论工具,而时域法是基于 Lyapunov-Krasovskii 泛函的判定方法,本书采用的是后一种方法。

当时滞同时存在于快、慢两种状态中时,降阶技术就不能很好地解决问题,显得无能为力,因为快、慢子系统无法实现完全分离[117]。

多数现存稳定性判据对于时滞系统的奇异摄动参数要求充分小,并且很难估计稳定界[118-121],因此考虑减少保守性的稳定性条件是十分必要的热门研究方向。

本章针对时不变时滞奇异摄动系统,构造一种新的 Lyapunov-Krasovskii 泛函,推出时滞相关和时滞无关的稳定性判据,并设计一种新的状态反馈控制器,能够准确计算时滞奇异摄动系统的稳定界。利用该方法,可以用于研究其他时滞摄动系统的分析设计等相关问题,用数值算例来证明所得结果的有效性和可行性。

2.2 预 备 知 识

下面是由状态方程描述的带有状态时滞和控制输入的奇异摄动系统:

$$\begin{cases} E(\varepsilon)\dot{x}(t) = Ax(t) + Bu(t) + Dx(t-d), & t>0 \\ x(t) = \phi(t), & t \in [-d, 0) \end{cases} \tag{2.1}$$

其中,$E(\varepsilon) = \begin{bmatrix} I_{n_1} & 0 \\ 0 & \varepsilon I_{n_2} \end{bmatrix}$,$n_1 + n_2 = n$,$E(\varepsilon) \in \mathbf{R}^{n \times n}$ 是奇异矩阵,并且 $\mathrm{rank}(E) = r < n$;

$x(t) \in \mathbf{R}^n$ 是系统(2.1)的状态向量;$u(t) \in \mathbf{R}^m$ 是系统的控制输入向量;A、B、D 是适当维数的已知定常矩阵;d 是定常时滞,满足 $0 \leqslant d < \infty$;$\phi(t)$ 是给定初始值的连续函数。

下面引理[87]将在后续理论证明中被使用。

引理 2.1　给定正数 $\bar{\varepsilon} > 0$,对称矩阵 S_1、S_2 和 S_3,如果下面矩阵不等式条件:

$$S_1 \geqslant 0 \tag{2.2}$$

$$S_1 + \bar{\varepsilon} S_2 > 0 \tag{2.3}$$

$$S_1 + \bar{\varepsilon} S_2 + \bar{\varepsilon}^2 S_3 > 0 \tag{2.4}$$

成立,则

$$S_1 + \varepsilon S_2 + \varepsilon^2 S_3 > 0, \quad \forall \varepsilon \in (0, \bar{\varepsilon}] \tag{2.5}$$

引理 2.2　如果存在矩阵 $Z_i(i=1,2,\cdots,5)$ 且 $Z_i = Z_i^{\mathrm{T}}(i=1,2,3,4)$,满足下列 LMI 条件:

$$Z_1 > 0 \tag{2.6}$$

$$\begin{bmatrix} Z_1 + \bar{\varepsilon} Z_3 & \bar{\varepsilon} Z_5^{\mathrm{T}} \\ \bar{\varepsilon} Z_5 & \bar{\varepsilon} Z_2 \end{bmatrix} > 0 \tag{2.7}$$

$$\begin{bmatrix} Z_1 + \bar{\varepsilon} Z_3 & \bar{\varepsilon} Z_5^{\mathrm{T}} \\ \bar{\varepsilon} Z_5 & \bar{\varepsilon} Z_2 + \bar{\varepsilon}^2 Z_4 \end{bmatrix} > 0 \tag{2.8}$$

则

$$E(\varepsilon) Z(\varepsilon) = (E(\varepsilon) Z(\varepsilon))^{\mathrm{T}} = Z^{\mathrm{T}}(\varepsilon) E(\varepsilon) > 0, \quad \forall \varepsilon \in (0, \bar{\varepsilon}] \tag{2.9}$$

其中

$$Z(\varepsilon) = \begin{bmatrix} Z_1 + \varepsilon Z_3 & \varepsilon Z_5^{\mathrm{T}} \\ Z_5 & Z_2 + \varepsilon Z_4 \end{bmatrix} \tag{2.10}$$

引理 2.3(Schur 补引理)　对给定的对称矩阵 $S = \begin{bmatrix} S_{11} & S_{12} \\ S_{12}^{\mathrm{T}} & S_{22} \end{bmatrix}$,其中 S_{11} 的维数为 $r \times r$,$S_{11} = S_{11}^{\mathrm{T}}$,如下三个条件是等价的:

(1) $S < 0$;

(2) $S_{11} < 0, S_{22} - S_{12}^{\mathrm{T}} S_{11}^{-1} S_{12} < 0$;

(3) $S_{22} < 0, S_{11} - S_{12} S_{22}^{-1} S_{12}^{\mathrm{T}} < 0$。

2.3　主　要　结　果

2.3.1　时滞相关的稳定性判据

考虑下面时不变奇异摄动系统：

$$\begin{cases} E(\varepsilon)\dot{x}(t) = Ax(t) + Dx(t-d), & t>0 \\ x(t) = \phi(t), & t\in[-d,0) \end{cases} \tag{2.11}$$

其中，$E(\varepsilon) = \begin{bmatrix} I_{n_1} & 0 \\ 0 & \varepsilon I_{n_2} \end{bmatrix}$。

定理 2.1　给定正数 $\bar{\varepsilon}>0$、$d>0$，$\forall \varepsilon\in(0,\bar{\varepsilon}]$，系统(2.11)是渐近稳定的。若存在对称正定矩阵 $Q>0$、$M>0$，半正定矩阵 $X=\begin{bmatrix} X_1 & X_2 \\ * & X_3 \end{bmatrix}\geqslant 0$，矩阵 Y、N 以及矩阵 $Z_i(i=1,2,\cdots,5)$ 且 $Z_i=Z_i^{\mathrm{T}}(i=1,2,3,4)$，满足下列 LMI 条件：

$$Z_1>0 \tag{2.12}$$

$$\begin{bmatrix} Z_1+\bar{\varepsilon}Z_3 & \bar{\varepsilon}Z_5^{\mathrm{T}} \\ \bar{\varepsilon}Z_5 & \bar{\varepsilon}Z_2 \end{bmatrix}>0 \tag{2.13}$$

$$\begin{bmatrix} Z_1+\bar{\varepsilon}Z_3 & \bar{\varepsilon}Z_5^{\mathrm{T}} \\ \bar{\varepsilon}Z_5 & \bar{\varepsilon}Z_2+\bar{\varepsilon}^2 Z_4 \end{bmatrix}>0 \tag{2.14}$$

$$\begin{bmatrix} Z^{\mathrm{T}}(0)A+A^{\mathrm{T}}Z(0)+Q+YE(0) \\ +E(0)Y^{\mathrm{T}}+dX_1+dA^{\mathrm{T}}MA & Z^{\mathrm{T}}(0)D-YE(0)+E(0)N^{\mathrm{T}}+dX_2+dA^{\mathrm{T}}MD \\ * & -Q-NE(0)-E(0)N^{\mathrm{T}}+dX_3+dD^{\mathrm{T}}MD \end{bmatrix}<0 \tag{2.15}$$

$$\begin{bmatrix} Z^{\mathrm{T}}(\varepsilon)A+A^{\mathrm{T}}Z(\varepsilon)+Q+YE(\varepsilon) \\ +E(\varepsilon)Y^{\mathrm{T}}+dX_1+dA^{\mathrm{T}}MA & Z^{\mathrm{T}}(\varepsilon)D-YE(\varepsilon)+E(\varepsilon)N^{\mathrm{T}}+dX_2+dA^{\mathrm{T}}MD \\ * & -Q-NE(\varepsilon)-E(\varepsilon)N^{\mathrm{T}}+dX_3+dD^{\mathrm{T}}MD \end{bmatrix}<0 \tag{2.16}$$

$$\psi-\begin{bmatrix} X_1 & X_2 & Y \\ * & X_3 & N \\ * & * & M \end{bmatrix}\geqslant 0 \tag{2.17}$$

其中，$E(\varepsilon)=\begin{bmatrix} I & 0 \\ 0 & \varepsilon I \end{bmatrix}$，$Z(\varepsilon)=\begin{bmatrix} Z_1+\varepsilon Z_3 & \varepsilon Z_5^{\mathrm{T}} \\ Z_5 & Z_2+\varepsilon Z_4 \end{bmatrix}$。

证明　定义一个二次 Lyapunov-Krasovskii 泛函如下：

$$V(x(t)) = x^{\mathrm{T}}(t)E(\varepsilon)Z(\varepsilon)x(t) + \int_{t-d}^{t} x^{\mathrm{T}}(s)Qx(s)\,\mathrm{d}s$$

$$+ \int_{-d}^{0}\int_{t+\theta}^{t}(E(\varepsilon)\dot{x}(s))^{\mathrm{T}}ME(\varepsilon)\dot{x}(s)\,\mathrm{d}s\mathrm{d}\theta$$

由引理 2.2 和 LMI 条件(2.12)~(2.14),可以得到

$$E(\varepsilon)Z(\varepsilon) = Z^{\mathrm{T}}(\varepsilon)E(\varepsilon) > 0, \quad \forall \varepsilon \in (0, \bar{\varepsilon}]$$

这样 $V(x(t))$ 就为正定的 Lyapunov-Krasovskii 泛函。

把 $V(x(t))$ 沿着系统(2.11)的任意轨迹进行微分,得

$$\dot{V}(x(t))\Big|_{(2.11)} = \frac{\mathrm{d}}{\mathrm{d}t}(x^{\mathrm{T}}(t)E(\varepsilon)Z(\varepsilon)x(t)) + \frac{\mathrm{d}}{\mathrm{d}t}\Big(\int_{t-d}^{t} x^{\mathrm{T}}(s)Qx(s)\,\mathrm{d}s\Big)$$

$$+ \frac{\mathrm{d}}{\mathrm{d}t}\Big(\int_{-d}^{0}\int_{t+\theta}^{t}(E(\varepsilon)\dot{x}(s))^{\mathrm{T}}ME(\varepsilon)\dot{x}(s)\,\mathrm{d}s\mathrm{d}\theta\Big)$$

其中

$$\frac{\mathrm{d}}{\mathrm{d}t}(x^{\mathrm{T}}(t)E(\varepsilon)Z(\varepsilon)x(t))$$

$$= \frac{\mathrm{d}}{\mathrm{d}t}(x^{\mathrm{T}}(t)E(\varepsilon))Z(\varepsilon)x(t) + x^{\mathrm{T}}(t)E(\varepsilon)\frac{\mathrm{d}}{\mathrm{d}t}(Z(\varepsilon)x(t))$$

$$= \dot{x}^{\mathrm{T}}(t)E(\varepsilon)Z(\varepsilon)x(t) + x^{\mathrm{T}}(t)E(\varepsilon)Z(\varepsilon)\dot{x}(t)$$

$$= (E(\varepsilon)\dot{x}(t))^{\mathrm{T}}Z(\varepsilon)x(t) + x^{\mathrm{T}}(t)(E(\varepsilon)Z(\varepsilon))^{\mathrm{T}}\dot{x}(t)$$

$$= (E(\varepsilon)\dot{x}(t))^{\mathrm{T}}Z(\varepsilon)x(t) + x^{\mathrm{T}}(t)Z^{\mathrm{T}}(\varepsilon)(E(\varepsilon)\dot{x}(t))$$

$$= (Ax(t) + Dx(t-d))^{\mathrm{T}}Z(\varepsilon)x(t) + x^{\mathrm{T}}(t)Z^{\mathrm{T}}(\varepsilon)(Ax(t) + Dx(t-d))$$

$$= x^{\mathrm{T}}(t)(A^{\mathrm{T}}Z(\varepsilon)x(t) + Z^{\mathrm{T}}(\varepsilon)Ax(t)) + (Dx(t-d))^{\mathrm{T}}Z(\varepsilon)x(t)$$

$$+ (Z(\varepsilon)x(t))^{\mathrm{T}}Dx(t-d)$$

$$= 2x^{\mathrm{T}}(t)Z^{\mathrm{T}}(\varepsilon)Ax(t) + 2x^{\mathrm{T}}(t)Z^{\mathrm{T}}(\varepsilon)Dx(t-d)$$

$$= 2x^{\mathrm{T}}(t)Z^{\mathrm{T}}(\varepsilon)(Ax(t) + Dx(t-d))$$

$$\frac{\mathrm{d}}{\mathrm{d}t}\Big(\int_{t-d}^{t} x^{\mathrm{T}}(s)Qx(s)\,\mathrm{d}s\Big) = x^{\mathrm{T}}(t)Qx(t) - x^{\mathrm{T}}(t-d)Qx(t-d) \qquad (2.18)$$

$$\frac{\mathrm{d}}{\mathrm{d}t}\Big(\int_{-d}^{0}\int_{t+\theta}^{t}(E(\varepsilon)\dot{x}(s))^{\mathrm{T}}ME(\varepsilon)\dot{x}(s)\,\mathrm{d}s\mathrm{d}\theta\Big)$$

$$= \int_{-d}^{0}\frac{\mathrm{d}}{\mathrm{d}t}\Big(\int_{t+\theta}^{t}(E(\varepsilon)\dot{x}(s))^{\mathrm{T}}ME(\varepsilon)\dot{x}(s)\,\mathrm{d}s\Big)\mathrm{d}\theta$$

$$= \int_{-d}^{0}\big[(E(\varepsilon)\dot{x}(t))^{\mathrm{T}}M(E(\varepsilon)\dot{x}(t)) - (E(\varepsilon)\dot{x}(t+\theta))^{\mathrm{T}}M(E(\varepsilon)\dot{x}(t+\theta))\big]\mathrm{d}\theta$$

$$= \int_{-d}^{0}(E(\varepsilon)\dot{x}(t))^{\mathrm{T}}M(E(\varepsilon)\dot{x}(t))\mathrm{d}\theta - \int_{-d}^{0}(E(\varepsilon)\dot{x}(t+\theta))^{\mathrm{T}}M(E(\varepsilon)\dot{x}(t+\theta))\mathrm{d}\theta$$

$$= d(E(\varepsilon)\dot{x}(t))^{\mathrm{T}}M(E(\varepsilon)\dot{x}(t)) - \int_{t-d}^{t}(E(\varepsilon)\dot{x}(\omega))^{\mathrm{T}}M(E(\varepsilon)\dot{x}(\omega))\mathrm{d}\omega$$

那么

$$
\begin{aligned}
\dot{V}(x(t))\Big|_{(2.11)} &= 2x^{\mathrm{T}}(t)Z^{\mathrm{T}}(\varepsilon)(Ax(t)+Dx(t-d))+x^{\mathrm{T}}(t)Qx(t)-x^{\mathrm{T}}(t-d)Qx(t-d) \\
&\quad + d(E(\varepsilon)\dot{x}(t))^{\mathrm{T}}M(E(\varepsilon)\dot{x}(t))-\int_{t-d}^{t}(E(\varepsilon)\dot{x}(\omega))^{\mathrm{T}}M(E(\varepsilon)\dot{x}(\omega))\mathrm{d}\omega \\
&\leqslant 2x^{\mathrm{T}}(t)Z^{\mathrm{T}}(\varepsilon)(Ax(t)+Dx(t-d))+x^{\mathrm{T}}(t)Qx(t) \\
&\quad -x^{\mathrm{T}}(t-d)Qx(t-d) \\
&\quad + d(E(\varepsilon)\dot{x}(t))^{\mathrm{T}}M(E(\varepsilon)\dot{x}(t))-\int_{t-d}^{t}(E(\varepsilon)\dot{x}(\omega))^{\mathrm{T}}M(E(\varepsilon)\dot{x}(\omega))\mathrm{d}\omega \\
&\quad + 2x^{\mathrm{T}}(t)Y\Big(E(\varepsilon)x(t)-\int_{t-d}^{t}E(\varepsilon)\dot{x}(s)\mathrm{d}s-E(\varepsilon)x(t-d)\Big) \\
&\quad + 2x^{\mathrm{T}}(t-d)N\Big(E(\varepsilon)x(t)-\int_{t-d}^{t}E(\varepsilon)\dot{x}(s)\mathrm{d}s-E(\varepsilon)x(t-d)\Big) \\
&\quad + d\xi^{\mathrm{T}}(t)X\xi(t)-\int_{t-d}^{t}\xi^{\mathrm{T}}(t)X\xi(t)\mathrm{d}s \\
&\stackrel{\mathrm{def}}{=} \xi^{\mathrm{T}}(t)\hat{\Phi}(\varepsilon)\xi(t)-\int_{t-d}^{t}\eta^{\mathrm{T}}(t,s)\psi\eta(t,s)\mathrm{d}s
\end{aligned}
\tag{2.19}
$$

其中

$$
\xi(t)=\begin{bmatrix} x^{\mathrm{T}}(t) & x^{\mathrm{T}}(t-d) \end{bmatrix}^{\mathrm{T}}
$$

$$
\eta(t,s)=\begin{bmatrix} x^{\mathrm{T}}(t) & x^{\mathrm{T}}(t-d) & (E(\varepsilon)\dot{x}(s))^{\mathrm{T}} \end{bmatrix}^{\mathrm{T}}
$$

$$
\hat{\Phi}(\varepsilon)=\begin{bmatrix} \Phi_{11}(\varepsilon)+dA^{\mathrm{T}}MA & \Phi_{12}(\varepsilon)+dA^{\mathrm{T}}MD \\ * & \Phi_{22}(\varepsilon)+dD^{\mathrm{T}}MD \end{bmatrix}
$$

$$
\Phi_{11}(\varepsilon)=Z^{\mathrm{T}}(\varepsilon)A+A^{\mathrm{T}}Z(\varepsilon)+Q+YE(\varepsilon)+E(\varepsilon)Y^{\mathrm{T}}+dX_1
$$

$$
\Phi_{12}(\varepsilon)=Z^{\mathrm{T}}(\varepsilon)D-YE(\varepsilon)+E(\varepsilon)N^{\mathrm{T}}+dX_2
$$

$$
\Phi_{22}(\varepsilon)=-Q-NE(\varepsilon)-E(\varepsilon)N^{\mathrm{T}}+dX_3
$$

由式(2.15)、式(2.16)即 $\hat{\Phi}(0)<0$，$\hat{\Phi}(\bar{\varepsilon})<0$，进一步，利用引理 2.1，可知 $\hat{\Phi}(\varepsilon)<0$，$\forall\varepsilon\in(0,\bar{\varepsilon}]$，即可推出

$$
\xi^{\mathrm{T}}(t)\hat{\Phi}(\varepsilon)\xi(t)<0
\tag{2.20}
$$

此外，条件(2.17)隐含着

$$
\int_{t-d}^{t}\eta^{\mathrm{T}}(t,s)\psi\eta(t,s)\mathrm{d}s\geqslant 0
\tag{2.21}
$$

故从式(2.20)和式(2.21)，得 $\dot{V}(x(t))\Big|_{(2.11)}<0$。所以，系统(2.11)渐近稳定，$\forall\varepsilon\in(0,\bar{\varepsilon}]$。

证毕。

注 2.1 在文献[117]和[119]中，尽管使用 Lyapunov-Krasovskii 泛函和 LMI 方法，推出时滞摄动系统时滞相关的稳定性判据，但它只是针对某些指定的时滞值和奇异摄动参数而言的。而所得到的定理 2.1 的优势在于，它能够通过求解凸优

化问题,得到明确的稳定界。

注 2.2　文献[125]给出了基于 LMI 的时滞相关的充分性条件稳定性判据,利用的是如下形式的 Lyapunov-Krasovskii 泛函:

$$V(z(t),\dot{z}(t),\varepsilon) = z^{\mathrm{T}}(t)E_\varepsilon P_\varepsilon z(t) + \varepsilon h_0 \int_{-\varepsilon h_0}^0 \int_{t+\theta}^t \exp(2v(s-t))\dot{z}^{\mathrm{T}}(s)R_h\dot{z}(s)\mathrm{d}s\mathrm{d}\theta$$

$$+ \int_{-\varepsilon r_0}^0 \int_{t+\theta}^t \exp(2v(s-t))z^{\mathrm{T}}(s)R_r z(s)\mathrm{d}s\mathrm{d}\theta$$

其中,矩阵 $P_\varepsilon = \begin{bmatrix} P_1 & \varepsilon P_2^{\mathrm{T}} \\ P_2 & P_3 \end{bmatrix}$。类似于定理 2.1 的证明,Lyapunov-Krasovskii 泛函

$V(z(t),\dot{z}(t),\varepsilon)$ 能被矩阵形式 $P_\varepsilon = \begin{bmatrix} Z_1+\varepsilon Z_3 & \varepsilon Z_5^{\mathrm{T}} \\ Z_5 & Z_2+\varepsilon Z_4 \end{bmatrix}$ 所推广,这样文献[125]

中的定理 7.1 就被改善,降低了保守性。

2.3.2　时滞无关的稳定性判据

考虑系统:

$$\begin{cases} E(\varepsilon)\dot{x}(t)=Ax(t)+Dx(t-d), & t>0 \\ x(t)=\phi(t), & t\in[-d,0) \end{cases} \tag{2.22}$$

其中,系数矩阵条件与系统(2.1)相同。

定理 2.2　给定正数 $\varepsilon>0$、$d>0$,$\forall \varepsilon \in (0,\bar{\varepsilon}]$,系统(2.22)是渐近稳定的。若存在对称正定矩阵 $Q>0$,以及矩阵 $Z_i(i=1,2,\cdots,5)$ 且 $Z_i=Z_i^{\mathrm{T}}(i=1,2,3,4)$,使得下列 LMI 条件可行:

$$Z_1>0 \tag{2.23}$$

$$\begin{bmatrix} Z_1+\bar{\varepsilon}Z_3 & \bar{\varepsilon}Z_5^{\mathrm{T}} \\ \bar{\varepsilon}Z_5 & \bar{\varepsilon}Z_2 \end{bmatrix}>0 \tag{2.24}$$

$$\begin{bmatrix} Z_1+\bar{\varepsilon}Z_3 & \bar{\varepsilon}Z_5^{\mathrm{T}} \\ \bar{\varepsilon}Z_5 & \bar{\varepsilon}Z_2+\bar{\varepsilon}^2 Z_4 \end{bmatrix}>0 \tag{2.25}$$

$$\begin{bmatrix} Z^{\mathrm{T}}(0)A+A^{\mathrm{T}}Z(0)+Q & Z^{\mathrm{T}}(0)D \\ D^{\mathrm{T}}Z(0) & -Q \end{bmatrix}<0 \tag{2.26}$$

$$\begin{bmatrix} Z^{\mathrm{T}}(\bar{\varepsilon})A+A^{\mathrm{T}}Z(\bar{\varepsilon})+Q & Z^{\mathrm{T}}(\bar{\varepsilon})D \\ D^{\mathrm{T}}Z(\bar{\varepsilon}) & -Q \end{bmatrix}<0 \tag{2.27}$$

证明　定义二次 Lyapunov-Krasovskii 泛函如下:

$$V(x(t)) = x^{\mathrm{T}}(t)E(\varepsilon)Z(\varepsilon)x(t) + \int_{t-d}^t x^{\mathrm{T}}(s)Qx(s)\mathrm{d}s$$

由引理 2.2 和已知条件(2.23)~(2.25),可知

$$E(\varepsilon)Z(\varepsilon)=(E(\varepsilon)Z(\varepsilon))^{\mathrm{T}}=Z^{\mathrm{T}}(\varepsilon)E(\varepsilon)>0, \quad \forall \varepsilon \in (0,\bar{\varepsilon}]$$

于是 $V(x(t))$ 就为正定的 Lyapunov-Krasovskii 泛函。

把 $V(x(t))$ 沿系统(2.22)的任意轨迹进行微分,得

$$\dot{V}(x(t))\Big|_{(2.22)} = 2x^T(t)Z^T(\varepsilon)(Ax(t)+Dx(t-d))+x^T(t)Qx(t)-x^T(t-d)Qx(t-d)$$

$$= \begin{bmatrix} x(t) \\ x(t-d) \end{bmatrix}^T \begin{bmatrix} Z^T(\varepsilon)A+A^TZ(\varepsilon)+Q & Z^T(\varepsilon)D \\ D^TZ(\varepsilon) & -Q \end{bmatrix} \begin{bmatrix} x(t) \\ x(t-d) \end{bmatrix}$$

$$\stackrel{\text{def}}{=} \xi^T(t)W(\varepsilon)\xi(t) \tag{2.28}$$

其中

$$W(\varepsilon) = \begin{bmatrix} Z^T(\varepsilon)A+A^TZ(\varepsilon)+Q & Z^T(\varepsilon)D \\ D^TZ(\varepsilon) & -Q \end{bmatrix}$$

$$\xi(t) = \begin{bmatrix} x^T(t) & x^T(t-d) \end{bmatrix}^T$$

由条件(2.26)和(2.27)可知 $W(0)<0$、$W(\varepsilon)<0$。再由引理 2.1,得

$$W(\varepsilon)<0, \quad \forall \varepsilon \in (0,\bar{\varepsilon}]$$

于是,根据式(2.28),有

$$\xi^T(t)W(\varepsilon)\xi(t)<0$$

即

$$\dot{V}(x(t))\Big|_{(2.22)}<0$$

所以,系统(2.22)渐近稳定,$\forall \varepsilon \in (0,\bar{\varepsilon}]$。

证毕。

注 2.3 文献[118]和[119]中,时滞无关稳定性判据通过使用 Lyapunov-Krasovskii 泛函、线性矩阵不等式技术推出,显示稳定界是求解凸优化问题而得到的。由于定理 2.2 所采用的 Lyapunov 泛函较文献[118]和[119]具有更大的一般性,所以用定理 2.2 的方法可预期产生更高的稳定界。

注 2.4 定理 2.1、定理 2.2 对于时滞奇异摄动系统,提出了时滞无关和时滞相关的稳定性判据,与现有成果[114-116]相比,该方法不需要系统分解,无须把时滞奇异摄动系统分解成降阶子系统,因此可以应用于标准情形和非标准情形。

注 2.5 文献[119]中的定理 1、定理 2 中的线性矩阵不等式方法,也适用于求解系统矩阵中含有不确定性的奇异摄动不确定系统,因为对于范数有界的不确定性,线性矩阵不等式条件对于系统矩阵成立。使用常规方法[120-126],可得相应结果。对于多胞体不确定性,线性矩阵不等式条件对各个顶点仍成立。

注 2.6 上面所采用的 Lyapunov-Krasovskii 泛函比现存形式更具有普遍性,所以可以为时滞奇异摄动系统的稳定性、镇定性、H_∞ 控制以及含有时滞的广义系统等领域的深入研究提供新的思路方案。

2.3.3　状态反馈控制器设计

无论是自然界还是人类社会,不确定性是一个普遍存在的因素。天有不测风云指的是自然界的不确定现象,而这种不确定性的存在,也使人类的社会活动更富于挑战性和戏剧性。然而,对于工程技术领域,这种不确定性的存在一般是不符合标准的。工厂生产的产品要精确地满足设计指标,在含有不确定性因素的意义上这种设计指标一般是很难实现的。

对于自动控制技术也是如此,理想情况应该是设计出来的自动控制系统的性能品质准确地达到预期的设计要求,但是这对控制技术几乎是不可能的。从控制角度来讲,设计人员能够自由支配的只有控制器,而被控对象中存在的不确定性因素是设计人员所无法剔除的。这就意味着不确定性是自动控制系统设计人员必须要面对的,从而给自动控制技术提出了一个很重要的课题:在被控对象含有某种不确定性的假设前提下,如何设计控制器使系统尽可能接近理想的设计指标。

为了解决这个问题,近三十年来出现了两个研究方向:一个是主动式适应技术,即通常所说的自适应控制系统设计技术;另一个是被动式适应技术,即通常所说的鲁棒控制系统设计技术。即对具有不确定性的系统,设计一个反馈增益控制器,使系统在不确定性的容许变化范围内,满足设计要求,降低系统的灵敏度。采用鲁棒控制技术可使设计简单,易于实现,且可以充分利用最优控制理论的研究成果,不需要对系统进行在线辨识,这一技术已经成为控制理论中最重要的前沿和分支之一[127-139]。

考虑下面时不变时滞奇异摄动系统:

$$\begin{cases} E(\varepsilon)\dot{x}(t)=Ax(t)+Bu(t)+Dx(t-d), & t>0 \\ x(t)=\phi(t), & t\in[-d,0) \end{cases} \quad (2.29)$$

其中,$E(\varepsilon)=\begin{bmatrix} I & 0 \\ 0 & \varepsilon I \end{bmatrix}$。

设 $u(t)=Kx(t)$,K 为未知待定的控制器增益矩阵,则闭环系统成为

$$\begin{cases} E(\varepsilon)\dot{x}(t)=(A+BK)x(t)+Dx(t-d), & t>0 \\ x(t)=\phi(t), & t\in[-d,0) \end{cases} \quad (2.30)$$

本节的目的是设计一个状态反馈控制器 $u(t)=Kx(t)$,使得闭环系统(2.30)渐近稳定。

定理 2.3　给定正数 $\varepsilon>0$、$d>0$,如果存在对称正定矩阵 $Q>0$、$M>0$,半正定矩阵 $X=\begin{bmatrix} X_1 & X_2 \\ * & X_3 \end{bmatrix}\geqslant0$,矩阵 Y、N 以及矩阵 $Z_i(i=1,2,\cdots,5)$ 且 $Z_i=Z_i^{\mathrm{T}}(i=1,2,$

3,4),满足下列矩阵不等式条件：

$$Z_1 > 0 \tag{2.31}$$

$$\begin{bmatrix} Z_1 + \bar{\varepsilon} Z_3 & \bar{\varepsilon} Z_5^T \\ \bar{\varepsilon} Z_5 & \bar{\varepsilon} Z_2 \end{bmatrix} > 0 \tag{2.32}$$

$$\begin{bmatrix} Z_1 + \bar{\varepsilon} Z_3 & \bar{\varepsilon} Z_5^T \\ \bar{\varepsilon} Z_5 & \bar{\varepsilon} Z_2 + \bar{\varepsilon}^2 Z_4 \end{bmatrix} > 0 \tag{2.33}$$

$$\begin{bmatrix} \Phi_{11}(0) + d(A+BK)^T M(A+BK) & \Phi_{12}(0) + d(A+BK)^T MD \\ * & \Phi_{22}(0) + dD^T MD \end{bmatrix} < 0 \tag{2.34}$$

$$\begin{bmatrix} \Phi_{11}(\bar{\varepsilon}) + d(A+BK)^T M(A+BK) & \Phi_{12}(\bar{\varepsilon}) + d(A+BK)^T MD \\ * & \Phi_{22}(\bar{\varepsilon}) + dD^T MD \end{bmatrix} < 0 \tag{2.35}$$

其中

$$\Phi_{11}(\varepsilon) = Z^{-T}(\varepsilon)(A+BK) + (A+BK)^T Z^{-1}(\varepsilon) + Z^{-T}(\varepsilon)QZ^{-1}(\varepsilon)$$
$$\qquad + YE(\varepsilon) + E(\varepsilon)Y^T + dX_1$$

$$\Phi_{12}(\varepsilon) = Z^{-T}(\varepsilon)D - YE(\varepsilon) + E(\varepsilon)N^T + dX_2$$

$$\Phi_{22}(\varepsilon) = -Z^{-T}(\varepsilon)QZ^{-1}(\varepsilon) - NE(\varepsilon) - E(\varepsilon)N^T + dX_3$$

$$\psi = \left[\begin{array}{cc|c} X_1 & X_2 & Y \\ * & X_3 & N \\ \hline * & * & M \end{array} \right] \geqslant 0 \tag{2.36}$$

其中，$E(\varepsilon) = \begin{bmatrix} I & 0 \\ 0 & \varepsilon I \end{bmatrix}$，$Z(\varepsilon) = \begin{bmatrix} Z_1 + \varepsilon Z_3 & \varepsilon Z_5^T \\ Z_5 & Z_2 + \varepsilon Z_4 \end{bmatrix}$。则系统 (2.30) 渐近稳定，且

$u(t) = Kx(t)$ 为其状态反馈控制器，其中 $K = \tilde{K}\tilde{P}^{-T}$。

证明 定义一个二次 Lyapunov-Krasovskii 泛函如下：

$$V(x(t)) = x^T(t)Z^{-T}(\varepsilon)E(\varepsilon)x(t) + \int_{t-d}^{t} x^T(s)Z^{-T}(\varepsilon)QZ^{-1}(\varepsilon)x(s)\mathrm{d}s$$

$$\qquad + \int_{-d}^{0}\int_{t+\theta}^{t} (E(\varepsilon)\dot{x}(s))^T ME(\varepsilon)\dot{x}(s)\mathrm{d}s\mathrm{d}\theta$$

其中，Q、M 为对称正定矩阵，即 $Q>0$，$M>0$。

由引理 2.2 和 LMI 条件 (2.31)~(2.33) 推得

$$E(\varepsilon)Z(\varepsilon) = (E(\varepsilon)Z(\varepsilon))^T = Z^T(\varepsilon)E(\varepsilon) > 0$$

则

$$Z^{-T}(\varepsilon)E(\varepsilon)Z(\varepsilon) = Z^{-T}(\varepsilon)Z^T(\varepsilon)E(\varepsilon) = E(\varepsilon)$$

故

$$Z^{-T}(\varepsilon)E(\varepsilon) = E(\varepsilon)Z^{-1}(\varepsilon)$$

通过简单计算,可知

$$\frac{\mathrm{d}}{\mathrm{d}t}(x^{\mathrm{T}}(t)Z^{-\mathrm{T}}(\varepsilon)E(\varepsilon)x(t))$$

$$=\dot{x}^{\mathrm{T}}(t)Z^{-1}(\varepsilon)E(\varepsilon)x(t)+x^{\mathrm{T}}(t)Z^{-\mathrm{T}}(\varepsilon)E(\varepsilon)\dot{x}(t)$$

$$=\dot{x}^{\mathrm{T}}(t)E(\varepsilon)Z^{-1}(\varepsilon)x(t)+(Z^{-1}(\varepsilon)x(t))^{\mathrm{T}}E(\varepsilon)\dot{x}(t)$$

$$=2(Z^{-1}(\varepsilon)x(t))^{\mathrm{T}}E(\varepsilon)\dot{x}(t)$$

$$=2(Z^{-1}(\varepsilon)x(t))^{\mathrm{T}}[(A+BK)x(t)+Dx(t-d)]$$

$$\frac{\mathrm{d}}{\mathrm{d}t}\left(\int_{t-d}^{t}x^{\mathrm{T}}(s)Z^{-\mathrm{T}}(\varepsilon)QZ^{-1}(\varepsilon)x(s)\mathrm{d}s\right)$$

$$=x^{\mathrm{T}}(t)Z^{-\mathrm{T}}(\varepsilon)QZ^{-1}(\varepsilon)x(t)-x^{\mathrm{T}}(t-d)Z^{-\mathrm{T}}(\varepsilon)QZ^{-1}(\varepsilon)x(t-d)$$

$$\frac{\mathrm{d}}{\mathrm{d}t}\left(\int_{-d}^{0}\int_{t+\theta}^{t}(E(\varepsilon)\dot{x}(s))^{\mathrm{T}}ME(\varepsilon)\dot{x}(s)\mathrm{d}s\mathrm{d}\theta\right)$$

$$=d(E(\varepsilon)\dot{x}(t))^{\mathrm{T}}ME(\varepsilon)\dot{x}(t)-\int_{-d}^{0}(E(\varepsilon)\dot{x}(t+\theta))^{\mathrm{T}}ME(\varepsilon)\dot{x}(t+\theta)\mathrm{d}\theta$$

因此,有

$$\dot{V}(x(t))\Big|_{(2.30)}=\frac{\mathrm{d}}{\mathrm{d}t}(x^{\mathrm{T}}(t)Z^{-\mathrm{T}}(\varepsilon)E(\varepsilon)x(t))+\frac{\mathrm{d}}{\mathrm{d}t}\left(\int_{t-d(t)}^{t}x^{\mathrm{T}}(s)Z^{-\mathrm{T}}(\varepsilon)QZ^{-1}(\varepsilon)x(s)\mathrm{d}s\right)$$

$$+\frac{\mathrm{d}}{\mathrm{d}t}\left(\int_{-\tau}^{0}\int_{t-d(t)+\theta}^{t}(E(\varepsilon)\dot{x}(s))^{\mathrm{T}}ME(\varepsilon)\dot{x}(s)\mathrm{d}s\mathrm{d}\theta\right)$$

$$=2(Z^{-1}(\varepsilon)x(t))^{\mathrm{T}}[(A+BK)x(t)+Dx(t-d)]$$

$$+x^{\mathrm{T}}(t)Z^{-\mathrm{T}}(\varepsilon)QZ^{-1}(\varepsilon)x(t)$$

$$-x^{\mathrm{T}}(t-d)Z^{-\mathrm{T}}(\varepsilon)QZ^{-1}(\varepsilon)x(t-d)+d(E(\varepsilon)\dot{x}(t))^{\mathrm{T}}ME(\varepsilon)\dot{x}(t)$$

$$-\int_{-d}^{0}(E(\varepsilon)\dot{x}(t+\theta))^{\mathrm{T}}M(E(\varepsilon)\dot{x}(t+\theta))\mathrm{d}\theta$$

$$\leqslant 2x^{\mathrm{T}}(t)Z^{-\mathrm{T}}(\varepsilon)[(A+BK)x(t)+Dx(t-d)]$$

$$+x^{\mathrm{T}}(t)Z^{-\mathrm{T}}(\varepsilon)QZ^{-1}(\varepsilon)x(t)$$

$$-x^{\mathrm{T}}(t-d)Z^{-\mathrm{T}}(\varepsilon)QZ^{-1}(\varepsilon)x(t-d)+d(E(\varepsilon)\dot{x}(t))^{\mathrm{T}}M(E(\varepsilon)\dot{x}(t))$$

$$-\int_{t-d}^{t}(E(\varepsilon)\dot{x}(\omega))^{\mathrm{T}}M(E(\varepsilon)\dot{x}(\omega))\mathrm{d}\omega$$

$$+2x^{\mathrm{T}}(t)Y\left(E(\varepsilon)x(t)-\int_{t-d}^{t}E(\varepsilon)\dot{x}(s)\mathrm{d}s-E(\varepsilon)x(t-d)\right)$$

$$+2x^{\mathrm{T}}(t-d)N\left(E(\varepsilon)x(t)-\int_{t-d}^{t}E(\varepsilon)\dot{x}(s)\mathrm{d}s-E(\varepsilon)x(t-d)\right)$$

$$+d\xi^{\mathrm{T}}(t)X\xi(t)-\int_{t-d}^{t}\xi^{\mathrm{T}}(t)X\xi(t)\mathrm{d}s$$

$$\stackrel{\mathrm{def}}{=}\xi^{\mathrm{T}}(t)\hat{\Phi}(\varepsilon)\xi(t)-\int_{t-d}^{t}\eta^{\mathrm{T}}(t,s)\psi\eta(t,s)\mathrm{d}s$$

其中

$$\xi(t)=[x^{\mathrm{T}}(t) \quad x^{\mathrm{T}}(t-d)]^{\mathrm{T}}, \quad \eta(t,s)=[x^{\mathrm{T}}(t) \quad x^{\mathrm{T}}(t-d) \quad (E(\varepsilon)\dot{x}(s))^{\mathrm{T}}]^{\mathrm{T}}$$

$$\hat{\Phi}(\varepsilon)=\begin{bmatrix} \Phi_{11}(\varepsilon)+d\,(A+BK)^{\mathrm{T}}M(A+BK) & \Phi_{12}(\varepsilon)+d\,(A+BK)^{\mathrm{T}}MD \\ * & \Phi_{22}(\varepsilon)+dD^{\mathrm{T}}MD \end{bmatrix}$$

$$(2.37)$$

而

$$\Phi_{11}(\varepsilon)=Z^{-\mathrm{T}}(\varepsilon)(A+BK)+(A+BK)^{\mathrm{T}}Z^{-1}(\varepsilon)+Z^{-\mathrm{T}}(\varepsilon)QZ^{-1}(\varepsilon)$$
$$+YE(\varepsilon)+E(\varepsilon)Y^{\mathrm{T}}+dX_1$$
$$\Phi_{12}(\varepsilon)=Z^{-\mathrm{T}}(\varepsilon)D-YE(\varepsilon)+E(\varepsilon)N^{\mathrm{T}}+dX_2$$
$$\Phi_{22}(\varepsilon)=-Z^{-\mathrm{T}}(\varepsilon)QZ^{-1}(\varepsilon)-NE(\varepsilon)-E(\varepsilon)N^{\mathrm{T}}+dX_3$$

由于 $\psi\geqslant0$，所以推出

$$\int_{t-d}^{t}\eta^{\mathrm{T}}(t,s)\psi\eta(t,s)\mathrm{d}s\geqslant0$$

故只要 $\hat{\Phi}(\varepsilon)$ 是负定矩阵即可。

由式(2.34)、式(2.35)即 $\hat{\Phi}(0)<0,\hat{\Phi}(\bar{\varepsilon})<0$，进一步，利用引理2.1，可知 $\forall\varepsilon\in(0,\bar{\varepsilon}]$，$\hat{\Phi}(\varepsilon)<0$，即可推出

$$\xi^{\mathrm{T}}(t)\hat{\Phi}(\varepsilon)\xi(t)<0$$

即

$$\dot{V}(x(t))\Big|_{(2.30)}<0$$

所以，系统(2.30)渐近稳定，且 $u=Kx(t)$ 为其状态反馈控制器。

证毕。

由于矩阵不等式(2.37)对于变量 K、M、Q 和 $Z(\varepsilon)$ 是非线性的，下面把它线性化。

记

$$Y=\begin{bmatrix} Z^{-\mathrm{T}}(\varepsilon)(A+BK)+(A+BK)^{\mathrm{T}}Z^{-1}(\varepsilon) \\ +Z^{-\mathrm{T}}(\varepsilon)QZ^{-1}(\varepsilon)+YE(\varepsilon)+E(\varepsilon)Y^{\mathrm{T}}+dX_1 & Z^{-\mathrm{T}}(\varepsilon)D-YE(\varepsilon)+E(\varepsilon)N^{\mathrm{T}}+dX_2 \\ * & -Z^{-\mathrm{T}}(\varepsilon)QZ^{-1}(\varepsilon)-NE(\varepsilon)-E(\varepsilon)N^{\mathrm{T}}+dX_3 \end{bmatrix}$$

那么

$$\hat{\Phi}(\varepsilon)=Y+\begin{bmatrix} d\,(A+BK)^{\mathrm{T}}M(A+BK) & d\,(A+BK)^{\mathrm{T}}MD \\ * & dD^{\mathrm{T}}MD \end{bmatrix}$$

$$=Y+\begin{bmatrix} (A+BK)^{\mathrm{T}} \\ D^{\mathrm{T}} \end{bmatrix}dM[A+BK \quad D]$$

$$=Y-\begin{bmatrix} (A+BK)^{\mathrm{T}} \\ D^{\mathrm{T}} \end{bmatrix}(-d^{-1}M^{-1})^{-1}[A+BK \quad D]$$

由 Schur 补引理，$\bar{\Phi}(\varepsilon)<0$ 等价于

$$
\left[
\begin{array}{cc}
\Lambda & Z^{-T}(\varepsilon)D-YE(\varepsilon)+E(\varepsilon)N^T+dX_2 \\
D^TZ^{-1}(\varepsilon)-E(\varepsilon)Y^T+NE(\varepsilon)+dX_2 & -Z^{-T}(\varepsilon)QZ^{-1}(\varepsilon)-NE(\varepsilon)-E(\varepsilon)N^T+dX_3 \\
A+BK & D
\end{array}
\right.
$$

$$
\left.
\begin{array}{c}
(A+BK)^T \\
D^T \\
-d^{-1}M^{-1}
\end{array}
\right]<0
$$

其中

$$
\Lambda=Z^{-T}(\varepsilon)(A+BK)+(A+BK)^TZ^{-1}(\varepsilon)+Z^{-T}(\varepsilon)QZ^{-1}(\varepsilon)+YE(\varepsilon)+E(\varepsilon)Y^T+dX_1
$$

即

$$
\left[
\begin{array}{ccc}
\begin{array}{c}Z^{-T}(\varepsilon)(A+BK)+(A+BK)^TZ^{-1}(\varepsilon)\\ +Z^{-T}(\varepsilon)QZ^{-1}(\varepsilon)\end{array} & Z^{-T}(\varepsilon)D & (A+BK)^T \\
D^TZ^{-1}(\varepsilon) & -Z^{-T}(\varepsilon)QZ^{-1}(\varepsilon) & D^T \\
A+BK & D & 0
\end{array}
\right]
$$

$$
+\left[
\begin{array}{ccc}
YE(\varepsilon)+E(\varepsilon)Y^T+dX_1 & -YE(\varepsilon)+E(\varepsilon)N^T+dX_2 & 0 \\
-E(\varepsilon)Y^T+NE(\varepsilon)+dX_2 & -NE(\varepsilon)-E(\varepsilon)N^T+dX_3 & 0 \\
0 & 0 & -d^{-1}M^{-1}
\end{array}
\right]<0
$$

由 Schur 补引理知，上式成立的充要条件为

$$
\left[
\begin{array}{cccc}
\Pi & Z^{-T}(\varepsilon)D & (A+BK)^T & \begin{bmatrix}I&0&0\\0&I&0\\0&0&I\end{bmatrix} \\
D^TZ^{-1}(\varepsilon) & -Z^{-T}(\varepsilon)QZ^{-1}(\varepsilon) & D^T & \\
A+BK & D & 0 & \\
\begin{bmatrix}I&0&0\\0&I&0\\0&0&I\end{bmatrix} & & & \Delta
\end{array}
\right]<0 \quad (2.38)
$$

其中

$$
\Pi=Z^{-T}(\varepsilon)(A+BK)+(A+BK)^TZ^{-1}(\varepsilon)+Z^{-T}(\varepsilon)QZ^{-1}(\varepsilon)
$$

$$\Delta=-\begin{bmatrix} YE(\varepsilon)+E(\varepsilon)Y^T+dX_1 & -YE(\varepsilon)+E(\varepsilon)N^T+dX_2 & 0 \\ -E(\varepsilon)Y^T+NE(\varepsilon)+dX_2 & -NE(\varepsilon)-E(\varepsilon)N^T+dX_3 & 0 \\ 0 & 0 & -d^{-1}M^{-1} \end{bmatrix}^{-1}$$

对矩阵不等式(2.38)的左端矩阵,左乘对角矩阵 $\mathrm{diag}\{Z^T(\varepsilon),Z^T(\varepsilon),I,I,I,I\}$、右乘其转置,得

$$\begin{bmatrix} Z^T(\varepsilon) & & & & & \\ & Z^T(\varepsilon) & & & & \\ & & I & & & \\ & & & I & & \\ & & & & I & \\ & & & & & I \end{bmatrix}$$

$$\times \begin{bmatrix} Z^{-T}(\varepsilon)(A+BK)+(A+BK)^TZ^{-1}(\varepsilon) & & \\ +Z^{-T}(\varepsilon)QZ^{-1}(\varepsilon) & Z^{-T}(\varepsilon)D & (A+BK)^T \\ D^TZ^{-1}(\varepsilon) & -Z^{-T}(\varepsilon)QZ^{-1}(\varepsilon) & D^T \\ A+BK & D & 0 \\ \begin{bmatrix} I & 0 & 0 \\ 0 & I & 0 \\ 0 & 0 & I \end{bmatrix} & & \end{bmatrix}$$

$$\begin{bmatrix} I & 0 & 0 \\ 0 & I & 0 \\ 0 & 0 & I \end{bmatrix}$$

$$-\begin{bmatrix} YE(\varepsilon)+E(\varepsilon)Y^T+dX_1 & -YE(\varepsilon)+E(\varepsilon)N^T+dX_2 & 0 \\ -E(\varepsilon)Y^T+NE(\varepsilon)+dX_2 & -NE(\varepsilon)-E(\varepsilon)N^T+dX_3 & 0 \\ 0 & 0 & -d^{-1}M^{-1} \end{bmatrix}^{-1}$$

$$\times \begin{bmatrix} Z(\varepsilon) & & & & & \\ & Z(\varepsilon) & & & & \\ & & I & & & \\ & & & I & & \\ & & & & I & \\ & & & & & I \end{bmatrix}<0$$

$$
\begin{bmatrix}
(A+BK)Z(\varepsilon)+Z^{\mathrm{T}}(\varepsilon)(A+BK)^{\mathrm{T}}+Q & DZ(\varepsilon) & Z^{\mathrm{T}}(\varepsilon)(A+BK)^{\mathrm{T}} \\
* & -Q & Z^{\mathrm{T}}(\varepsilon)D^{\mathrm{T}} \\
* & * & 0 \\
 & & *
\end{bmatrix}
$$

$$
\begin{bmatrix} Z^{\mathrm{T}}(\varepsilon) & 0 & 0 \\ 0 & Z^{\mathrm{T}}(\varepsilon) & 0 \\ 0 & 0 & I \end{bmatrix}
$$

$$
-\begin{bmatrix}
YE(\varepsilon)+E(\varepsilon)Y^{\mathrm{T}}+dX_1 & -YE(\varepsilon)+E(\varepsilon)N^{\mathrm{T}}+dX_2 & 0 \\
-E(\varepsilon)Y^{\mathrm{T}}+NE(\varepsilon)+dX_2 & -NE(\varepsilon)-E(\varepsilon)N^{\mathrm{T}}+dX_3 & 0 \\
0 & 0 & -d^{-1}M^{-1}
\end{bmatrix}^{-1} \Bigg] < 0
$$

定义

$$\widetilde{K}=KZ(\varepsilon),\quad \widetilde{M}=M^{-1} \tag{2.39}$$

则

$$
\hat{\Phi}_*(\varepsilon)=\begin{bmatrix}
\Omega & DZ(\varepsilon) & Z^{\mathrm{T}}(\varepsilon)A+\widetilde{K}^{\mathrm{T}}B^{\mathrm{T}} & \\
* & -Q & Z^{\mathrm{T}}(\varepsilon)D^{\mathrm{T}} & \Sigma \\
* & * & 0 & \\
 & * & & \Gamma
\end{bmatrix} < 0
$$

其中

$$
\Sigma=\begin{bmatrix} Z^{\mathrm{T}}(\varepsilon) & 0 & 0 \\ 0 & Z^{\mathrm{T}}(\varepsilon) & 0 \\ 0 & 0 & I \end{bmatrix}
$$

$$\Omega=AZ(\varepsilon)+B\widetilde{K}+Z^{\mathrm{T}}(\varepsilon)A^{\mathrm{T}}+\widetilde{K}^{\mathrm{T}}B^{\mathrm{T}}+Q \tag{2.40}$$

$$
\Gamma=-\begin{bmatrix}
YE(\varepsilon)+E(\varepsilon)Y^{\mathrm{T}}+dX_1 & -YE(\varepsilon)+E(\varepsilon)N^{\mathrm{T}}+dX_2 & 0 \\
-E(\varepsilon)Y^{\mathrm{T}}+NE(\varepsilon)+dX_2 & -NE(\varepsilon)-E(\varepsilon)N^{\mathrm{T}}+dX_3 & 0 \\
0 & 0 & -d^{-1}\widetilde{M}
\end{bmatrix}^{-1}
$$

再由式(2.34)和式(2.35),可知 $\hat{\Phi}_*(0)<0$ 且 $\hat{\Phi}_*(\bar{\varepsilon})<0$。进而,利用引理 2.1 可得 $\hat{\Phi}_*(\varepsilon)<0$,等价于 $\hat{\Phi}(\varepsilon)<0$。于是

$$\dot{V}(x(t))\Big|_{(2.30)}<0$$

即闭环系统(2.30)是渐近稳定的, $\forall \varepsilon \in (0,\bar{\varepsilon}]$,控制器增益 $K=\widetilde{K}Z^{-1}(\varepsilon)$。

综上,即得如下定理。

定理 2.4　给定正数 $\bar{\varepsilon}>0$、$d>0$,如果存在对称正定矩阵 $Q>0$、$M>0$,矩阵

$\widetilde{K}$,半正定矩阵 $X=\begin{bmatrix} X_1 & X_2 \\ * & X_3 \end{bmatrix}\geqslant0$,矩阵 Y、N 以及矩阵 $Z_i(i=1,2,\cdots,5)$ 且 $Z_i=Z_i^{\mathrm{T}}(i=1,2,3,4)$,满足下列 LMI 条件：

$$Z_1>0 \tag{2.41}$$

$$\begin{bmatrix} Z_1+\bar{\varepsilon}Z_3 & \bar{\varepsilon}Z_5^{\mathrm{T}} \\ \bar{\varepsilon}Z_5 & \bar{\varepsilon}Z_2 \end{bmatrix}>0 \tag{2.42}$$

$$\begin{bmatrix} Z_1+\bar{\varepsilon}Z_3 & \bar{\varepsilon}Z_5^{\mathrm{T}} \\ \bar{\varepsilon}Z_5 & \bar{\varepsilon}Z_2+\bar{\varepsilon}^2Z_4 \end{bmatrix}>0 \tag{2.43}$$

$$\begin{bmatrix} AZ(0)+B\widetilde{K}+Z^{\mathrm{T}}(0)A^{\mathrm{T}}+\widetilde{K}^{\mathrm{T}}B^{\mathrm{T}}+Q & DZ(0) & Z^{\mathrm{T}}(0)A+\widetilde{K}^{\mathrm{T}}B^{\mathrm{T}} \\ Z^{\mathrm{T}}(0)D^{\mathrm{T}} & -Q & Z^{\mathrm{T}}(0)D^{\mathrm{T}} \\ AZ(0)+B\widetilde{K} & DZ(0) & 0 \end{bmatrix}$$

$$\begin{bmatrix} Z(0) & 0 & 0 \\ 0 & Z(0) & 0 \\ 0 & 0 & I \end{bmatrix}$$

$$\begin{bmatrix} Z^{\mathrm{T}}(0) & 0 & 0 \\ 0 & Z^{\mathrm{T}}(0) & 0 \\ 0 & 0 & I \end{bmatrix}$$

$$-\begin{bmatrix} YE(0)+E(0)Y^{\mathrm{T}}+dX_1 & -YE(0)+E(0)N^{\mathrm{T}}+dX_2 & 0 \\ -E(0)Y^{\mathrm{T}}+NE(0)+dX_2 & -NE(0)-E(0)N^{\mathrm{T}}+dX_3 & 0 \\ 0 & 0 & -d^{-1}\widetilde{M} \end{bmatrix}^{-1}<0 \tag{2.44}$$

$$\begin{bmatrix} AZ(\bar{\varepsilon})+B\widetilde{K}+Z^{\mathrm{T}}(\bar{\varepsilon})A^{\mathrm{T}}+\widetilde{K}^{\mathrm{T}}B^{\mathrm{T}}+Q & DZ(\bar{\varepsilon}) & Z^{\mathrm{T}}(\bar{\varepsilon})A+\widetilde{K}^{\mathrm{T}}B^{\mathrm{T}} \\ Z^{\mathrm{T}}(\bar{\varepsilon})D^{\mathrm{T}} & -Q & Z^{\mathrm{T}}(\bar{\varepsilon})D^{\mathrm{T}} \\ AZ(\bar{\varepsilon})+B\widetilde{K} & DZ(\bar{\varepsilon}) & 0 \end{bmatrix}$$

$$\begin{bmatrix} Z(\bar{\varepsilon}) & 0 & 0 \\ 0 & Z(\bar{\varepsilon}) & 0 \\ 0 & 0 & I \end{bmatrix}$$

$$\begin{bmatrix} Z^{\mathrm{T}}(\bar{\varepsilon}) & 0 & 0 \\ 0 & Z^{\mathrm{T}}(\bar{\varepsilon}) & 0 \\ 0 & 0 & I \end{bmatrix}$$

$$-\begin{bmatrix} YE(\bar{\varepsilon})+E(\bar{\varepsilon})Y^{\mathrm{T}}+dX_1 & -YE(\bar{\varepsilon})+E(\bar{\varepsilon})N^{\mathrm{T}}+dX_2 & 0 \\ -E(\bar{\varepsilon})Y^{\mathrm{T}}+NE(\bar{\varepsilon})+dX_2 & -NE(\bar{\varepsilon})-E(\bar{\varepsilon})N^{\mathrm{T}}+dX_3 & 0 \\ 0 & 0 & -d^{-1}\widetilde{M} \end{bmatrix}^{-1}<0 \tag{2.45}$$

$$\psi = \begin{bmatrix} X_1 & X_2 & Y \\ * & X_3 & N \\ * & * & M \end{bmatrix} \geqslant 0 \qquad (2.46)$$

其中，$E(\varepsilon) = \begin{bmatrix} I & 0 \\ 0 & \varepsilon I \end{bmatrix}$，$Z(\varepsilon) = \begin{bmatrix} Z_1 + \varepsilon Z_3 & \varepsilon Z_5^{\mathrm{T}} \\ Z_5 & Z_2 + \varepsilon Z_4 \end{bmatrix}$。则系统（2.30）渐近稳定，且 $u(t) = Kx(t)$ 为其状态反馈控制器，其中 $K = \widetilde{K}\widetilde{P}^{-\mathrm{T}}$。

注 2.7 在文献[118]、[122]和[123]中，时滞无关稳定性条件是通过使用 Lyapunov-Krasovskii 泛函和 LMI 技术推出的，通过求解凸优化问题得到了明确稳定界。而本章所得到的定理 2.2 是选取了比文献[118]、[122]和[123]中更一般的 Lyapunov-Krasovskii 泛函，所以定理 2.2 方法有望产生更大的稳定界。

注 2.8 定理 2.1、定理 2.2 中线性矩阵不等式方法，也适用于研究系统矩阵中含有不确定性的时滞奇异摄动系统，因为 LMI 条件适用于系统矩阵。对于范数有界不确定性，使用常规方法[123-131]，可得相应结果。对于多面体不确定性，LMI 条件对于所有的顶点成立，在第 4 章中对不确定系统进行单独介绍。

注 2.9 取得时滞系统的稳定性判据的关键是选取一个适当的 Lyapunov-Krasovskii 泛函，本章创新点在于选取了广义一般性的 Lyapunov-Krasovskii 泛函。一般的 Lyapunov-Krasovskii 泛函由一个二次项和几个积分项组成，本章所选取的 Lyapunov-Krasovskii 泛函中的二次项为

$$x^{\mathrm{T}} \begin{bmatrix} Z_1 + \varepsilon Z_3 & \varepsilon Z_5^{\mathrm{T}} \\ \varepsilon Z_5 & \varepsilon Z_2 + \varepsilon^2 Z_4 \end{bmatrix} x$$

比现存文献中的

$$x^{\mathrm{T}} \begin{bmatrix} Z_1 & \varepsilon Z_5^{\mathrm{T}} \\ \varepsilon Z_5 & \varepsilon Z_2 \end{bmatrix} x$$

更具有一般性。因此，该思想方法可以概括文献[117]、[119]、[122]和[123]的结果，来处理时滞摄动系统稳定性。

2.4 算 例

例 2.1 考虑如下时不变时滞奇异摄动系统，来验证所得结果的有效性。

$$\begin{cases} \dot{x}_1(t) = x_2(t) + x_1(t-d) \\ \varepsilon \dot{x}_2(t) = -2x_1(t) - x_2(t) + 0.5x_2(t-d) \end{cases}$$

取 $\bar{\varepsilon} = 0.4999$，求解定理 2.2 的 LMI，得到

$$Q = \begin{bmatrix} 119.4115 & 29.8952 \\ 29.8952 & 29.8836 \end{bmatrix}$$

$Z_1 = 80.0001$，　$Z_2 = 41.2452$，　$Z_3 = 79.0514$，　$Z_4 = 37.0304$，　$Z_5 = 59.7620$

由定理 2.2 可知，$\forall \varepsilon \in (0, 0.4999]$，系统都是渐近稳定的。

　　表 2.1 指出，由定理 2.2 计算出的稳定界比文献[118]、[122] 和[123]大，这样，所提改进的新方法比现存结果保守性要小。此外，文献[118]只提供稳定界存在的充分条件，但不能给出稳定界估计。

表 2.1　稳定界 $0 < d < +\infty$

方法	文献[122]定理 1	文献[123]定理 6	文献[118]推论 1	定理 2.2
$\bar{\varepsilon}$	0.3	0.4641	0.4638	0.4999

例 2.2　考虑如下系统：

$$\begin{cases} \dot{x}(t) = -x(t) - z(t) + u(t) \\ \varepsilon \dot{z}(t) = -z(t) + Kx(t-T) \end{cases}$$

其中，$0 \leqslant K \leqslant 1$。

　　在本例中，K 为不确定常量，满足 $0 \leqslant K \leqslant 1$。注 2.4 中提到，定理 2.1 中的矩阵不等式条件仿射于系统矩阵，而对于多胞体不确定性，LMI 条件对所有顶点有效。

　　取 $T = 0.2, K = 0, \bar{\varepsilon} = 10$，应用定理 2.1，求解 LMI，得到

$Z_1 = 0.7627$，　$Z_2 = 0.5450$，　$Z_3 = 0.0024$，　$Z_4 = -0.0264$，　$Z_5 = 0.0345$

$$Q = \begin{bmatrix} 0.6116 & 0.3384 \\ 0.3384 & 0.4526 \end{bmatrix}, \quad Y = \begin{bmatrix} -0.1401 & 0.0214 \\ 0.1619 & -0.0158 \end{bmatrix}, \quad T = \begin{bmatrix} 0.1712 & -0.0042 \\ -0.1034 & 0.0227 \end{bmatrix}$$

$$M = \begin{bmatrix} 0.9383 & -0.2279 \\ -0.2279 & 0.5266 \end{bmatrix}, \quad X_1 = \begin{bmatrix} 0.9230 & 0.1728 \\ 0.1728 & 0.6300 \end{bmatrix}$$

$$X_2 = \begin{bmatrix} -0.2307 & 0.1892 \\ 0.1890 & -0.1185 \end{bmatrix}, \quad X_3 = \begin{bmatrix} 0.9245 & 0.1775 \\ 0.1775 & 0.6175 \end{bmatrix}$$

　　若取 $T = 0.2, K = 1, \bar{\varepsilon} = 10$，再用定理 2.1，得到

$Z_1 = 0.3354$，　$Z_2 = 0.1059$，　$Z_3 = 0.0004$，　$Z_4 = -0.0036$，　$Z_5 = 0.0095$

$$Q = \begin{bmatrix} 0.3110 & 0.1130 \\ 0.1130 & 0.0828 \end{bmatrix}, \quad Y = \begin{bmatrix} -0.0343 & 0.0057 \\ 0.1259 & -0.0053 \end{bmatrix}, \quad T = \begin{bmatrix} 0.0505 & -0.0009 \\ -0.0407 & 0.0106 \end{bmatrix}$$

$$M = \begin{bmatrix} 0.3155 & -0.0625 \\ -0.0625 & 0.0569 \end{bmatrix}, \quad X_1 = \begin{bmatrix} 0.3445 & 0.0473 \\ 0.0473 & 0.2212 \end{bmatrix}$$

$$X_2 = \begin{bmatrix} -0.0643 & 0.0539 \\ 0.0444 & -0.0441 \end{bmatrix}, \quad X_3 = \begin{bmatrix} 0.3433 & 0.0529 \\ 0.0529 & 0.1901 \end{bmatrix}$$

　　由定理 2.1，对于 $T = 0.2, 0 \leqslant K \leqslant 1$ 和 $\forall \varepsilon \in (0, 10)$，系统都是渐近稳定的。而文献[114]的结果是 $T = 0.2, \forall \varepsilon \in (0, 0.85)$，系统渐近稳定。这样，本节所得稳定界要比文献[114]大，具有较大的优越性。

2.5　本 章 小 结

本章针对时不变时滞奇异摄动系统,研究稳定性分析与控制问题。首先引入两个引理,构造出了一种新的依赖奇异摄动参数的 Lyapunov-Krasovskii 泛函,在此基础上,提出基于线性矩阵不等式的稳定性分析方法、控制器设计方法和稳定界的估计方法,得到了时滞相关、时滞无关的稳定性充分条件判据,以及相应控制器的存在条件和构造方法。与现有方法相比,所得方法的优势在于:不依赖于系统分解,能够应用于标准、非标准奇异摄动系统。通过数值算例,与已有结果[132-134] 相比较,说明本书所用方法具有较小的保守性。

实际中,时滞一般情况下是时间的可微有界函数,记为 $d(t)$,即时变时滞,含有时变时滞的系统才是实际正常状态下的系统。第 3 章将研究这类系统的鲁棒稳定性。

第 3 章　时变时滞奇异摄动系统的稳定性研究

3.1　引　言

随着控制理论研究的不断深入和对动力系统、电力系统、生态系统、经济管理系统和工业工程系统等大量实际研究和应用的需要,人们对系统的描述分析和设计的精度要求越来越高,因而所讨论的系统变得越来越复杂。

时变时滞奇异摄动系统源于其化学工程等控制领域中的广泛应用,已经成为现代控制科学的一个重要研究领域,相应理论应用研究成果已经引起广泛注意[135-139]。现有文献中,对于时变时滞奇异摄动系统稳定性及可镇定性的研究[139-143],一般形式下的 Lyapunov 泛函会导致复杂的偏微分方程系统,产生无限维的线性矩阵不等式条件,这对于可行性的检验带来很大困难,有时甚至是无法检验不可行的。因此,如何选择适当的 Lyapunov-Krasovskii 泛函,是系统稳定性问题研究的关键[144-146]。

本章研究带有时变时滞的奇异摄动系统的稳定性分析与设计。首先,通过构造适当的新的 Lyapunov-Krasovskii 泛函,得到系统稳定性判据,由此方法估计系统的稳定界,所提出的稳定性判据比现存方法具有较小的保守性;其次,对于一个给定的稳定界,设计一个状态反馈控制器,该方法适用于标准与非标准的时变时滞奇异摄动系统;最后,给出数值算例来证明所提方法的有效性。

3.2　预 备 知 识

下面是时变时滞奇异摄动系统:

$$\begin{cases} E(\varepsilon)\dot{x}(t) = Ax(t) + Dx(t-d(t)) + Bu(t) \\ x(t) = \phi(t), \quad t \in [-\tau, 0) \end{cases} \tag{3.1}$$

其中,$x(t) \in \mathbf{R}^n$ 是系统状态向量;$u(t) \in \mathbf{R}^m$ 是控制输入向量;$\phi(t) \in \mathbf{C}^n[-d, 0]$($n$ 维连续函数向量空间)是系统的初始条件;$E(\varepsilon) = \begin{bmatrix} I_{n_1} & 0 \\ 0 & \varepsilon I_{n_2} \end{bmatrix} \in \mathbf{R}^{n \times n}$;$A \in \mathbf{R}^{n \times n}$、$D \in \mathbf{R}^{n \times n}$ 和 $B \in \mathbf{R}^{n \times m}$ 是已知定常矩阵;$d(t)$ 是时变时滞可微函数,满足

$$0 \leqslant d(t) \leqslant \tau, \quad \dot{d}(t) \leqslant \mu < 1 \tag{3.2}$$

其中, τ、 μ 均为已知常量。

注 3.1　条件(3.2)在实际理论中被广泛应用于时变时滞奇异摄动系统的分析设计中[146-148]。

一个自动控制系统要能平稳运行,它就首先要是一个稳定的系统。当系统受到外界的扰动后,虽然平衡状态会被打破,但是一旦扰动消失,这个系统又会自动返回平衡状态或是趋于另一个新的平衡状态[149]。

假设系统的模型为 $\dot{x} = f(x, t)$,满足初始条件 $x(t_0) = x_0$,初始时刻 t_0 的初始状态 x_0 所引起的受扰运动表示为 $x(t) = \phi(t, x_0, t_0)$, x_e 表示系统的平衡状态,则有如下的定义和定理[149,150]。

定义 3.1(Lyapunov 稳定)　若对给定的任一实数 $\varepsilon > 0$,都对应存在一个实数 $\delta(\varepsilon, t_0) > 0$,使得满足不等式

$$\| x_0 - x_e \| \leqslant \delta(\varepsilon, t_0), \quad t \geqslant t_0 \tag{3.3}$$

的任意初始状态 x_0 出发的受扰运动满足不等式

$$\| \phi(t, x_0, t_0) - x_0 \| \leqslant \varepsilon, \quad t \geqslant t_0 \tag{3.4}$$

则称在 Lyapunov 意义下是稳定的。

定义 3.2(渐近稳定)　如果平衡状态 x_e 在 Lyapunov 意义下是稳定的,并且对于 $\delta(\varepsilon, t_0)$ 和任意给定的实数 $\mu > 0$,对应地存在实数 $T(\mu, \delta, t_0) > 0$,使得由满足不等式(3.3)的任一初始状态 x_0 出发的受扰运动都能满足不等式

$$\| \phi(t, x_0, t_0) - x_e \| \leqslant \mu, \quad \forall t \geqslant t_0 + T(\mu, \delta, t_0) \tag{3.5}$$

则称 x_0 的平衡状态 x_e 是渐近稳定的。随着 $\mu \to 0$,显然有 $T \to 0$,因此原点的平衡状态 x_e 为渐近稳定时,必有

$$\phi(t, x_0, t_0) \to 0, \quad \forall x_0 \in S(\delta) \tag{3.6}$$

定义 3.3(正定函数)　令 $V(x)$ 是向量 x 的标量函数, S 是 x 空间包含原点的封闭有限区域。如果对于 S 中的所有 x,都有:

(1) $V(x)$ 对于向量 x 中各分量有连续的偏导数;

(2) $V(0) = 0$;

(3) 当 $x \neq 0$ 时, $V(x) > 0 (V(x) \geqslant 0)$。

则称 $V(x)$ 是正定的(正半定的)。

如果条件中的不等式符号反向,则称 $V(x)$ 是负定的(负半定的)。

(1) Lyapunov 第二方法定理。

假设系统的状态方程为

$$\dot{x} = f(x, t), \quad f(0, t) = 0 \tag{3.7}$$

如果存在一个具有连续偏导数的标量函数 $V(x, t)$,并且满足条件:

① $V(x, t)$ 是正定的;

② $\dot{V}(x, t)$ 是负定的。

那么系统在原点处的平衡状态是一致渐近稳定的。如果随着 $\parallel x \parallel \rightarrow 0$，有 $V(x,t) \rightarrow \infty$，则在原点处的平衡状态是大范围渐近稳定的。

（2）Lyapunov 稳定性理论[150,151]。

俄国力学家 Lyapunov 在 1892 年发表的《运动稳定性的一般问题》论文中，首先提出运动稳定性的一般理论。这一理论把由常微分方程组描述的动力学系统的稳定性分析方法区分为本质上不同的两种方法，现在称为 Lyapunov 第一方法和 Lyapunov 第二方法。Lyapunov 方法同时适用于线性系统和非线性系统、时变系统和时不变系统、连续系统和离散系统。

Lyapunov 第一方法也称为 Lyapunov 间接法，它首先求解系统的微分方程式，然后根据解的性质来判断系统的稳定性。如果线性化特征方程的根全部是负实根，或者是具有负实部的复根，则系统在工作点附近是稳定的，否则是不稳定的。它属于小范围稳定性分析方法。Lyapunov 第二方法也称为 Lyapunov 直接法，属于直接根据系统结构判断内部稳定性的方法。Lyapunov 第二方法直接面对非线性系统，首先引入具有广义能量属性的 Lyapunov 函数，然后分析其导数的定号性，建立判断系统稳定性的相应结论。

对于一个求解非常复杂的微分方程，Lyapunov 第二方法的主要优点是不必求出系统方程的解，就可以对系统的稳定性进行分析，而且适用于时不变系统、非线性系统、时变系统。但是目前学术界并没有构造 Lyapunov 函数的一般方法，都是通过经验来构造 Lyapunov 函数。

一个线性矩阵不等式可以表示成如下形式：

$$L(x) = L_0 + x_1 L_1 + \cdots + x_N L_N < 0 \tag{3.8}$$

其中，$L_i(i=0,1,\cdots,N)$ 为给定的实对称矩阵，$x_i(i=1,2,\cdots,N)$ 为线性矩阵不等式的决策变量，$x = [x_1, x_2, \cdots, x_N]^T \in \mathbf{R}$ 是由决策变量构成的决策向量。

$L(x) < 0$ 表示 $L(x)$ 是负定的，即对任意非零的向量 $\nu \in \mathbf{R}$，$\nu^T L(x) \nu < 0$。负定的 $L(x)$ 的特征值均小于零。

若

$$L(x) = L_0 + x_1 L_1 + \cdots + x_N L_N \leqslant 0$$

成立，则相应的矩阵不等式称为非严格的线性矩阵不等式。

多个 LMI 可以用一个 LMI 来表示，即

$$L_1(x) < 0, \quad L_2(x) < 0, \quad \cdots, \quad L_n(x) < 0 \tag{3.9}$$

等价于

$$\begin{bmatrix} L_1(x) & & & \\ & L_2(x) & & \\ & & \ddots & \\ & & & L_n(x) \end{bmatrix} < 0 \tag{3.10}$$

即

$$\mathrm{diag}\{L_1(x),L_2(x),\cdots,L_n(x)\}<0 \tag{3.11}$$

线性矩阵不等式 $L(x)<0$ 这个约束条件定义了自变量空间中的一个凸集,可以利用 MATLAB 求解线性矩阵不等式有关问题。

下面利用如上相应理论研究系统(3.1)的稳定性分析和控制器设计。

3.3　主　要　结　果

3.3.1　稳定性判据

首先考虑下面时变时滞奇异摄动系统:

$$\begin{cases} E(\varepsilon)\dot{x}(t)=Ax(t)+Dx(t-d(t)) \\ x(t)=\phi(t), \quad t\in[-\tau,0) \end{cases} \tag{3.12}$$

其中,系统系数矩阵以及条件同上。

定理 3.1　给定常数 $\varepsilon>0$, $\forall \varepsilon\in(0,\bar{\varepsilon}]$,系统(3.12)是渐近稳定的。若存在对称正定矩阵 $Q>0$、$M>0$,以及矩阵 $Z_i(i=1,2,\cdots,5)$ 且 $Z_i=Z_i^{\mathrm{T}}(i=1,2,3,4)$,满足下列 LMI 条件:

$$Z_1>0 \tag{3.13}$$

$$\begin{bmatrix} Z_1+\bar{\varepsilon}Z_3 & \bar{\varepsilon}Z_5^{\mathrm{T}} \\ \bar{\varepsilon}Z_5 & \bar{\varepsilon}Z_2 \end{bmatrix}>0 \tag{3.14}$$

$$\begin{bmatrix} Z_1+\bar{\varepsilon}Z_3 & \bar{\varepsilon}Z_5^{\mathrm{T}} \\ \bar{\varepsilon}Z_5 & \bar{\varepsilon}Z_2+\bar{\varepsilon}^2 Z_4 \end{bmatrix}>0 \tag{3.15}$$

$$\begin{bmatrix} A^{\mathrm{T}}Z(0)+Z^{\mathrm{T}}(0)A+Q+\tau A^{\mathrm{T}}MA & Z^{\mathrm{T}}(0)D+\tau A^{\mathrm{T}}MD \\ * & -(1-\mu)Q+\tau D^{\mathrm{T}}MD \end{bmatrix}<0 \tag{3.16}$$

$$\begin{bmatrix} A^{\mathrm{T}}Z(\bar{\varepsilon})+Z^{\mathrm{T}}(\bar{\varepsilon})A+Q+\tau A^{\mathrm{T}}MA & Z^{\mathrm{T}}(\bar{\varepsilon})D+\tau A^{\mathrm{T}}MD \\ * & -(1-\mu)Q+\tau D^{\mathrm{T}}MD \end{bmatrix}<0 \tag{3.17}$$

其中,$Z(\varepsilon)=\begin{bmatrix} Z_1+\varepsilon Z_3 & \varepsilon Z_5^{\mathrm{T}} \\ Z_5 & Z_2+\varepsilon Z_4 \end{bmatrix}$。

证明　选取下面形式的 Lyapunov 泛函:

$$V(x(t))=x^{\mathrm{T}}(t)E(\varepsilon)Z(\varepsilon)x(t)+\int_{t-d(t)}^{t}x^{\mathrm{T}}(s)Qx(s)\mathrm{d}s$$

$$+\int_{-\tau}^{0}\int_{t-d(t)+\theta}^{t}(E(\varepsilon)\dot{x}(s))^{\mathrm{T}}ME(\varepsilon)\dot{x}(s)\mathrm{d}s\mathrm{d}\theta$$

其中,$M>0$ 是对称正定矩阵。

由引理 2.2 和条件(3.13)~(3.15),有

$$E(\varepsilon)Z(\varepsilon)=Z^{\mathrm{T}}(\varepsilon)E(\varepsilon)>0,\quad \forall\varepsilon\in(0,\bar{\varepsilon}\,]$$

即 $V(x(t))$ 为正定的 Lyapunov-Krasovskii 泛函。

根据引理 2.1,可知式(3.16)和式(3.17)蕴含

$$\begin{bmatrix} A^{\mathrm{T}}Z(\varepsilon)+Z^{\mathrm{T}}(\varepsilon)A+Q+\tau A^{\mathrm{T}}MA & Z^{\mathrm{T}}(\varepsilon)D+\tau A^{\mathrm{T}}MD \\ * & -(1-\mu)Q+\tau D^{\mathrm{T}}MD \end{bmatrix}<0 \quad (3.18)$$

把 $V(x(t))$ 沿着系统(3.12)的任意轨迹进行微分,得

$$\dot{V}(x(t))\Big|_{(3.12)} = \frac{\mathrm{d}}{\mathrm{d}t}(x^{\mathrm{T}}(t)E(\varepsilon)Z(\varepsilon)x(t))+\frac{\mathrm{d}}{\mathrm{d}t}\Big(\int_{t-d(t)}^{t}x^{\mathrm{T}}(s)Qx(s)\mathrm{d}s\Big)$$

$$+\frac{\mathrm{d}}{\mathrm{d}t}\Big(\int_{-\tau}^{0}\int_{t-d(t)+\theta}^{t}(E(\varepsilon)\dot{x}(s))^{\mathrm{T}}ME(\varepsilon)\dot{x}(s)\mathrm{d}s\mathrm{d}\theta\Big)$$

其中

$$\frac{\mathrm{d}}{\mathrm{d}t}(x^{\mathrm{T}}(t)E(\varepsilon)Z(\varepsilon)x(t))$$

$$=\frac{\mathrm{d}}{\mathrm{d}t}(x^{\mathrm{T}}(t)E(\varepsilon))Z(\varepsilon)x(t)+x^{\mathrm{T}}(t)E(\varepsilon)\frac{\mathrm{d}}{\mathrm{d}t}(Z(\varepsilon)x(t))$$

$$=\dot{x}^{\mathrm{T}}(t)E(\varepsilon)Z(\varepsilon)x(t)+x^{\mathrm{T}}(t)E(\varepsilon)Z(\varepsilon)\dot{x}(t)$$

$$=(E(\varepsilon)\dot{x}(t))^{\mathrm{T}}Z(\varepsilon)x(t)+x^{\mathrm{T}}(t)Z^{\mathrm{T}}(\varepsilon)(E(\varepsilon)\dot{x}(t))$$

$$=(Ax(t)+Dx(t-d(t)))^{\mathrm{T}}Z(\varepsilon)x(t)+x^{\mathrm{T}}(t)Z^{\mathrm{T}}(\varepsilon)(Ax(t)+Dx(t-d(t)))$$

$$=x^{\mathrm{T}}(t)(A^{\mathrm{T}}Z(\varepsilon)+Z^{\mathrm{T}}(\varepsilon)A)x(t)+(Dx(t-d(t)))^{\mathrm{T}}Z(\varepsilon)x(t)$$

$$+(Z(\varepsilon)x(t))^{\mathrm{T}}Dx(t-d(t))$$

$$=x^{\mathrm{T}}(t)(A^{\mathrm{T}}Z(\varepsilon)+Z^{\mathrm{T}}(\varepsilon)A)x(t)+2x^{\mathrm{T}}(t)Z^{\mathrm{T}}(\varepsilon)Dx(t-d(t))$$

$$\frac{\mathrm{d}}{\mathrm{d}t}\Big(\int_{t-d(t)}^{t}x^{\mathrm{T}}(s)Qx(s)\mathrm{d}s\Big)$$

$$=x^{\mathrm{T}}(t)Qx(t)-(1-\dot{d}(t))x^{\mathrm{T}}(t-d(t))Qx(t-d(t))$$

$$\leqslant x^{\mathrm{T}}(t)Qx(t)-(1-\mu)x^{\mathrm{T}}(t-d(t))Qx(t-d(t))$$

$$\frac{\mathrm{d}}{\mathrm{d}t}\Big(\int_{-\tau}^{0}\int_{t-d(t)+\theta}^{t}(E(\varepsilon)\dot{x}(s))^{\mathrm{T}}ME(\varepsilon)\dot{x}(s)\mathrm{d}s\mathrm{d}\theta\Big)$$

$$=\tau(E(\varepsilon)\dot{x}(t))^{\mathrm{T}}ME(\varepsilon)\dot{x}(t)$$

$$-(1-\dot{d}(t))\int_{-\tau}^{0}(E(\varepsilon)\dot{x}(t-d(t)+\theta))^{\mathrm{T}}ME(\varepsilon)\dot{x}(t-d(t)+\theta)\mathrm{d}\theta$$

$$\leqslant\tau(E(\varepsilon)\dot{x}(t))^{\mathrm{T}}ME(\varepsilon)\dot{x}(t)$$

$$-(1-\mu)\int_{-\tau}^{0}(E(\varepsilon)\dot{x}(t-d(t)+\theta))^{\mathrm{T}}ME(\varepsilon)\dot{x}(t-d(t)+\theta)\mathrm{d}\theta$$

由于 $M>0$,可知

$$\int_{-\tau}^{0}(E(\varepsilon)\dot{x}(t-d(t)+\theta))^{\mathrm{T}}ME(\varepsilon)\dot{x}(t-d(t)+\theta)\mathrm{d}\theta>0$$

进而

$$\frac{\mathrm{d}}{\mathrm{d}t}\Big(\int_{-\tau}^{0}\int_{t-d(t)+\theta}^{t}(E(\varepsilon)\dot{x}(s))^{\mathrm{T}}ME(\varepsilon)\dot{x}(s)\mathrm{d}s\mathrm{d}\theta\Big)\leqslant\tau\,(E(\varepsilon)\dot{x}(t))^{\mathrm{T}}ME(\varepsilon)\dot{x}(t)$$

所以

$$\begin{aligned}
\dot{V}(x(t))\Big|_{(3.12)}&\leqslant x^{\mathrm{T}}(t)(A^{\mathrm{T}}Z(\varepsilon)+Z^{\mathrm{T}}(\varepsilon)A)x(t)+2x^{\mathrm{T}}(t)Z^{\mathrm{T}}(\varepsilon)Dx(t-d(t))\\
&\quad+x^{\mathrm{T}}(t)Qx(t)-(1-\mu)x^{\mathrm{T}}(t-d(t))Qx(t-d(t))\\
&\quad+\tau\,(E(\varepsilon)\dot{x}(t))^{\mathrm{T}}ME(\varepsilon)\dot{x}(t)\\
&\overset{\text{def}}{=\!=}\xi^{\mathrm{T}}(t)H(\varepsilon)\xi(t)
\end{aligned}$$

其中

$$\xi(t)=\begin{bmatrix}x^{\mathrm{T}}(t) & x^{\mathrm{T}}(t-d(t))\end{bmatrix}^{\mathrm{T}}$$

$$H(\varepsilon)=\begin{bmatrix}A^{\mathrm{T}}Z(\varepsilon)+Z^{\mathrm{T}}(\varepsilon)A+Q+\tau A^{\mathrm{T}}MA & Z^{\mathrm{T}}(\varepsilon)D+\tau A^{\mathrm{T}}MD\\ * & -(1-\mu)Q+\tau D^{\mathrm{T}}MD\end{bmatrix}\quad(3.19)$$

从式(3.18),可知 $H(\varepsilon)<0$,故推出

$$\xi^{\mathrm{T}}(t)H(\varepsilon)\xi(t)<0$$

于是,$\dot{V}(x(t))\Big|_{(3.12)}<0$。

综上可知,系统(3.12)是渐近稳定的,$\forall\varepsilon\in(0,\bar{\varepsilon}]$。

证毕。

注 3.2　文献[144]和[145]研究了时滞奇异摄动系统的稳定性问题,但给出的仅仅是对于充分小的摄动参数而言的一个充分性条件。而本章所提出的定理3.1给出了一个稳定界估计,进而对于满足一个区间 $(0,\bar{\varepsilon}]$ 范围内的参数 ε,系统都是渐近稳定的。放宽了现有文献条件,是一种成果改进。

3.3.2　状态反馈控制器设计

对于系统(3.12),设

$$u(t)=Kx(t)\qquad\qquad(3.20)$$

其中,$K\in\mathbf{R}^{m\times n}$ 是未知待求矩阵。则闭环系统为

$$E(\varepsilon)\dot{x}(t)=(A+BK)x(t)+Dx(t-d(t))\qquad\qquad(3.21)$$

本节的目的是设计状态反馈控制器 $u(t)=Kx(t)$,使得时变时滞奇异摄动闭环系统渐近稳定。

定理 3.2　给定 $\bar{\varepsilon}>0$,如果存在对称正定矩阵 $Q>0$、$\widetilde{M}>0$、矩阵 $\widetilde{K}$,以及矩阵 $Z_i(i=1,2,\cdots,5)$ 且 $Z_i=Z_i^{\mathrm{T}}(i=1,2,3,4)$,满足下列 LMI 条件:

$$Z_1>0\qquad\qquad(3.22)$$

$$\begin{bmatrix}Z_1+\bar{\varepsilon}Z_3 & \bar{\varepsilon}Z_5^{\mathrm{T}}\\ \bar{\varepsilon}Z_5 & \bar{\varepsilon}Z_2\end{bmatrix}>0\qquad\qquad(3.23)$$

$$\begin{bmatrix} Z_1 + \bar{\varepsilon} Z_3 & \bar{\varepsilon} Z_5^T \\ \bar{\varepsilon} Z_5 & \bar{\varepsilon} Z_2 + \bar{\varepsilon}^2 Z_4 \end{bmatrix} > 0 \tag{3.24}$$

$$\begin{bmatrix} AZ(0) + B\widetilde{K} + Z^T(0)A^T + \widetilde{K}B^T + Q & DZ(0) & Z^T(0)A^T + \widetilde{K}B^T \\ * & -(1-\mu)Q & Z^T(0)D^T \\ * & * & -\tau^{-1}\widetilde{M} \end{bmatrix} < 0 \tag{3.25}$$

$$\begin{bmatrix} AZ(\bar{\varepsilon}) + B\widetilde{K} + Z^T(\bar{\varepsilon})A^T + \widetilde{K}B^T + Q & DZ(\bar{\varepsilon}) & Z^T(\bar{\varepsilon})A^T + \widetilde{K}B^T \\ * & -(1-\mu)Q & Z^T(\bar{\varepsilon})D^T \\ * & * & -\tau^{-1}\widetilde{M} \end{bmatrix} < 0 \tag{3.26}$$

其中，$Z(\varepsilon) = \begin{bmatrix} Z_1 + \varepsilon Z_3 & \varepsilon Z_5^T \\ Z_5 & Z_2 + \varepsilon Z_4 \end{bmatrix}$。则 $\forall \varepsilon \in (0, \bar{\varepsilon}]$，闭环系统(3.21)是渐近稳定的，$u(t) = Kx(t)$ 就为系统的状态反馈控制器，其中状态反馈控制增益 $K = \widetilde{K}Z^{-1}(\varepsilon)$，$\forall \varepsilon \in (0, \bar{\varepsilon}]$。

证明　选择如下形式的 Lyapunov-Krasovskii 泛函：

$$V(x(t)) = x^T(t)Z^{-T}(\varepsilon)E(\varepsilon)x(t) + \int_{t-d(t)}^{t} x^T(s)Z^{-T}(\varepsilon)QZ^{-1}(\varepsilon)x(s)\mathrm{d}s$$

$$+ \int_{-\tau}^{0}\int_{t-d(t)+\theta}^{t} (E(\varepsilon)\dot{x}(s))^T M E(\varepsilon)\dot{x}(s)\mathrm{d}s\mathrm{d}\theta$$

其中，Q、M 为对称正定矩阵，即 $Q > 0, M > 0$。

由引理 2.2 及 LMI 条件(3.22)~(3.24)推得

$$E(\varepsilon)Z(\varepsilon) = (E(\varepsilon)Z(\varepsilon))^T = Z^T(\varepsilon)E(\varepsilon)$$

则

$$Z^{-T}(\varepsilon)E(\varepsilon)Z(\varepsilon) = Z^{-T}(\varepsilon)Z^T(\varepsilon)E(\varepsilon) = E(\varepsilon)$$

故

$$Z^{-T}(\varepsilon)E(\varepsilon) = E(\varepsilon)Z^{-1}(\varepsilon)$$

通过简单计算，可知

$$\frac{\mathrm{d}}{\mathrm{d}t}(x^T(t)Z^{-T}(\varepsilon)E(\varepsilon)x(t))$$

$$= \dot{x}^T(t)Z^{-1}(\varepsilon)E(\varepsilon)x(t) + x^T(t)Z^{-T}(\varepsilon)E(\varepsilon)\dot{x}(t)$$

$$= \dot{x}^T(t)E(\varepsilon)Z^{-1}(\varepsilon)x(t) + (Z^{-1}(\varepsilon)x(t))^T E(\varepsilon)\dot{x}(t)$$

$$= 2(Z^{-1}(\varepsilon)x(t))^T E(\varepsilon)\dot{x}(t)$$

$$= 2(Z^{-1}(\varepsilon)x(t))^T [(A+BK)x(t) + Dx(t-d(t))]$$

$$= 2x^T(t)Z^{-T}(\varepsilon)(A+BK)x(t) + 2x^T(t)Z^{-T}(\varepsilon)Dx(t-d(t))$$

$$\frac{\mathrm{d}}{\mathrm{d}t}\Big(\int_{t-d(t)}^{t} x^{\mathrm{T}}(s)Z^{-\mathrm{T}}(\varepsilon)QZ^{-1}(\varepsilon)x(s)\mathrm{d}s\Big)$$

$$=x^{\mathrm{T}}(t)Z^{-\mathrm{T}}(\varepsilon)QZ^{-1}(\varepsilon)x(t)-(1-\dot{d}(t))x^{\mathrm{T}}(t-d(t))Z^{-\mathrm{T}}(\varepsilon)QZ^{-1}(\varepsilon)x(t-d(t))$$

$$\leqslant x^{\mathrm{T}}(t)Z^{-\mathrm{T}}(\varepsilon)QZ^{-1}(\varepsilon)x(t)-(1-\mu)x^{\mathrm{T}}(t-d(t))Z^{-\mathrm{T}}(\varepsilon)QZ^{-1}(\varepsilon)x(t-d(t))$$

$$\frac{\mathrm{d}}{\mathrm{d}t}\Big(\int_{-\tau}^{0}\int_{t-d(t)+\theta}^{t}(E(\varepsilon)\dot{x}(s))^{\mathrm{T}}ME(\varepsilon)\dot{x}(s)\mathrm{d}s\mathrm{d}\theta\Big)$$

$$=\tau(E(\varepsilon)\dot{x}(t))^{\mathrm{T}}ME(\varepsilon)\dot{x}(t)$$

$$\quad-(1-\dot{d}(t))\int_{-\tau}^{0}(E(\varepsilon)\dot{x}(t-d(t)+\theta))^{\mathrm{T}}ME(\varepsilon)\dot{x}(t-d(t)+\theta)\mathrm{d}\theta$$

$$\leqslant\tau(E(\varepsilon)\dot{x}(t))^{\mathrm{T}}ME(\varepsilon)\dot{x}(t)$$

$$\quad-(1-\mu)\int_{-\tau}^{0}(E(\varepsilon)\dot{x}(t-d(t)+\theta))^{\mathrm{T}}ME(\varepsilon)\dot{x}(t-d(t)+\theta)\mathrm{d}\theta$$

$$\leqslant\tau(E(\varepsilon)\dot{x}(t))^{\mathrm{T}}ME(\varepsilon)\dot{x}(t)$$

$$=\tau[(A+BK)x(t)+Dx(t-d(t))]^{\mathrm{T}}M[(A+BK)x(t)+Dx(t-d(t))]$$

$$=\tau x^{\mathrm{T}}(t)(A+BK)^{\mathrm{T}}M(A+BK)x(t)+2\tau x^{\mathrm{T}}(t)(A+BK)^{\mathrm{T}}MDx^{\mathrm{T}}(t-d(t))$$

$$\quad+\tau x^{\mathrm{T}}(t-d(t))D^{\mathrm{T}}MDx(t-d(t))$$

因此

$$\dot{V}(x(t))\Big|_{(3.21)}=\frac{\mathrm{d}}{\mathrm{d}t}(x^{\mathrm{T}}(t)Z^{-\mathrm{T}}(\varepsilon)E(\varepsilon)x(t))+\frac{\mathrm{d}}{\mathrm{d}t}\Big(\int_{t-d(t)}^{t}x^{\mathrm{T}}(s)Z^{-\mathrm{T}}(\varepsilon)QZ^{-1}(\varepsilon)x(s)\mathrm{d}s\Big)$$

$$\quad+\frac{\mathrm{d}}{\mathrm{d}t}\Big(\int_{-\tau}^{0}\int_{t-d(t)+\theta}^{t}(E(\varepsilon)\dot{x}(s))^{\mathrm{T}}ME(\varepsilon)\dot{x}(s)\mathrm{d}s\mathrm{d}\theta\Big)$$

$$\leqslant 2x^{\mathrm{T}}(t)Z^{-\mathrm{T}}(\varepsilon)(A+BK)x(t)+2x^{\mathrm{T}}(t)Z^{-\mathrm{T}}(\varepsilon)Dx(t-d(t))$$

$$\quad-(1-\mu)x^{\mathrm{T}}(t-d(t))Z^{-\mathrm{T}}(\varepsilon)QZ^{-1}(\varepsilon)x(t-d(t))$$

$$\quad+x^{\mathrm{T}}(t)Z^{-\mathrm{T}}(\varepsilon)QZ^{-1}(\varepsilon)x(t)+\tau x^{\mathrm{T}}(t)(A+BK)^{\mathrm{T}}M(A+BK)x(t)$$

$$\quad+2\tau x^{\mathrm{T}}(t)(A+BK)^{\mathrm{T}}MDx^{\mathrm{T}}(t-d(t))$$

$$\quad+\tau x^{\mathrm{T}}(t-d(t))D^{\mathrm{T}}MDx(t-d(t))$$

$$\stackrel{\mathrm{def}}{=}\xi^{\mathrm{T}}(t)G(\varepsilon)\xi(t) \tag{3.27}$$

其中

$$\xi(t)=[x^{\mathrm{T}}(t)\quad x^{\mathrm{T}}(t-d(t))]^{\mathrm{T}}$$

$$G(\varepsilon)=\begin{bmatrix}\varXi & Z^{-\mathrm{T}}(\varepsilon)D+\tau(A+BK)^{\mathrm{T}}MD\\ * & \varPi\end{bmatrix} \tag{3.28}$$

而

$$\varXi=Z^{-\mathrm{T}}(\varepsilon)(A+BK)+(A+BK)^{\mathrm{T}}Z^{-1}(\varepsilon)+\tau(A+BK)^{\mathrm{T}}M(A+BK)$$

$$\quad+Z^{-\mathrm{T}}(\varepsilon)QZ^{-1}(\varepsilon)$$

$$\varPi=-(1-\mu)Z^{-\mathrm{T}}(\varepsilon)QZ^{-1}(\varepsilon)+\tau D^{\mathrm{T}}MD$$

记

$$Y = \begin{bmatrix} Z^{-\mathrm{T}}(\varepsilon)(A+BK)+(A+BK)^{\mathrm{T}}Z^{-1}(\varepsilon) & \\ +Z^{-\mathrm{T}}(\varepsilon)QZ^{-1}(\varepsilon) & Z^{-\mathrm{T}}(\varepsilon)D \\ * & -(1-\mu)Z^{-\mathrm{T}}(\varepsilon)QZ^{-1}(\varepsilon) \end{bmatrix}$$

那么

$$\begin{aligned}
G(\varepsilon) &= Y + \begin{bmatrix} \tau(A+BK)^{\mathrm{T}}M(A+BK) & \tau(A+BK)^{\mathrm{T}}MD \\ * & \tau D^{\mathrm{T}}MD \end{bmatrix} \\
&= Y + \begin{bmatrix} \tau(A+BK)^{\mathrm{T}}M(A+BK) & \tau(A+BK)^{\mathrm{T}}MD \\ * & \tau D^{\mathrm{T}}MD \end{bmatrix} \\
&= Y + \begin{bmatrix} (A+BK)^{\mathrm{T}} \\ D^{\mathrm{T}} \end{bmatrix} \tau M \begin{bmatrix} A+BK & D \end{bmatrix} \\
&= Y - \begin{bmatrix} (A+BK)^{\mathrm{T}} \\ D^{\mathrm{T}} \end{bmatrix} (-\tau^{-1}M^{-1})^{-1} \begin{bmatrix} A+BK & D \end{bmatrix}
\end{aligned} \tag{3.29}$$

下面证明 $G(\varepsilon)<0$。

由 Schur 补引理，$G(\varepsilon)<0$ 等价于

$$\begin{bmatrix} \Theta & Z^{-\mathrm{T}}(\varepsilon)D & (A+BK)^{\mathrm{T}} \\ * & -(1-\mu)Z^{-\mathrm{T}}(\varepsilon)QZ^{-1}(\varepsilon) & D^{\mathrm{T}} \\ * & * & -\tau^{-1}M^{-1} \end{bmatrix} < 0 \tag{3.30}$$

其中

$$\Theta = Z^{-\mathrm{T}}(\varepsilon)(A+BK)+(A+BK)^{\mathrm{T}}Z^{-1}(\varepsilon)+Z^{-\mathrm{T}}(\varepsilon)QZ^{-1}(\varepsilon)$$

对矩阵不等式(3.30)的左端矩阵，左乘对角矩阵 $\mathrm{diag}\{Z^{\mathrm{T}}(\varepsilon),Z^{\mathrm{T}}(\varepsilon),I\}$、右乘其转置，得到

$$\begin{bmatrix} Z^{\mathrm{T}}(\varepsilon) & 0 & 0 \\ 0 & Z^{\mathrm{T}}(\varepsilon) & 0 \\ 0 & 0 & I \end{bmatrix} \begin{bmatrix} \Theta & Z^{-\mathrm{T}}(\varepsilon)D & (A+BK)^{\mathrm{T}} \\ * & -(1-\mu)Z^{-\mathrm{T}}(\varepsilon)QZ^{-1}(\varepsilon) & D^{\mathrm{T}} \\ * & * & -\tau^{-1}M^{-1} \end{bmatrix} \begin{bmatrix} Z(\varepsilon) & 0 & 0 \\ 0 & Z(\varepsilon) & 0 \\ 0 & 0 & I \end{bmatrix}$$

$$= \begin{bmatrix} (A+BK)Z(\varepsilon)+[(A+BK)Z(\varepsilon)]^{\mathrm{T}}+Q & DZ(\varepsilon) & [(A+BK)Z(\varepsilon)]^{\mathrm{T}} \\ * & -(1-\mu)Q & Z^{\mathrm{T}}(\varepsilon)D^{\mathrm{T}} \\ * & * & -\tau^{-1}M^{-1} \end{bmatrix}$$

$$= \begin{bmatrix} AZ(\varepsilon)+BKZ(\varepsilon)+Z^{\mathrm{T}}(\varepsilon)A^{\mathrm{T}}+(BKZ(\varepsilon))^{\mathrm{T}}+Q & DZ(\varepsilon) & Z^{\mathrm{T}}(\varepsilon)A^{\mathrm{T}}+(BKZ(\varepsilon))^{\mathrm{T}} \\ * & -(1-\mu)Q & Z^{\mathrm{T}}(\varepsilon)D^{\mathrm{T}} \\ * & * & -\tau^{-1}M^{-1} \end{bmatrix}$$

<0

定义

$$\widetilde{K} = KZ(\varepsilon), \quad \widetilde{M} = M^{-1} \tag{3.31}$$

则

$$\widetilde{G}(\varepsilon) \stackrel{\text{def}}{=} \begin{bmatrix} AZ(\varepsilon)+B\widetilde{K}+Z^{\mathrm{T}}(\varepsilon)A^{\mathrm{T}}+\widetilde{K}B^{\mathrm{T}}+Q & DZ(\varepsilon) & Z^{\mathrm{T}}(\varepsilon)A^{\mathrm{T}}+\widetilde{K}B^{\mathrm{T}} \\ * & -(1-\mu)Q & Z^{\mathrm{T}}(\varepsilon)D^{\mathrm{T}} \\ * & * & -\tau^{-1}\widetilde{M} \end{bmatrix} < 0$$

$$(3.32)$$

再由式 (3.25) 和式 (3.26)，可知 $\widetilde{G}(0)<0$ 且 $\widetilde{G}(\bar{\varepsilon})<0$。进而，利用引理 2.1，得 $\widetilde{G}(\varepsilon)<0$，该式等价于 $G(\varepsilon)<0$，于是

$$\dot{V}(x(t))\Big|_{(3.1)} < 0$$

即闭环系统 (3.21) 是渐近稳定的，$\forall \varepsilon \in (0, \bar{\varepsilon}]$，控制增益 $K=\widetilde{K}Z^{-1}(\varepsilon)$。

证毕。

注 3.3　由线性矩阵不等式条件 (3.22) 和 (3.23) 知，Z_1 和 Z_2 是非奇异矩阵，该条件确保矩阵 $Z(\varepsilon)=\begin{bmatrix} Z_1+\varepsilon Z_3 & \varepsilon Z_5^{\mathrm{T}} \\ Z_5 & Z_2+\varepsilon Z_4 \end{bmatrix}$，进而矩阵 $Z(0)=\begin{bmatrix} Z_1 & 0 \\ Z_5 & Z_2 \end{bmatrix}$ 非奇异。

另外，$\forall \varepsilon \in (0, \bar{\varepsilon}]$，$K=\widetilde{K}Z^{-1}(\varepsilon)$ 都存在，而且 $\lim\limits_{\varepsilon \to 0^+} \widetilde{K}Z^{-1}(\varepsilon)=\widetilde{K}\begin{bmatrix} Z_1 & 0 \\ Z_5 & Z_2 \end{bmatrix}^{-1}$，可见，当 $\bar{\varepsilon}$ 充分小时，控制器 (3.20) 就变成不依赖摄动参数 ε 的控制器。注 3.3 同样适合后面的情形。

注 3.4　文献 [143] 讨论了多时滞摄动系统稳定性问题，所用方法是系统分解，即将原系统分解成快慢两个子系统形式，因而不适用于非标准情形的时滞奇异摄动系统。文献 [142] 提出了基于线性矩阵不等式条件的控制器设计方法，但未涉及闭环系统的稳定界。而使用定理 3.2，能够利用状态反馈控制器达到一种稳定界，并且，定理 3.2 能够同时处理时滞奇异摄动系统标准、非标准两种情形。

3.4　算　　例

例 3.1　给定下面时变时滞系统：

$$\begin{cases} \dot{x}_1(t)=x_2(t)+x_1(t-\tau(t)) \\ \varepsilon \dot{x}_2(t)=-x_2(t)+0.5x_2(t-\tau(t))-2x_1(t) \end{cases}$$

设

$$A=\begin{bmatrix} 0 & 1 \\ -2 & -1 \end{bmatrix}, \quad D=\begin{bmatrix} 1 & 0 \\ 0 & 0.5 \end{bmatrix}$$

取 $\bar{\varepsilon}=0.4$，$\tau=5.5$。应用定理 3.1，可得

$$Z_1=3.5345, \quad Z_2=1.8589, \quad Z_3=4.0958, \quad Z_4=1.9564, \quad Z_5=2.9219$$

$$Q=\begin{bmatrix} 5.5894 & 1.3679 \\ 1.3679 & 1.4026 \end{bmatrix}, \quad M=\begin{bmatrix} 0.0120 & -0.0040 \\ -0.0040 & 0.0130 \end{bmatrix}$$

那么根据定理 3.1,系统渐近稳定,$0 \leqslant d(t) \leqslant 5.5, \dot{d}(t) \leqslant 0.1, \varepsilon \in (0, 0.4]$。

表 3.1 为例 3.1 在使用文献[142]中方法时 ε 和 τ 之间的关系。

表 3.1　ε 和 τ 之间的关系

ε	τ
0.0500	$\leqslant 0.4835$
0.1000	$\leqslant 0.3964$
0.1500	$\leqslant 0.3096$
0.2000	$\leqslant 0.2286$
0.2500	$\leqslant 0.1555$
0.3000	$\leqslant 0.0889$

可以发现,在 $\varepsilon \leqslant 0.3, \tau \leqslant 0.4835$,系统渐近稳定。而定理 3.1 $\forall \varepsilon \in (0, 0.4]$,$0 \leqslant d(t) \leqslant 5.5$,系统都是渐近稳定的,扩大了稳定域,可见,本书所提出的方法具有较小的保守性。

例 3.2　考虑系统(3.1),其中取

$$A = \begin{bmatrix} 1 & 1 \\ -2 & 0 \end{bmatrix}, \quad D = \begin{bmatrix} 1 & 0 \\ 0 & 0.5 \end{bmatrix}, \quad B = \begin{bmatrix} 0 \\ 1 \end{bmatrix}$$

设 $\tau = 5.5, \mu = 0.2, \varepsilon = 0.4$,应用定理 3.2,可得

$$Z_1 = 0.0439, \quad Z_2 = 0.1801, \quad Z_3 = 0.0689, \quad Z_4 = 0.0548, \quad Z_5 = -0.1787$$

$$\widetilde{K} = \begin{bmatrix} 0.1713 & -0.4163 \end{bmatrix}, \quad \widetilde{M} = \begin{bmatrix} 1.3566 & -0.3795 \\ -0.3795 & 2.1505 \end{bmatrix}$$

$$Q = \begin{bmatrix} 0.1119 & -0.0772 \\ -0.0772 & 0.2276 \end{bmatrix}$$

则控制增益为 $K = \begin{bmatrix} 0.1713 & -0.4163 \end{bmatrix} \begin{bmatrix} 0.0439 + 0.0689\varepsilon & -0.1787\varepsilon \\ -0.1787 & 0.1801 + 0.0548\varepsilon \end{bmatrix}^{-1}$。

闭环系统是渐近稳定的,$0 \leqslant d(t) \leqslant 5.5, \dot{d}(t) \leqslant 0.2, \varepsilon \in (0, 0.4]$。

例 3.2 说明,定理 3.2 能够应用于时变时滞非标准情形。

3.5　本 章 小 结

本章针对时变时滞奇异摄动系统,研究稳定性分析与控制问题。直接分析系统,不做任何模型变换,通过构造更具有一般性的二次双积分型 Lyapunov-Krasovskii 泛函,建立基于线性矩阵不等式的稳定性分析方法、控制器设计方法和稳定界的估计方法,给出了时滞相关的稳定性判据和控制器设计定理,相应结论以线性矩阵不等式进行描述,该定理能够使状态反馈控制器达到一种稳定界 ε。所得

方法不依赖于系统分解,应用范围较广,使系统由以往的单值稳定扩展到稳定区间。通过与现有文献数值算例相比较,说明本章所用方法具有优越性。

本章所采用的方法可以借鉴到含时滞的广义系统稳定性以及 H_∞ 控制等领域的研究之中。和相关系统文献相比,本章方法具有较小的保守性,选取算例充分说明了所得方法具有很好的可行性。但在状态微分的放大中,会带来不同的保守性。所以,下一步的工作将考虑在已有成果的基础上,寻求上述问题保守性更小的条件。

随着控制理论的逐步完善和发展,人们已经越来越重视研究和解决实际系统中所具有的各种问题。从系统理论的观点来看,任何系统的过去状态不可避免地要对当前的状态产生影响,而这一类问题就是时滞问题。

在长期的控制工程实践中,人们从实际与理论两方面认识到,在设计控制系统时,由于种种原因,要得到系统在外界干扰下的精确数学模型是不可能的。系统的不确定性是普遍存在的,如控制对象的模型化误差和未知参数,以及传感器噪声和外部扰动等。因此,控制系统的分析与实现,必须考虑这样一个问题,即在系统存在未知不确定性的情况下,是否仍然能够使控制系统稳定。即实际系统模型中不仅含有时滞,还含有不确定性,这种不确定性一般体现在系统矩阵当中,这类系统统称为不确定系统。不确定系统才是普遍存在的动态系统,对它的鲁棒稳定性研究具有十分重要的意义。

第 4 章将研究时滞奇异摄动不确定系统的稳定与镇定问题。

第4章　时滞奇异摄动不确定系统的稳定性研究

4.1　引　　言

随着控制理论的逐步完善和发展，人们已经越来越重视研究和解决实际系统中所具有的各种问题[145-149]。从系统理论的观点来看，任何系统的过去状态不可避免地要对当前的状态产生影响，而这一类问题就是时滞问题；另外，对实际动态系统，一般都不可能完全地精确建模，都应考虑不确定性，这些不确定性体现在参数不确定性、未建模动态和各种干扰等。因此，时滞摄动不确定系统的鲁棒稳定性研究是当今时代一个很重要的问题。

本章研究时滞奇异摄动不确定系统的鲁棒控制问题。通过构造一种新的参数相关的 Lyapunov-Krasovskii 泛函，利用线性矩阵不等式方法，给出时滞相关的新的鲁棒稳定性的充分性判定条件，在此基础上，设计一种鲁棒无记忆状态反馈控制器，最后通过数值实例验证设计方法的有效性。

4.2　预 备 知 识

下面引理[150-153]为后续理论做准备。

引理 4.1　对于适当维数的矩阵 E、D，对称矩阵 Y，不确定性矩阵 $F(t)$ 满足 $F^{\mathrm{T}}(t)F(t) \leqslant I$，则

$$Y + EF(t)D + D^{\mathrm{T}}F^{\mathrm{T}}(t)E^{\mathrm{T}} < 0$$

的充要条件是：存在正常数 $\eta > 0$，使得

$$Y + \eta EE^{\mathrm{T}} + \eta^{-1}D^{\mathrm{T}}D < 0$$

上述引理的推广形式如下。

引理 4.2　对于适当维数的矩阵 E_1、D_1、E_2、D_2，对称矩阵 Y，不确定性矩阵 $F(t)$ 满足 $F^{\mathrm{T}}(t)F(t) \leqslant I$，则

$$Y + E_1F(t)D_1 + D_1^{\mathrm{T}}F^{\mathrm{T}}(t)E_1^{\mathrm{T}} + E_2F(t)D_2 + D_2^{\mathrm{T}}F^{\mathrm{T}}(t)E_2^{\mathrm{T}} < 0$$

的充要条件是：存在正常数 $\eta > 0$，$\gamma > 0$，使得

$$Y + \eta E_1E_1^{\mathrm{T}} + \eta^{-1}D_1^{\mathrm{T}}D_1 + \gamma E_2E_2^{\mathrm{T}} + \gamma^{-1}D_2^{\mathrm{T}}D_2 < 0$$

引理 4.3　S 可逆，$S < A$ 成立的充要条件为 $\begin{bmatrix} -S^{-1} & I \\ I & -A \end{bmatrix} < 0$；或者 A 可逆，

$S+A<0$ 成立的充要条件为 $\begin{bmatrix} S & I \\ I & -A^{-1} \end{bmatrix}<0$。

引理 4.4 假设 x 和 y 是具有适当维数的向量,则下述不等式成立:

$$2x^{\mathrm{T}}y \leqslant x^{\mathrm{T}}Qx + y^{\mathrm{T}}Q^{-1}y$$

其中,Q 是任意适当维数的正定矩阵。

4.3 主 要 结 果

4.3.1 稳定性判据

考虑由以下状态方程描述的一类含有时变时滞的奇异摄动不确定系统:

$$\begin{cases} E(\varepsilon)\dot{x}(t) = (A+DF(t)E_1)x(t) + (A_d+DF(t)E_d)x(t-d(t)), & t>0 \\ x(t) = \phi(t), & t \in [-\tau, 0] \end{cases}$$

(4.1)

其中,$E(\varepsilon) = \begin{bmatrix} I & 0 \\ 0 & \varepsilon I \end{bmatrix}$;$x(t) \in \mathbf{R}^n$ 为系统的状态向量;A、A_d 为已知的适当维数的实常矩阵,A 渐近稳定,即 A 的所有特征根都具有负实部;$d(t)$ 为时滞可微有界函数,满足:

$$0 \leqslant d(t) \leqslant \tau, \quad \dot{d}(t) \leqslant \mu < 1$$

(4.2)

其中,τ、μ 是已知常数;$\phi(t)$ 是连续向量初始值函数;D、E_1、E_d 为已知的适当维数的实定常矩阵,它们展示不确定性的结构信息;$F(t) \in \mathbf{R}^{i \times j}$ 是范数有界的不确定系统模型参数矩阵,假设具有如下形式:

$$F^{\mathrm{T}}(t)F(t) \leqslant I$$

注 4.1 假设条件(4.2)也通常被用于动态线性时变时滞系统的稳定性分析之中。

定义 4.1 系统(4.1)是渐近稳定的。若存在对称正定矩阵 $S>0$,使得对于所有允许的不确定性,下面矩阵不等式可行:

$$M(\varepsilon) = \begin{bmatrix} (A+DFE_1)^{\mathrm{T}}Z(\varepsilon) + Z^{\mathrm{T}}(\varepsilon)(A+DFE_1) & Z^{\mathrm{T}}(\varepsilon)(A_d+DFE_d) \\ (A_d^{\mathrm{T}}+E_d^{\mathrm{T}}F^{\mathrm{T}}D^{\mathrm{T}})Z(\varepsilon) & -(1-\mu)S \end{bmatrix} < 0$$

(4.3)

定理 4.1 时滞奇异摄动不确定系统(4.1)是渐近稳定的。若存在对称正定矩阵 $S>0$,常数 $\eta>0$,满足如下 LMI 条件:

$$\begin{bmatrix} A^{\mathrm{T}}Z(\varepsilon) + Z^{\mathrm{T}}(\varepsilon)A + \eta Z^{\mathrm{T}}(\varepsilon)DD^{\mathrm{T}}Z(\varepsilon) + \eta^{-1}E_1^{\mathrm{T}}E_1 + S & Z^{\mathrm{T}}(\varepsilon)A_d + \eta^{-1}E_1^{\mathrm{T}}E_d \\ A_d^{\mathrm{T}}Z(\varepsilon) + \eta^{-1}E_d^{\mathrm{T}}E_1 & -(1-\mu)S + \eta^{-1}E_d^{\mathrm{T}}E_d \end{bmatrix} < 0$$

(4.4)

证明 由式(4.3),记

$$Y = \begin{bmatrix} A^{\mathrm{T}}Z(\varepsilon)+Z^{\mathrm{T}}(\varepsilon)A+S & Z^{\mathrm{T}}(\varepsilon)A_d \\ A_d^{\mathrm{T}}Z(\varepsilon) & -(1-\mu)S \end{bmatrix}$$

则

$$M(\varepsilon) = Y + \begin{bmatrix} Z^{\mathrm{T}}(\varepsilon)D \\ 0 \end{bmatrix} F[E_1 \quad E_d] + [E_1 \quad E_d]^{\mathrm{T}}F^{\mathrm{T}} \begin{bmatrix} Z^{\mathrm{T}}(\varepsilon)D \\ 0 \end{bmatrix}^{\mathrm{T}} < 0$$

应用引理4.1,可知上式成立,当且仅当存在一个标量 $\eta > 0$,使下面矩阵不等式成立

$$Y + \eta \begin{bmatrix} Z^{\mathrm{T}}(\varepsilon)D \\ 0 \end{bmatrix} \begin{bmatrix} Z^{\mathrm{T}}(\varepsilon)D \\ 0 \end{bmatrix}^{\mathrm{T}} + \eta^{-1}[E_1 \quad E_d]^{\mathrm{T}}[E_1 \quad E_d] < 0$$

也就是

$$\begin{bmatrix} A^{\mathrm{T}}Z(\varepsilon)+Z^{\mathrm{T}}(\varepsilon)A+\eta Z^{\mathrm{T}}(\varepsilon)DD^{\mathrm{T}}Z(\varepsilon)+\eta^{-1}E_1^{\mathrm{T}}E_1+S & Z^{\mathrm{T}}(\varepsilon)A_d+\eta^{-1}E_1^{\mathrm{T}}E_d \\ A_d^{\mathrm{T}}Z(\varepsilon)+\eta^{-1}E_d^{\mathrm{T}}E_1 & -(1-\mu)S+\eta^{-1}E_d^{\mathrm{T}}E_d \end{bmatrix} < 0$$

为条件(4.4)。

证毕。

容易看到,矩阵不等式(4.4)就变量 η、S 和 $Z(\varepsilon)$ 而言是非线性的,为此,推出如下定理。

定理 4.2 给定正数 $\bar{\varepsilon} > 0$,$\forall \varepsilon \in (0, \bar{\varepsilon}]$,时变时滞不确定系统(4.1)是渐近稳定的。若存在对称正定矩阵 $S > 0$,标量 $\bar{\eta} > 0$,以及矩阵 $Z_i(i=1,2,\cdots,5)$ 且 $Z_i = Z_i^{\mathrm{T}}(i=1,2,3,4)$,使得下列 LMI 条件可行:

$$Z_1 > 0 \tag{4.5}$$

$$\begin{bmatrix} Z_1+\bar{\varepsilon}Z_3 & \bar{\varepsilon}Z_5^{\mathrm{T}} \\ \bar{\varepsilon}Z_5 & \bar{\varepsilon}Z_2 \end{bmatrix} > 0 \tag{4.6}$$

$$\begin{bmatrix} Z_1+\bar{\varepsilon}Z_3 & \bar{\varepsilon}Z_5^{\mathrm{T}} \\ \bar{\varepsilon}Z_5 & \bar{\varepsilon}Z_2+\bar{\varepsilon}^2 Z_4 \end{bmatrix} > 0 \tag{4.7}$$

$$\begin{bmatrix} A^{\mathrm{T}}Z(0)+Z^{\mathrm{T}}(0)A+S+\bar{\eta}E_1^{\mathrm{T}}E_1 & Z^{\mathrm{T}}(0)A_d+\bar{\eta}E_1^{\mathrm{T}}E_d & Z^{\mathrm{T}}(0)D \\ A_d^{\mathrm{T}}Z(0)+\bar{\eta}E_d^{\mathrm{T}}E_1 & -(1-\mu)S+\bar{\eta}E_d^{\mathrm{T}}E_d & 0 \\ D^{\mathrm{T}}Z(0) & 0 & -\bar{\eta}I \end{bmatrix} < 0 \tag{4.8}$$

$$\begin{bmatrix} A^{\mathrm{T}}Z(\bar{\varepsilon})+Z^{\mathrm{T}}(\bar{\varepsilon})A+S+\bar{\eta}E_1^{\mathrm{T}}E_1 & Z^{\mathrm{T}}(\bar{\varepsilon})A_d+\bar{\eta}E_1^{\mathrm{T}}E_d & Z^{\mathrm{T}}(\bar{\varepsilon})D \\ A_d^{\mathrm{T}}Z(\bar{\varepsilon})+\bar{\eta}E_d^{\mathrm{T}}E_1 & -(1-\mu)S+\bar{\eta}E_d^{\mathrm{T}}E_d & 0 \\ D^{\mathrm{T}}Z(\bar{\varepsilon}) & 0 & -\bar{\eta}I \end{bmatrix} < 0 \tag{4.9}$$

证明 选择下面 Lyapunov 泛函:

$$V(x(t)) = x^{\mathrm{T}}(t)E(\varepsilon)Z(\varepsilon)x(t) + \int_{t-d(t)}^{t} x^{\mathrm{T}}(s)Sx(s)\mathrm{d}s$$

其中，S 是待确定的未知对称正定矩阵。

把 $V(x(t))$ 沿着系统(4.1)的任意轨迹进行微分，得

$$\dot{V}(x(t))\Big|_{(4.1)} = \frac{\mathrm{d}}{\mathrm{d}t}(x^{\mathrm{T}}(t)E(\varepsilon)Z(\varepsilon)x(t)) + \frac{\mathrm{d}}{\mathrm{d}t}\left(\int_{t-d(t)}^{t} x^{\mathrm{T}}(s)Sx(s)\mathrm{d}s\right)$$

$$= 2x^{\mathrm{T}}(t)(A+DFE_1)^{\mathrm{T}}Z(\varepsilon)x(t) + 2x^{\mathrm{T}}(t)Z^{\mathrm{T}}(\varepsilon)(A_d+DFE_d)x(t-d(t))$$

$$+ x^{\mathrm{T}}(t)Sx(t) - (1-\dot{d}(t))x^{\mathrm{T}}(t-d(t))Sx(t-d(t))$$

$$\leqslant \xi^{\mathrm{T}}(t)G(\varepsilon)\xi(t)$$

其中

$$\xi(t) = \begin{bmatrix} x^{\mathrm{T}}(t) & x^{\mathrm{T}}(t-d(t)) \end{bmatrix}^{\mathrm{T}}$$

$$G(\varepsilon) = \begin{bmatrix} (A+DFE_1)^{\mathrm{T}}Z(\varepsilon)+Z^{\mathrm{T}}(\varepsilon)(A+DFE_1)+S & Z^{\mathrm{T}}(\varepsilon)(A_d+DFE_d) \\ (A_d^{\mathrm{T}}+E_d^{\mathrm{T}}F^{\mathrm{T}}D^{\mathrm{T}})Z(\varepsilon) & -(1-\mu)S \end{bmatrix}$$

$$(4.10)$$

记

$$Y = \begin{bmatrix} A^{\mathrm{T}}Z(\varepsilon)+Z^{\mathrm{T}}(\varepsilon)A+S & Z^{\mathrm{T}}(\varepsilon)A_d \\ A_d^{\mathrm{T}}Z(\varepsilon) & -(1-\mu)S \end{bmatrix}$$

则

$$G(\varepsilon) = Y + \begin{bmatrix} Z^{\mathrm{T}}(\varepsilon)D \\ 0 \end{bmatrix}F[E_1 \quad E_d] + [E_1 \quad E_d]^{\mathrm{T}}F^{\mathrm{T}}\begin{bmatrix} Z^{\mathrm{T}}(\varepsilon)D \\ 0 \end{bmatrix}^{\mathrm{T}}$$

如果矩阵不等式 $G(\varepsilon)<0$，则由引理 4.1，可知该式成立，当且仅当存在一个标量 $\eta>0$，满足

$$Y + \eta \begin{bmatrix} Z^{\mathrm{T}}(\varepsilon)D \\ 0 \end{bmatrix}\begin{bmatrix} Z^{\mathrm{T}}(\varepsilon)D \\ 0 \end{bmatrix}^{\mathrm{T}} + \eta^{-1}[E_1 \quad E_d]^{\mathrm{T}}[E_1 \quad E_d] < 0 \qquad (4.11)$$

即

$$\begin{bmatrix} A^{\mathrm{T}}Z(\varepsilon)+Z^{\mathrm{T}}(\varepsilon)A+\eta Z^{\mathrm{T}}(\varepsilon)DD^{\mathrm{T}}Z(\varepsilon)+\eta^{-1}E_1^{\mathrm{T}}E_1+S & Z^{\mathrm{T}}(\varepsilon)A_d+\eta^{-1}E_1^{\mathrm{T}}E_d \\ A_d^{\mathrm{T}}Z(\varepsilon)+\eta^{-1}E_d^{\mathrm{T}}E_1 & -(1-\mu)S+\eta^{-1}E_d^{\mathrm{T}}E_d \end{bmatrix} < 0$$

$$(4.12)$$

由定理 4.1 可知，时滞奇异摄动不确定系统(4.1)渐近稳定。

矩阵不等式(4.12)就变量 η、$Z(\varepsilon)$ 和 S 而言是非线性的，下面使之线性化。由 Schur 补引理，把式(4.11)变形如下：

$$(Y+\eta^{-1}[E_1 \quad E_d]^{\mathrm{T}}[E_1 \quad E_d]) - \begin{bmatrix} Z^{\mathrm{T}}(\varepsilon)D \\ 0 \end{bmatrix}(-\eta)\begin{bmatrix} Z^{\mathrm{T}}(\varepsilon)D \\ 0 \end{bmatrix}^{\mathrm{T}} < 0$$

$$\begin{bmatrix} Y+\eta^{-1}[E_1 \quad E_d]^{\mathrm{T}}[E_1 \quad E_d] & Z^{\mathrm{T}}(\varepsilon)D \\ & 0 \\ D^{\mathrm{T}}Z(\varepsilon) & 0 & -\eta^{-1}I \end{bmatrix} < 0$$

$$
\begin{bmatrix}
A^TZ(\varepsilon)+Z^T(\varepsilon)A+S+\eta^{-1}E_1^TE_1 & Z^T(\varepsilon)A_d+\eta^{-1}E_1^TE_d & Z^T(\varepsilon)D \\
A_d^TZ(\varepsilon)+\eta^{-1}E_d^TE_1 & -(1-\mu)S+\eta^{-1}E_d^TE_d & 0 \\
D^TZ(\varepsilon) & 0 & -\eta^{-1}I
\end{bmatrix}<0
$$

记

$$
\eta^{-1}=\tilde{\eta} \tag{4.13}
$$

可得

$$
\tilde{G}(\varepsilon)=\begin{bmatrix}
A^TZ(\varepsilon)+Z^T(\varepsilon)A+S+\tilde{\eta}E_1^TE_1 & Z^T(\varepsilon)A_d+\tilde{\eta}E_1^TE_d & Z^T(\varepsilon)D \\
A_d^TZ(\varepsilon)+\tilde{\eta}E_d^TE_1 & -(1-\mu)S+\tilde{\eta}E_d^TE_d & 0 \\
D^TZ(\varepsilon) & 0 & -\tilde{\eta}I
\end{bmatrix}<0
$$

$$\tag{4.14}$$

于是,由式(4.8)和式(4.9)可知,$\tilde{G}(0)<0$ 以及 $\tilde{G}(\varepsilon)<0$。再由引理 2.1 得

$$
\tilde{G}(\varepsilon)<0
$$

上式等价于

$$
G(\varepsilon)<0
$$

于是,可知

$$
\dot{V}(x(t))\Big|_{(4.1)}<0
$$

证毕。

4.3.2　状态反馈控制器设计

为了消除时滞和不确定性对实际系统造成的不良影响,采用鲁棒控制系统设计技术,进行鲁棒控制,对具有不确定性的系统,设计一个反馈增益控制器,使系统在不确定性的容许变化范围内,满足设计要求,降低系统的灵敏度。本节通过构造一种新的 Lyapunov-Krasovskii 泛函方法,研究一类带有时变时滞的不确定系统的鲁棒控制器问题,给出基于线性矩阵不等式的控制器设计方法。

考虑由以下状态方程描述的一类时滞奇异摄动不确定系统:

$$
\begin{cases}
E(\varepsilon)\dot{x}(t)=(A+DF(t)E_1)x(t)+(A_d+DF(t)E_d)x(t-d(t))+Bu(t) \\
x(t)=\phi(t), \quad t\in[-\tau,0)
\end{cases}
$$

$$\tag{4.15}$$

其中,$u(t)\in \mathbf{R}^m$ 是控制输入,B 是已知适当维数的实常矩阵,其他项与系统(4.1)相同。假设系统状态是可以直接测量的,设

$$
u(t)=Kx(t)
$$

其中,K 是待定的适当维数的控制器增益矩阵,则闭环系统成为

$$
E(\varepsilon)\dot{x}(t)=(A+DF(t)E_1+BK)x(t)+(A_d+DF(t)E_d)x(t-d(t)) \tag{4.16}
$$

1. 时滞无关情形

定理 4.3　给定正数 $\bar{\varepsilon} > 0$，如果存在对称正定矩阵 $Q > 0$、标量 $\eta > 0$、矩阵 $\widetilde{K}$，以及矩阵 $Z_i (i=1,2,\cdots,5)$ 且 $Z_i = Z_i^{\mathrm{T}} (i=1,2,3,4)$，满足下列 LMI 条件：

$$Z_1 > 0 \tag{4.17}$$

$$\begin{bmatrix} Z_1 + \bar{\varepsilon}Z_3 & \bar{\varepsilon}Z_5^{\mathrm{T}} \\ \bar{\varepsilon}Z_5 & \bar{\varepsilon}Z_2 \end{bmatrix} > 0 \tag{4.18}$$

$$\begin{bmatrix} Z_1 + \bar{\varepsilon}Z_3 & \bar{\varepsilon}Z_5^{\mathrm{T}} \\ \bar{\varepsilon}Z_5 & \bar{\varepsilon}Z_2 + \bar{\varepsilon}^2 Z_4 \end{bmatrix} > 0 \tag{4.19}$$

$$\begin{bmatrix} AZ(0) + B\widetilde{K} + Z^{\mathrm{T}}(0)A^{\mathrm{T}} + \widetilde{K}^{\mathrm{T}}B^{\mathrm{T}} + Q + \eta DD^{\mathrm{T}} & A_d Z(0) & Z^{\mathrm{T}}(0)E_1^{\mathrm{T}} \\ Z^{\mathrm{T}}(0)A_d^{\mathrm{T}} & -(1-\mu)Q & Z^{\mathrm{T}}(0)E_d^{\mathrm{T}} \\ E_1 Z(0) & E_d Z(0) & -\eta I \end{bmatrix} < 0 \tag{4.20}$$

$$\begin{bmatrix} AZ(\bar{\varepsilon}) + B\widetilde{K} + Z^{\mathrm{T}}(\bar{\varepsilon})A^{\mathrm{T}} + \widetilde{K}^{\mathrm{T}}B^{\mathrm{T}} + Q + \eta DD^{\mathrm{T}} & A_d Z(\bar{\varepsilon}) & Z^{\mathrm{T}}(\bar{\varepsilon})E_1^{\mathrm{T}} \\ Z^{\mathrm{T}}(\bar{\varepsilon})A_d^{\mathrm{T}} & -(1-\mu)Q & Z^{\mathrm{T}}(\bar{\varepsilon})E_d^{\mathrm{T}} \\ E_1 Z(\bar{\varepsilon}) & E_d Z(\bar{\varepsilon}) & -\eta I \end{bmatrix} < 0 \tag{4.21}$$

则系统(4.15)渐近稳定，并且 $u(t) = Kx(t)$ 是系统(4.15)的状态反馈控制律，其中 $K = \widetilde{K}Z^{-1}(\varepsilon), \forall \varepsilon \in (0, \bar{\varepsilon}]$。

证明　如下选择 Lyapunov-Krasovskii 泛函形式：

$$V(x(t)) = x^{\mathrm{T}}(t)Z^{-\mathrm{T}}(\varepsilon)E(\varepsilon)x(t) + \int_{t-d(t)}^{t} x^{\mathrm{T}}(s)Z^{-\mathrm{T}}(\varepsilon)QZ^{-1}(\varepsilon)x(s)\mathrm{d}s$$

其中，Q 为对称正定矩阵。

把 $V(x(t))$ 沿着系统(4.16)的任意轨迹进行微分，得

$$\dot{V}(x(t))\Big|_{(4.16)} = \frac{\mathrm{d}}{\mathrm{d}t}(x^{\mathrm{T}}(t)Z^{-\mathrm{T}}(\varepsilon)E(\varepsilon)x(t))$$
$$+ \frac{\mathrm{d}}{\mathrm{d}t}\left(\int_{t-d(t)}^{t} x^{\mathrm{T}}(s)Z^{-\mathrm{T}}(\varepsilon)QZ^{-1}(\varepsilon)x(s)\mathrm{d}s\right)$$

由

$$E(\varepsilon)Z(\varepsilon) = (E(\varepsilon)Z(\varepsilon))^{\mathrm{T}} = Z^{\mathrm{T}}(\varepsilon)E(\varepsilon)$$

可知

$$Z^{-\mathrm{T}}(\varepsilon)E(\varepsilon)Z(\varepsilon) = Z^{-\mathrm{T}}(\varepsilon)Z^{\mathrm{T}}(\varepsilon)E(\varepsilon) = E(\varepsilon)$$

故有

$$Z^{-\mathrm{T}}(\varepsilon)E(\varepsilon) = E(\varepsilon)Z^{-1}(\varepsilon)$$

于是

$$\frac{\mathrm{d}}{\mathrm{d}t}(x^{\mathrm{T}}(t)Z^{-\mathrm{T}}(\varepsilon)E(\varepsilon)x(t))$$

$$=\dot{x}^{\mathrm{T}}(t)Z^{-1}(\varepsilon)E(\varepsilon)x(t)+x^{\mathrm{T}}(t)Z^{-\mathrm{T}}(\varepsilon)E(\varepsilon)\dot{x}(t)$$

$$=\dot{x}^{\mathrm{T}}(t)E(\varepsilon)Z^{-1}(\varepsilon)x(t)+(Z^{-1}(\varepsilon)x(t))^{\mathrm{T}}E(\varepsilon)\dot{x}(t)$$

$$=(E(\varepsilon)\dot{x}(t))^{\mathrm{T}}Z^{-1}(\varepsilon)x(t)+(Z^{-1}(\varepsilon)x(t))^{\mathrm{T}}E(\varepsilon)\dot{x}(t)$$

$$=2(Z^{-1}(\varepsilon)x(t))^{\mathrm{T}}E(\varepsilon)\dot{x}(t)$$

$$=2x^{\mathrm{T}}(t)Z^{-\mathrm{T}}(\varepsilon)(A+BK+DFE_1)x(t)+2x^{\mathrm{T}}(t)Z^{-\mathrm{T}}(\varepsilon)(A_d+DFE_d)x(t-d(t))$$

$$\frac{\mathrm{d}}{\mathrm{d}t}\left(\int_{t-d(t)}^{t}x^{\mathrm{T}}(s)Z^{-\mathrm{T}}(\varepsilon)QZ^{-1}(\varepsilon)x(s)\mathrm{d}s\right)$$

$$=x^{\mathrm{T}}(t)Z^{-\mathrm{T}}(\varepsilon)QZ^{-1}(\varepsilon)x(t)-(1-\dot{d}(t))x^{\mathrm{T}}(t-d(t))Z^{-\mathrm{T}}(\varepsilon)QZ^{-1}(\varepsilon)x(t-d(t))$$

$$\leqslant x^{\mathrm{T}}(t)Z^{-\mathrm{T}}(\varepsilon)QZ^{-1}(\varepsilon)x(t)-(1-\mu)x^{\mathrm{T}}(t-d(t))Z^{-\mathrm{T}}(\varepsilon)QZ^{-1}(\varepsilon)x(t-d(t))$$

所以

$$\dot{V}(x(t))\Big|_{(4.16)}$$

$$\leqslant 2x^{\mathrm{T}}(t)Z^{-\mathrm{T}}(\varepsilon)(A+BK+DFE_1)x(t)+2x^{\mathrm{T}}(t)Z^{-\mathrm{T}}(\varepsilon)(A_d+DFE_d)x(t-d(t))$$

$$-(1-\mu)x^{\mathrm{T}}(t-d(t))Z^{-\mathrm{T}}(\varepsilon)QZ^{-1}(\varepsilon)x(t-d(t))$$

$$+x^{\mathrm{T}}(t)Z^{-\mathrm{T}}(\varepsilon)QZ^{-1}(\varepsilon)x(t)$$

$$\stackrel{\mathrm{def}}{=}\xi^{\mathrm{T}}(t)G(\varepsilon)\xi(t) \tag{4.22}$$

其中

$$\xi(t)=(x^{\mathrm{T}}(t) \quad x^{\mathrm{T}}(t-d(t)))^{\mathrm{T}}$$

$$G(\varepsilon)=\begin{bmatrix} Z^{-\mathrm{T}}(\varepsilon)(A+BK+DFE_1) \\ +(A+BK+DFE_1)^{\mathrm{T}}Z^{-1}(\varepsilon) & Z^{-\mathrm{T}}(\varepsilon)(A_d+DFE_d) \\ +Z^{-\mathrm{T}}(\varepsilon)QZ^{-1}(\varepsilon) & \\ (A_d+DFE_d)^{\mathrm{T}}Z^{-1}(\varepsilon) & -(1-\mu)Z^{-\mathrm{T}}(\varepsilon)QZ^{-1}(\varepsilon) \end{bmatrix} \tag{4.23}$$

显然,矩阵不等式(4.23)对变量 K、Q 和 $Z(\varepsilon)$ 是非线性的。定理 4.3 给出控制器存在的充分条件,为了求得控制器参数,需要去掉矩阵不等式(4.23)中的不确定性函数 $F(t)$。

于是,令

$$Y=\begin{bmatrix} Z^{-\mathrm{T}}(\varepsilon)(A+BK)+(A+BK)^{\mathrm{T}}Z^{-1}(\varepsilon) \\ +Z^{-\mathrm{T}}(\varepsilon)QZ^{-1}(\varepsilon) & Z^{-\mathrm{T}}(\varepsilon)A_d \\ A_d^{\mathrm{T}}Z^{-1}(\varepsilon) & -(1-\mu)Z^{-\mathrm{T}}(\varepsilon)QZ^{-1}(\varepsilon) \end{bmatrix}$$

则

$$G(\varepsilon)=Y+\begin{bmatrix} Z^{-\mathrm{T}}(\varepsilon)D \\ 0 \end{bmatrix}F[E_1 \quad E_d]+[E_1 \quad E_d]^{\mathrm{T}}F^{\mathrm{T}}\begin{bmatrix} Z^{-\mathrm{T}}(\varepsilon)D \\ 0 \end{bmatrix}^{\mathrm{T}}<0$$

由引理 4.3,可知存在一标量 $\eta>0$,满足:

$$Y+\eta\begin{bmatrix}Z^{-\mathrm{T}}(\varepsilon)D\\0\end{bmatrix}\begin{bmatrix}Z^{-\mathrm{T}}(\varepsilon)D\\0\end{bmatrix}^{\mathrm{T}}+\eta^{-1}\begin{bmatrix}E_1&E_d\end{bmatrix}^{\mathrm{T}}\begin{bmatrix}E_1&E_d\end{bmatrix}<0$$

$$(Y+\eta^{-1}\begin{bmatrix}E_1&E_d\end{bmatrix}^{\mathrm{T}}\begin{bmatrix}E_1&E_d\end{bmatrix})+\eta\begin{bmatrix}Z^{-\mathrm{T}}(\varepsilon)D\\0\end{bmatrix}\begin{bmatrix}Z^{-\mathrm{T}}(\varepsilon)D\\0\end{bmatrix}^{\mathrm{T}}<0$$

利用 Schur 补引理,得

$$\begin{bmatrix}Z^{-\mathrm{T}}(\varepsilon)(A+BK)+(A+BK)^{\mathrm{T}}Z^{-1}(\varepsilon)\\+Z^{-\mathrm{T}}(\varepsilon)QZ^{-1}(\varepsilon)+\eta^{-1}E_1^{\mathrm{T}}E_1&Z^{-\mathrm{T}}(\varepsilon)A_d+\eta^{-1}E_1^{\mathrm{T}}E_d&Z^{-\mathrm{T}}(\varepsilon)D\\A_d^{\mathrm{T}}Z^{-1}(\varepsilon)+\eta^{-1}E_d^{\mathrm{T}}E_1&\begin{array}{c}-(1-\mu)Z^{-\mathrm{T}}(\varepsilon)QZ^{-1}(\varepsilon)\\+\eta^{-1}E_d^{\mathrm{T}}E_d\end{array}&0\\D^{\mathrm{T}}Z^{-1}(\varepsilon)&0&-\eta^{-1}I\end{bmatrix}<0$$

$$(4.24)$$

对矩阵不等式(4.24)的左端矩阵,左乘对角矩阵 $\mathrm{diag}\{Z^{\mathrm{T}}(\varepsilon),Z^{\mathrm{T}}(\varepsilon),I\}$、右乘其转置,得到

$$\begin{bmatrix}Z^{\mathrm{T}}(\varepsilon)&0&0\\0&Z^{\mathrm{T}}(\varepsilon)&0\\0&0&I\end{bmatrix}\begin{bmatrix}Z^{-\mathrm{T}}(\varepsilon)(A+BK)+(A+BK)^{\mathrm{T}}Z^{-1}(\varepsilon)\\+Z^{-\mathrm{T}}(\varepsilon)QZ^{-1}(\varepsilon)+\eta^{-1}E_1^{\mathrm{T}}E_1\\A_d^{\mathrm{T}}Z^{-1}(\varepsilon)+\eta^{-1}E_d^{\mathrm{T}}E_1\\D^{\mathrm{T}}Z^{-1}(\varepsilon)\end{bmatrix}$$

$$\begin{matrix}Z^{-\mathrm{T}}(\varepsilon)A_d+\eta^{-1}E_1^{\mathrm{T}}E_d&Z^{-\mathrm{T}}(\varepsilon)D\\-(1-\mu)Z^{-\mathrm{T}}(\varepsilon)QZ^{-1}(\varepsilon)+\eta^{-1}E_d^{\mathrm{T}}E_d&0\\0&-\eta^{-1}I\end{matrix}\begin{bmatrix}Z(\varepsilon)&0&0\\0&Z(\varepsilon)&0\\0&0&I\end{bmatrix}$$

$$=\begin{bmatrix}(A+BK)Z(\varepsilon)+Z^{\mathrm{T}}(\varepsilon)(A+BK)^{\mathrm{T}}\\+Q+\eta^{-1}Z^{\mathrm{T}}(\varepsilon)E_1^{\mathrm{T}}E_1Z(\varepsilon)&A_dZ(\varepsilon)+\eta^{-1}Z^{\mathrm{T}}(\varepsilon)E_1^{\mathrm{T}}E_dZ(\varepsilon)&D\\Z^{\mathrm{T}}(\varepsilon)A_d^{\mathrm{T}}+\eta^{-1}Z^{\mathrm{T}}(\varepsilon)E_d^{\mathrm{T}}E_1Z(\varepsilon)&-(1-\mu)Q+\eta^{-1}Z^{\mathrm{T}}(\varepsilon)E_d^{\mathrm{T}}E_dZ(\varepsilon)&0\\D^{\mathrm{T}}&0&-\eta^{-1}I\end{bmatrix}<0$$

再由 Schur 补引理,上式等价于

$$\begin{bmatrix}(A+BK)Z(\varepsilon)\\+Z^{\mathrm{T}}(\varepsilon)(A+BK)^{\mathrm{T}}+Q&A_dZ(\varepsilon)\\Z^{\mathrm{T}}(\varepsilon)A_d^{\mathrm{T}}&-(1-\mu)Q\end{bmatrix}+\eta^{-1}\begin{bmatrix}Z^{\mathrm{T}}(\varepsilon)E_1^{\mathrm{T}}E_1Z(\varepsilon)&Z^{\mathrm{T}}(\varepsilon)E_1^{\mathrm{T}}E_dZ(\varepsilon)\\Z^{\mathrm{T}}(\varepsilon)E_d^{\mathrm{T}}E_1Z(\varepsilon)&Z^{\mathrm{T}}(\varepsilon)E_d^{\mathrm{T}}E_dZ(\varepsilon)\end{bmatrix}$$

$$+\begin{bmatrix}D\\0\end{bmatrix}\eta\begin{bmatrix}D^{\mathrm{T}}&0\end{bmatrix}<0$$

即

$$
\begin{bmatrix}
\begin{matrix}(A+BK)Z(\varepsilon)\\ +Z^{\mathrm{T}}(\varepsilon)(A+BK)^{\mathrm{T}}+Q\\ Z^{\mathrm{T}}(\varepsilon)A_d^{\mathrm{T}}\end{matrix} & \begin{matrix}A_dZ(\varepsilon)\\ \\ -(1-\mu)Q\end{matrix}
\end{bmatrix}+\begin{bmatrix}D\\0\end{bmatrix}\eta\begin{bmatrix}D^{\mathrm{T}}&0\end{bmatrix}
$$

$$
+\eta^{-1}\begin{bmatrix}Z^{\mathrm{T}}(\varepsilon)E_1^{\mathrm{T}}\\ Z^{\mathrm{T}}(\varepsilon)E_d^{\mathrm{T}}\end{bmatrix}\begin{bmatrix}E_1Z(\varepsilon)&E_dZ(\varepsilon)\end{bmatrix}
$$

$$
=\begin{bmatrix}
(A+BK)Z(\varepsilon)+Z^{\mathrm{T}}(\varepsilon)(A+BK)^{\mathrm{T}}+Q+\eta DD^{\mathrm{T}} & A_dZ(\varepsilon) & Z^{\mathrm{T}}(\varepsilon)E_1^{\mathrm{T}}\\
Z^{\mathrm{T}}(\varepsilon)A_d^{\mathrm{T}} & -(1-\mu)Q & Z^{\mathrm{T}}(\varepsilon)E_d^{\mathrm{T}}\\
E_1Z(\varepsilon) & E_dZ(\varepsilon) & -\eta I
\end{bmatrix}
$$

$$
=\begin{bmatrix}
\begin{matrix}AZ(\varepsilon)+BKZ(\varepsilon)+Z^{\mathrm{T}}(\varepsilon)A^{\mathrm{T}}+Z^{\mathrm{T}}(\varepsilon)K^{\mathrm{T}}B^{\mathrm{T}}\\ +Q+\eta DD^{\mathrm{T}}\end{matrix} & A_dZ(\varepsilon) & Z^{\mathrm{T}}(\varepsilon)E_1^{\mathrm{T}}\\
Z^{\mathrm{T}}(\varepsilon)A_d^{\mathrm{T}} & -(1-\mu)Q & Z^{\mathrm{T}}(\varepsilon)E_d^{\mathrm{T}}\\
E_1Z(\varepsilon) & E_dZ(\varepsilon) & -\eta I
\end{bmatrix}<0
$$

定义

$$
KZ(\varepsilon)=\widetilde{K} \tag{4.25}
$$

得到

$$
\widetilde{G}(\varepsilon)\overset{\text{def}}{=}\begin{bmatrix}
\begin{matrix}AZ(\varepsilon)+B\widetilde{K}+Z^{\mathrm{T}}(\varepsilon)A^{\mathrm{T}}+\widetilde{K}^{\mathrm{T}}B^{\mathrm{T}}\\ +Q+\eta DD^{\mathrm{T}}\end{matrix} & A_dZ(\varepsilon) & Z^{\mathrm{T}}(\varepsilon)E_1^{\mathrm{T}}\\
Z^{\mathrm{T}}(\varepsilon)A_d^{\mathrm{T}} & -(1-\mu)Q & Z^{\mathrm{T}}(\varepsilon)E_d^{\mathrm{T}}\\
E_1Z(\varepsilon) & E_dZ(\varepsilon) & -\eta I
\end{bmatrix}<0 \tag{4.26}
$$

就变量 $\widetilde{K}$、Q、η 和 $Z(\varepsilon)$ 而言,矩阵不等式(4.26)是线性的。

易知,条件(4.20)和(4.21)意味着 $\widetilde{G}(0)<0$ 和 $\widetilde{G}(\varepsilon)<0$。使用引理 2.1,该两式等价于 $\widetilde{G}(\varepsilon)<0$,即 $G(\varepsilon)<0$,这就推出

$$
\dot{V}(x(t))\Big|_{(4.15)}<0
$$

所以,系统(4.15)是渐近稳定的,且状态反馈控制律为 $u(t)=Kx(t)$,由条件(4.25)可知 $K=\widetilde{K}Z^{-1}(\varepsilon)$ 为控制增益。

证毕。

2. 时滞相关情形

定理 4.4　给定 $\varepsilon>0$,如果存在对称正定矩阵 $Q>0$、$\widetilde{M}>0$,矩阵 $\widetilde{K}$,常数 $\lambda>0$、$\gamma>0$,以及矩阵 $Z_i(i=1,2,\cdots,5)$ 且 $Z_i=Z_i^{\mathrm{T}}(i=1,2,3,4)$,满足下列矩阵不等式条件:

$$Z_1 > 0 \tag{4.27}$$

$$\begin{bmatrix} Z_1 + \bar{\varepsilon} Z_3 & \bar{\varepsilon} Z_5^{\mathrm{T}} \\ \bar{\varepsilon} Z_5 & \bar{\varepsilon} Z_2 \end{bmatrix} > 0 \tag{4.28}$$

$$\begin{bmatrix} Z_1 + \bar{\varepsilon} Z_3 & \bar{\varepsilon} Z_5^{\mathrm{T}} \\ \bar{\varepsilon} Z_5 & \bar{\varepsilon} Z_2 + \bar{\varepsilon}^2 Z_4 \end{bmatrix} > 0 \tag{4.29}$$

$$\left[\begin{array}{cc} AZ(0)+B\widetilde{K}+Z^{\mathrm{T}}(0)A+\widetilde{K}^{\mathrm{T}}B^{\mathrm{T}}+Q+\gamma DD^{\mathrm{T}} & A_d Z(0) \\ Z^{\mathrm{T}}(0)A_d^{\mathrm{T}} & -(1-\mu)Q \\ E_1 Z(0) & E_d Z(0) \\ AZ(0)+B\widetilde{K} & A_d Z(0) \\ E_1 Z(0) & E_d Z(0) \end{array}\right.$$

$$\left.\begin{array}{cccc} Z^{\mathrm{T}}(0)E_1^{\mathrm{T}} & Z^{\mathrm{T}}(0)A^{\mathrm{T}}+\widetilde{K}^{\mathrm{T}}B^{\mathrm{T}} & Z^{\mathrm{T}}(0)E_1^{\mathrm{T}} \\ Z^{\mathrm{T}}(0)E_d^{\mathrm{T}} & Z^{\mathrm{T}}(0)A_d^{\mathrm{T}} & Z^{\mathrm{T}}(0)E_d^{\mathrm{T}} \\ -\gamma I & 0 & 0 \\ 0 & -\tau^{-1}\widetilde{M}+\lambda DD^{\mathrm{T}} & 0 \\ 0 & 0 & -\lambda I \end{array}\right] < 0 \tag{4.30}$$

$$\left[\begin{array}{cc} AZ(\bar{\varepsilon})+B\widetilde{K}+Z^{\mathrm{T}}(\bar{\varepsilon})A+\widetilde{K}^{\mathrm{T}}B^{\mathrm{T}}+Q+\gamma DD^{\mathrm{T}} & A_d Z(\bar{\varepsilon}) \\ Z^{\mathrm{T}}(\bar{\varepsilon})A_d^{\mathrm{T}} & -(1-\mu)Q \\ E_1 Z(\bar{\varepsilon}) & E_d Z(\bar{\varepsilon}) \\ AZ(\bar{\varepsilon})+B\widetilde{K} & A_d Z(\bar{\varepsilon}) \\ E_1 Z(\bar{\varepsilon}) & E_d Z(\bar{\varepsilon}) \end{array}\right.$$

$$\left.\begin{array}{cccc} Z^{\mathrm{T}}(\bar{\varepsilon})E_1^{\mathrm{T}} & Z^{\mathrm{T}}(\bar{\varepsilon})A^{\mathrm{T}}+\widetilde{K}^{\mathrm{T}}B^{\mathrm{T}} & Z^{\mathrm{T}}(\bar{\varepsilon})E_1^{\mathrm{T}} \\ Z^{\mathrm{T}}(\bar{\varepsilon})E_d^{\mathrm{T}} & Z^{\mathrm{T}}(\bar{\varepsilon})A_d^{\mathrm{T}} & Z^{\mathrm{T}}(\bar{\varepsilon})E_d^{\mathrm{T}} \\ -\gamma I & 0 & 0 \\ 0 & -\tau^{-1}\widetilde{M}+\lambda DD^{\mathrm{T}} & 0 \\ 0 & 0 & -\lambda I \end{array}\right] < 0 \tag{4.31}$$

则 $u(t) = Kx(t)$ 为系统(4.15)的状态反馈控制律,其中 $K = \widetilde{K} Z^{-1}(\bar{\varepsilon})$, $\forall \varepsilon \in (0, \bar{\varepsilon}]$。

证明 定义 Lyapunov-Krasovskii 泛函如下:

$$V(x(t)) = x^{\mathrm{T}}(t)Z^{-\mathrm{T}}(\varepsilon)E(\varepsilon)x(t) + \int_{t-d(t)}^{t} x^{\mathrm{T}}(s)Z^{-\mathrm{T}}(\varepsilon)QZ^{-1}(\varepsilon)x(s)\mathrm{d}s$$
$$+ \int_{-\tau}^{0}\int_{t-d(t)+\theta}^{t} (E(\varepsilon)\dot{x}(s))^{\mathrm{T}}ME(\varepsilon)\dot{x}(s)\mathrm{d}s\mathrm{d}\theta$$

其中,Q、M 是适当维数正定矩阵,$Q > 0$,$M > 0$。

这样 $V(x(t))$ 就是正定的 Lyapunov-Krasovskii 泛函。把 $V(x(t))$ 沿着系统

(4.16)的轨迹进行微分,得

$$\dot{V}(x(t))\Big|_{(4.16)} = \frac{\mathrm{d}}{\mathrm{d}t}(x^{\mathrm{T}}(t)Z^{-\mathrm{T}}(\varepsilon)E(\varepsilon)x(t)) + \frac{\mathrm{d}}{\mathrm{d}t}\Big(\int_{t-d(t)}^{t} x^{\mathrm{T}}(s)Z^{-\mathrm{T}}(\varepsilon)QZ^{-1}(\varepsilon)x(s)\mathrm{d}s\Big)$$

$$+ \frac{\mathrm{d}}{\mathrm{d}t}\Big(\int_{-\tau}^{0}\int_{t-d(t)+\theta}^{t} (E(\varepsilon)\dot{x}(s))^{\mathrm{T}}ME(\varepsilon)\dot{x}(s)\mathrm{d}s\mathrm{d}\theta\Big)$$

由于

$$E(\varepsilon)Z(\varepsilon) = (E(\varepsilon)Z(\varepsilon))^{\mathrm{T}} = Z^{\mathrm{T}}(\varepsilon)E(\varepsilon)$$

有

$$Z^{-\mathrm{T}}(\varepsilon)E(\varepsilon)Z(\varepsilon) = Z^{-\mathrm{T}}(\varepsilon)Z^{\mathrm{T}}(\varepsilon)E(\varepsilon) = E(\varepsilon)$$

$$Z^{-\mathrm{T}}(\varepsilon)E(\varepsilon) = E(\varepsilon)Z^{-1}(\varepsilon)$$

于是

$$\frac{\mathrm{d}}{\mathrm{d}t}(x^{\mathrm{T}}(t)Z^{-\mathrm{T}}(\varepsilon)E(\varepsilon)x(t))$$

$$= \dot{x}^{\mathrm{T}}(t)Z^{-1}(\varepsilon)E(\varepsilon)x(t) + x^{\mathrm{T}}(t)Z^{-\mathrm{T}}(\varepsilon)E(\varepsilon)\dot{x}(t)$$

$$= \dot{x}^{\mathrm{T}}(t)E(\varepsilon)Z^{-1}(\varepsilon)x(t) + (Z^{-1}(\varepsilon)x(t))^{\mathrm{T}}E(\varepsilon)\dot{x}(t)$$

$$= (E(\varepsilon)\dot{x}(t))^{\mathrm{T}}Z^{-1}(\varepsilon)x(t) + (Z^{-1}(\varepsilon)x(t))^{\mathrm{T}}E(\varepsilon)\dot{x}(t)$$

$$= 2(Z^{-1}(\varepsilon)x(t))^{\mathrm{T}}E(\varepsilon)\dot{x}(t)$$

$$= 2(Z^{-1}(\varepsilon)x(t))^{\mathrm{T}}[(A+BK+DFE_1)x(t) + (A_d+DFE_d)x(t-d(t))]$$

$$= 2x^{\mathrm{T}}(t)Z^{-\mathrm{T}}(\varepsilon)(A+BK+DFE_1)x(t) + 2x^{\mathrm{T}}(t)Z^{-\mathrm{T}}(\varepsilon)(A_d+DFE_d)x(t-d(t))$$

$$\frac{\mathrm{d}}{\mathrm{d}t}\Big(\int_{t-d(t)}^{t} x^{\mathrm{T}}(s)Z^{-\mathrm{T}}(\varepsilon)QZ^{-1}(\varepsilon)x(s)\mathrm{d}s\Big)$$

$$= x^{\mathrm{T}}(t)Z^{-\mathrm{T}}(t)QZ^{-1}(t)x(t)$$

$$- (1-\dot{d}(t))x^{\mathrm{T}}(t-d(t))Z^{-\mathrm{T}}(t-d(t))QZ^{-1}(t-d(t))x(t-d(t))$$

$$\leqslant x^{\mathrm{T}}(t)Z^{-\mathrm{T}}(t)QZ^{-1}(t)x(t)$$

$$- (1-\mu)x^{\mathrm{T}}(t-d(t))Z^{-\mathrm{T}}(t-d(t))QZ^{-1}(t-d(t))x(t-d(t))$$

$$\frac{\mathrm{d}}{\mathrm{d}t}\Big(\int_{-\tau}^{0}\int_{t-d(t)+\theta}^{t} (E(\varepsilon)\dot{x}(s))^{\mathrm{T}}ME(\varepsilon)\dot{x}(s)\mathrm{d}s\mathrm{d}\theta\Big)$$

$$= \tau(E(\varepsilon)\dot{x}(t))^{\mathrm{T}}ME(\varepsilon)\dot{x}(t)$$

$$- (1-\dot{d}(t))\int_{-\tau}^{0} (E(\varepsilon)\dot{x}(t-d(t)+\theta))^{\mathrm{T}}ME(\varepsilon)\dot{x}(t-d(t)+\theta)\mathrm{d}\theta$$

$$\leqslant \tau(E(\varepsilon)\dot{x}(t))^{\mathrm{T}}ME(\varepsilon)\dot{x}(t)$$

$$-(1-\mu)\int_{-\tau}^{0}(E(\varepsilon)\dot{x}(t-d(t)+\theta))^{\mathrm{T}}ME(\varepsilon)\dot{x}(t-d(t)+\theta)\mathrm{d}\theta$$

$$\leqslant \tau(E(\varepsilon)\dot{x}(t))^{\mathrm{T}}ME(\varepsilon)\dot{x}(t)$$

$$=\tau[(A+BK+DFE_1)x(t)+(A_d+DFE_d)x(t-d(t))]^{\mathrm{T}}M[(A+BK)x(t)$$

$$+(A_d+DFE_d)x(t-d(t))]$$

$$=\tau x^{\mathrm{T}}(t)(A+BK+DFE_1)^{\mathrm{T}}M(A+BK+DFE_1)x(t)$$

$$+2\tau x^{\mathrm{T}}(t)(A+BK+DFE_1)^{\mathrm{T}}M(A_d+DFE_d)x^{\mathrm{T}}(t-d(t))$$

$$+\tau x^{\mathrm{T}}(t-d(t))(A_d+DFE_d)^{\mathrm{T}}M(A_d+DFE_d)x(t-d(t))$$

所以

$$\dot{V}(x(t))\Big|_{(4.16)}\leqslant 2x^{\mathrm{T}}(t)Z^{-\mathrm{T}}(\varepsilon)(A+BK+DFE_1)x(t)$$

$$+2x^{\mathrm{T}}(t)Z^{-\mathrm{T}}(\varepsilon)(A_d+DFE_d)x(t-d(t))$$

$$-(1-\mu)x^{\mathrm{T}}(t-d(t))Z^{-\mathrm{T}}(t-d(t))QZ^{-1}(t-d(t))x(t-d(t))$$

$$\times x^{\mathrm{T}}(t)Z^{-\mathrm{T}}(t)QZ^{-1}(t)x(t)$$

$$+\tau x^{\mathrm{T}}(t)(A+BK+DFE_1)^{\mathrm{T}}M(A+BK+DFE_1)x(t)$$

$$+2\tau x^{\mathrm{T}}(t)(A+BK+DFE_1)^{\mathrm{T}}M(A_d+DFE_d)x^{\mathrm{T}}(t-d(t))$$

$$+\tau x^{\mathrm{T}}(t-d(t))(A+BK+DFE_1)^{\mathrm{T}}M(A+BK+DFE_1)x(t-d(t))$$

$$\stackrel{\mathrm{def}}{=\!=}\xi^{\mathrm{T}}(t)W(\varepsilon)\xi(t) \tag{4.32}$$

其中

$$\xi(t)=[x^{\mathrm{T}}(t) \quad x^{\mathrm{T}}(t-d(t))]^{\mathrm{T}}$$

$$W(\varepsilon)=\begin{bmatrix} Z^{-\mathrm{T}}(\varepsilon)(A+BK+DFE_1)+(A+BK+DFE_1)^{\mathrm{T}}Z^{-1}(\varepsilon) \\ +\tau(A+BK+DFE_1)^{\mathrm{T}}M(A+BK+DFE_1)+Z^{-\mathrm{T}}(\varepsilon)QZ^{-1}(\varepsilon) \\ \\ (A_d+DFE_d)^{\mathrm{T}}Z^{-1}(\varepsilon) \\ +\tau(A_d+DFE_d)^{\mathrm{T}}M(A+BK+DFE_1) \end{bmatrix}$$

$$\begin{matrix} Z^{-\mathrm{T}}(\varepsilon)(A_d+DFE_d) \\ +\tau(A+BK+DFE_1)^{\mathrm{T}}M(A_d+DFE_d) \\ \\ -(1-\mu)Z^{-\mathrm{T}}(\varepsilon)QZ^{-1}(\varepsilon) \\ +\tau(A_d+DFE_d)^{\mathrm{T}}M(A_d+DFE_d) \end{matrix} \tag{4.33}$$

将式(4.33)线性化,再对矩阵左乘对角矩阵 $\mathrm{diag}\{Z^{\mathrm{T}}(\varepsilon),I\}$、右乘其转置,得到

$$
\begin{bmatrix} Z^{\mathrm{T}}(\varepsilon) & 0 \\ 0 & I \end{bmatrix} \begin{bmatrix} Z^{-\mathrm{T}}(\varepsilon)(A+BK+DFE_1)+(A+BK+DFE_1)^{\mathrm{T}}Z^{-1}(\varepsilon) \\ +\tau(A+BK+DFE_1)^{\mathrm{T}}M(A+BK+DFE_1)+Z^{-\mathrm{T}}(\varepsilon)QZ^{-1}(\varepsilon) \\ \\ (A_d+DFE_d)^{\mathrm{T}}Z^{-1}(\varepsilon) \\ +\tau(A_d+DFE_d)^{\mathrm{T}}M(A+BK+DFE_1) \end{bmatrix}
$$

$$
\begin{bmatrix} Z^{-\mathrm{T}}(\varepsilon)(A_d+DFE_d) \\ +\tau(A+BK+DFE_1)^{\mathrm{T}}M(A_d+DFE_d) \\ \\ -(1-\mu)Z^{-\mathrm{T}}(\varepsilon)QZ^{-1}(\varepsilon) \\ +\tau(A_d+DFE_d)^{\mathrm{T}}M(A_d+DFE_d) \end{bmatrix} \begin{bmatrix} Z(\varepsilon) & 0 \\ 0 & I \end{bmatrix}
$$

$$
= \begin{bmatrix} (A+BK+DFE_1)Z(\varepsilon)+Z^{\mathrm{T}}(\varepsilon)(A+BK+DFE_1)^{\mathrm{T}}+Q \\ +\tau Z^{\mathrm{T}}(\varepsilon)(A+BK+DFE_1)^{\mathrm{T}}M(A+BK+DFE_1)Z(\varepsilon) \\ \\ Z^{\mathrm{T}}(\varepsilon)(A_d+DFE_d)^{\mathrm{T}} \\ +\tau Z^{\mathrm{T}}(\varepsilon)(A_d+DFE_d)^{\mathrm{T}}M(A+BK+DFE_1)Z(\varepsilon) \end{bmatrix}
$$

$$
\begin{bmatrix} (A_d+DFE_d)Z(\varepsilon) \\ +\tau Z^{\mathrm{T}}(\varepsilon)(A+BK+DFE_1)^{\mathrm{T}}M(A_d+DFE_d)Z(\varepsilon) \\ \\ -(1-\mu)Q \\ +\tau Z^{\mathrm{T}}(\varepsilon)(A_d+DFE_d)^{\mathrm{T}}M(A_d+DFE_d)Z(\varepsilon) \end{bmatrix} < 0
$$

即

$$
\begin{bmatrix} (A+BK)Z(\varepsilon)+Z^{\mathrm{T}}(\varepsilon)(A+BK)^{\mathrm{T}}+Q & A_dZ(\varepsilon) \\ Z^{\mathrm{T}}(\varepsilon)A_d^{\mathrm{T}} & -(1-\mu)Q \end{bmatrix}
$$

$$
+ \begin{bmatrix} DFE_1Z(\varepsilon)+Z^{\mathrm{T}}(\varepsilon)(DFE_1)^{\mathrm{T}} \\ +\tau Z^{\mathrm{T}}(\varepsilon)(A+BK+DFE_1)^{\mathrm{T}}M(A+BK+DFE_1)Z(\varepsilon) \\ \\ Z^{\mathrm{T}}(\varepsilon)(DFE_d)^{\mathrm{T}} \\ +\tau Z^{\mathrm{T}}(\varepsilon)(A_d+DFE_d)^{\mathrm{T}}M(A+BK+DFE_1)Z(\varepsilon) \end{bmatrix}
$$

$$
\begin{bmatrix} DFE_dZ(\varepsilon) \\ +\tau Z^{\mathrm{T}}(\varepsilon)(A+BK+DFE_1)^{\mathrm{T}}M(A_d+DFE_d)Z(\varepsilon) \\ \\ \tau Z^{\mathrm{T}}(\varepsilon)(A_d+DFE_d)^{\mathrm{T}}M(A_d+DFE_d)Z(\varepsilon) \end{bmatrix}
$$

$$
= \begin{bmatrix} (A+BK)Z(\varepsilon)+Z^{\mathrm{T}}(\varepsilon)(A+BK)^{\mathrm{T}}+Q & A_dZ(\varepsilon) \\ Z^{\mathrm{T}}(\varepsilon)A_d^{\mathrm{T}} & -(1-\mu)Q \end{bmatrix}
$$

$$+\begin{bmatrix} D \\ 0 \end{bmatrix} F[E_1 Z(\varepsilon) \quad E_d Z(\varepsilon)] + \begin{bmatrix} Z^{\mathrm{T}}(\varepsilon) E_1^{\mathrm{T}} \\ Z^{\mathrm{T}}(\varepsilon) E_d^{\mathrm{T}} \end{bmatrix} F^{\mathrm{T}}[D^{\mathrm{T}} \quad 0]$$

$$+\begin{bmatrix} Z^{\mathrm{T}}(\varepsilon)(A+BK+DFE_1)^{\mathrm{T}} \\ Z^{\mathrm{T}}(\varepsilon)(A_d+DFE_d)^{\mathrm{T}} \end{bmatrix} \tau M[(A+BK+DFE_1)Z(\varepsilon) \quad (A_d+DFE_d)Z(\varepsilon)]$$

$$<0 \tag{4.34}$$

显然,矩阵不等式(4.34)对变量是非线性的。定理 4.4 给出控制器存在的充分条件,为了求得控制器参数,需要去掉矩阵不等式(4.34)中的不确定性函数 $F(t)$。于是由引理 4.1,可知矩阵不等式(4.34)<0,等价于存在一个常量 $\gamma>0$,使得

$$\begin{bmatrix} (A+BK)Z(\varepsilon)+Z^{\mathrm{T}}(\varepsilon)(A+BK)^{\mathrm{T}}+Q & A_d Z(\varepsilon) \\ Z^{\mathrm{T}}(\varepsilon)A_d^{\mathrm{T}} & -(1-\mu)Q \end{bmatrix} + \gamma \begin{bmatrix} D \\ 0 \end{bmatrix} [D^{\mathrm{T}} \quad 0]$$

$$+\gamma^{-1} \begin{bmatrix} Z^{\mathrm{T}}(\varepsilon) E_1^{\mathrm{T}} \\ Z^{\mathrm{T}}(\varepsilon) E_d^{\mathrm{T}} \end{bmatrix} [E_1 Z(\varepsilon) \quad E_d Z(\varepsilon)]$$

$$+\begin{bmatrix} Z^{\mathrm{T}}(\varepsilon)(A+BK+DFE_1)^{\mathrm{T}} \\ Z^{\mathrm{T}}(\varepsilon)(A_d+DFE_d)^{\mathrm{T}} \end{bmatrix} \tau M[(A+BK+DFE_1)Z(\varepsilon) \quad (A_d+DFE_d)Z(\varepsilon)]$$

$$<0$$

即

$$\begin{bmatrix} (A+BK)Z(\varepsilon)+Z^{\mathrm{T}}(\varepsilon)(A+BK)^{\mathrm{T}}+Q+\gamma DD^{\mathrm{T}} & A_d Z(\varepsilon) \\ Z^{\mathrm{T}}(\varepsilon)A_d^{\mathrm{T}} & -(1-\mu)Q \end{bmatrix}$$

$$+\gamma^{-1} \begin{bmatrix} Z^{\mathrm{T}}(\varepsilon) E_1^{\mathrm{T}} \\ Z^{\mathrm{T}}(\varepsilon) E_d^{\mathrm{T}} \end{bmatrix} [E_1 Z(\varepsilon) \quad E_d Z(\varepsilon)]$$

$$+\begin{bmatrix} Z^{\mathrm{T}}(\varepsilon)(A+BK+DFE_1)^{\mathrm{T}} \\ Z^{\mathrm{T}}(\varepsilon)(A_d+DFE_d)^{\mathrm{T}} \end{bmatrix} \tau M[(A+BK+DFE_1)Z(\varepsilon) \quad (A_d+DFE_d)Z(\varepsilon)]$$

$$<0 \tag{4.35}$$

再由 Schur 补引理,式(4.35)等价于

$$\begin{bmatrix} (A+BK)Z(\varepsilon)+Z^{\mathrm{T}}(\varepsilon)(A+BK)^{\mathrm{T}}+Q+\gamma DD^{\mathrm{T}} & A_d Z(\varepsilon) \\ Z^{\mathrm{T}}(\varepsilon)A_d^{\mathrm{T}} & -(1-\mu)Q \\ E_1 Z(\varepsilon) & E_d Z(\varepsilon) \\ (A+BK+DFE_1)Z(\varepsilon) & (A_d+DFE_d)Z(\varepsilon) \end{bmatrix}$$

$$\begin{matrix} Z^{\mathrm{T}}(\varepsilon)E_1^{\mathrm{T}} & Z^{\mathrm{T}}(\varepsilon)(A+BK+DFE_1)^{\mathrm{T}} \\ Z^{\mathrm{T}}(\varepsilon)E_d^{\mathrm{T}} & Z^{\mathrm{T}}(\varepsilon)(A_d+DFE_d)^{\mathrm{T}} \\ -\gamma I & 0 \\ 0 & -\tau^{-1}M^{-1} \end{matrix} \Bigg] <0$$

即

$$
\begin{bmatrix}
(A+BK)Z(\varepsilon)+Z^{\mathrm{T}}(\varepsilon)(A+BK)^{\mathrm{T}}+Q+\gamma DD^{\mathrm{T}} & A_d Z(\varepsilon) \\
Z^{\mathrm{T}}(\varepsilon)A_d^{\mathrm{T}} & -(1-\mu)Q \\
E_1 Z(\varepsilon) & E_d Z(\varepsilon) \\
(A+BK)Z(\varepsilon) & A_d Z(\varepsilon)
\end{bmatrix}
$$

$$
\begin{bmatrix}
Z^{\mathrm{T}}(\varepsilon)E_1^{\mathrm{T}} & Z^{\mathrm{T}}(\varepsilon)(A+BK)^{\mathrm{T}} \\
Z^{\mathrm{T}}(\varepsilon)E_d^{\mathrm{T}} & Z^{\mathrm{T}}(\varepsilon)A_d^{\mathrm{T}} \\
-\gamma I & 0 \\
0 & -\tau^{-1}M^{-1}
\end{bmatrix}
$$

$$
+\begin{bmatrix}
0 & 0 & 0 & Z^{\mathrm{T}}(\varepsilon)(DFE_1)^{\mathrm{T}} \\
0 & 0 & 0 & Z^{\mathrm{T}}(\varepsilon)(DFE_d)^{\mathrm{T}} \\
0 & 0 & 0 & 0 \\
(DFE_1)Z(\varepsilon) & (DFE_d)Z(\varepsilon) & 0 & 0
\end{bmatrix}<0
$$

或者

$$
\begin{bmatrix}
(A+BK)Z(\varepsilon)+Z^{\mathrm{T}}(\varepsilon)(A+BK)^{\mathrm{T}}+Q+\gamma DD^{\mathrm{T}} & A_d Z(\varepsilon) \\
Z^{\mathrm{T}}(\varepsilon)A_d^{\mathrm{T}} & -(1-\mu)Q \\
E_1 Z(\varepsilon) & E_d Z(\varepsilon) \\
(A+BK)Z(\varepsilon) & A_d Z(\varepsilon)
\end{bmatrix}
$$

$$
\begin{bmatrix}
Z^{\mathrm{T}}(\varepsilon)E_1^{\mathrm{T}} & Z^{\mathrm{T}}(\varepsilon)(A+BK)^{\mathrm{T}} \\
Z^{\mathrm{T}}(\varepsilon)E_d^{\mathrm{T}} & Z^{\mathrm{T}}(\varepsilon)A_d^{\mathrm{T}} \\
-\gamma I & 0 \\
0 & -\tau^{-1}M^{-1}
\end{bmatrix}
$$

$$
+\begin{bmatrix}0\\0\\0\\D\end{bmatrix}F\begin{bmatrix}E_1 Z(\varepsilon) & E_d Z(\varepsilon) & 0 & 0\end{bmatrix}+\begin{bmatrix}Z^{\mathrm{T}}(\varepsilon)E_1^{\mathrm{T}}\\Z^{\mathrm{T}}(\varepsilon)E_d^{\mathrm{T}}\\0\\0\end{bmatrix}F^{\mathrm{T}}\begin{bmatrix}0 & 0 & 0 & D^{\mathrm{T}}\end{bmatrix}<0 \quad (4.36)
$$

　　再次使用引理 4.1 可知,式(4.36)成立的充要条件是存在一个标量 $\lambda>0$,
满足:

$$\begin{bmatrix}
(A+BK)Z(\varepsilon)+Z^{\mathrm{T}}(\varepsilon)(A+BK)^{\mathrm{T}}+Q+\gamma DD^{\mathrm{T}} & A_dZ(\varepsilon) \\
Z^{\mathrm{T}}(\varepsilon)A_d^{\mathrm{T}} & -(1-\mu)Q \\
E_1Z(\varepsilon) & E_dZ(\varepsilon) \\
(A+BK)Z(\varepsilon) & A_dZ(\varepsilon)
\end{bmatrix}$$

$$\begin{bmatrix}
Z^{\mathrm{T}}(\varepsilon)E_1^{\mathrm{T}} & Z^{\mathrm{T}}(\varepsilon)(A+BK)^{\mathrm{T}} \\
Z^{\mathrm{T}}(\varepsilon)E_d^{\mathrm{T}} & Z^{\mathrm{T}}(\varepsilon)A_d^{\mathrm{T}} \\
-\gamma I & 0 \\
0 & -\tau^{-1}M^{-1}
\end{bmatrix}$$

$$+\lambda\begin{bmatrix}0\\0\\0\\D\end{bmatrix}\begin{bmatrix}0 & 0 & 0 & D^{\mathrm{T}}\end{bmatrix}+\lambda^{-1}\begin{bmatrix}Z^{\mathrm{T}}(\varepsilon)E_1^{\mathrm{T}}\\Z^{\mathrm{T}}(\varepsilon)E_d^{\mathrm{T}}\\0\\0\end{bmatrix}\begin{bmatrix}E_1Z(\varepsilon) & E_dZ(\varepsilon) & 0 & 0\end{bmatrix}<0$$

即

$$\begin{bmatrix}
(A+BK)Z(\varepsilon)+Z^{\mathrm{T}}(\varepsilon)(A+BK)^{\mathrm{T}}+Q+\gamma DD^{\mathrm{T}} & A_dZ(\varepsilon) \\
Z^{\mathrm{T}}(\varepsilon)A_d^{\mathrm{T}} & -(1-\mu)Q \\
E_1Z(\varepsilon) & E_dZ(\varepsilon) \\
(A+BK)Z(\varepsilon) & A_dZ(\varepsilon)
\end{bmatrix}$$

$$\begin{bmatrix}
Z^{\mathrm{T}}(\varepsilon)E_1^{\mathrm{T}} & Z^{\mathrm{T}}(\varepsilon)(A+BK)^{\mathrm{T}} \\
Z^{\mathrm{T}}(\varepsilon)E_d^{\mathrm{T}} & Z^{\mathrm{T}}(\varepsilon)A_d^{\mathrm{T}} \\
-\gamma I & 0 \\
0 & -\tau^{-1}M^{-1}+\lambda DD^{\mathrm{T}}
\end{bmatrix}$$

$$+\lambda^{-1}\begin{bmatrix}Z^{\mathrm{T}}(\varepsilon)E_1^{\mathrm{T}}\\Z^{\mathrm{T}}(\varepsilon)E_d^{\mathrm{T}}\\0\\0\end{bmatrix}\begin{bmatrix}E_1Z(\varepsilon) & E_dZ(\varepsilon) & 0 & 0\end{bmatrix}<0$$

由 Schur 补引理可知，该式即矩阵不等式(4.35)，等价于下面矩阵不等式成立：

$$
\begin{bmatrix}
(A+BK)Z(\varepsilon)+Z^{\mathrm{T}}(\varepsilon)(A+BK)^{\mathrm{T}}+Q+\gamma DD^{\mathrm{T}} & A_d Z(\varepsilon) \\
Z^{\mathrm{T}}(\varepsilon)A_d^{\mathrm{T}} & -(1-\mu)Q \\
E_1 Z(\varepsilon) & E_d Z(\varepsilon) \\
(A+BK)Z(\varepsilon) & A_d Z(\varepsilon) \\
E_1 Z(\varepsilon) & E_d Z(\varepsilon)
\end{bmatrix}
$$

$$
\begin{bmatrix}
Z^{\mathrm{T}}(\varepsilon)E_1^{\mathrm{T}} & Z^{\mathrm{T}}(\varepsilon)(A+BK)^{\mathrm{T}} & Z^{\mathrm{T}}(\varepsilon)E_1^{\mathrm{T}} \\
Z^{\mathrm{T}}(\varepsilon)E_d^{\mathrm{T}} & Z^{\mathrm{T}}(\varepsilon)A_d^{\mathrm{T}} & Z^{\mathrm{T}}(\varepsilon)E_d^{\mathrm{T}} \\
-\gamma I & 0 & 0 \\
0 & -\tau^{-1}M^{-1}+\lambda DD^{\mathrm{T}} & 0 \\
0 & 0 & -\lambda I
\end{bmatrix} < 0 \qquad (4.37)
$$

定义

$$
KZ(\varepsilon)=\widetilde{K}, \quad M^{-1}=\widetilde{M} \qquad (4.38)
$$

那么,矩阵不等式(4.37)变为

$$
\widetilde{W}(\varepsilon)=
\begin{bmatrix}
AZ(\varepsilon)+B\widetilde{K}+Z^{\mathrm{T}}(\varepsilon)A+\widetilde{K}^{\mathrm{T}}B^{\mathrm{T}}+Q+\gamma DD^{\mathrm{T}} & A_d Z(\varepsilon) \\
Z^{\mathrm{T}}(\varepsilon)A_d^{\mathrm{T}} & -(1-\mu)Q \\
E_1 Z(\varepsilon) & E_d Z(\varepsilon) \\
AZ(\varepsilon)+B\widetilde{K} & A_d Z(\varepsilon) \\
E_1 Z(\varepsilon) & E_d Z(\varepsilon)
\end{bmatrix}
$$

$$
\begin{bmatrix}
Z^{\mathrm{T}}(\varepsilon)E_1^{\mathrm{T}} & Z^{\mathrm{T}}(\varepsilon)A^{\mathrm{T}}+\widetilde{K}^{\mathrm{T}}B^{\mathrm{T}} & Z^{\mathrm{T}}(\varepsilon)E_1^{\mathrm{T}} \\
Z^{\mathrm{T}}(\varepsilon)E_d^{\mathrm{T}} & Z^{\mathrm{T}}(\varepsilon)A_d^{\mathrm{T}} & Z^{\mathrm{T}}(\varepsilon)E_d^{\mathrm{T}} \\
-\gamma I & 0 & 0 \\
0 & -\tau^{-1}\widetilde{M}+\lambda DD^{\mathrm{T}} & 0 \\
0 & 0 & -\lambda I
\end{bmatrix} < 0 \qquad (4.39)
$$

不等式(4.39)对于变量 $\widetilde{K}$、$\widetilde{M}$、Q、λ、γ 和 $Z(\varepsilon)$ 是线性的。

于是,由式(4.30)和式(4.31)可知,$\widetilde{W}(0)<0$、$\widetilde{W}(\bar\varepsilon)<0$。由引理 2.1 得

$$
\widetilde{W}(\varepsilon) < 0
$$

等价于

$$
W(\varepsilon)<0
$$

故可知

$$
\dot{V}(x(t))\Big|_{(4.15)}<0
$$

即 $u(t)=Kx(t)$ 是系统(4.15)的状态反馈控制律,又从条件(4.38),得到

$$
K=\widetilde{K}Z^{-1}(\varepsilon), \quad \forall\varepsilon\in(0,\bar\varepsilon]
$$

证毕。

4.3.3　控制器设计

本节通过构造一种新的 Lyapunov-Krasovskii 泛函方法,研究一类带有时变时滞的不确定系统的鲁棒控制问题。通过细化不确定信息的结构,给出基于线性矩阵不等式的控制器设计方法。设计无记忆状态反馈控制器 $u(t) = Kx(t)$,使得时变时滞奇异摄动闭环系统渐近稳定。通过算例可以证明,与现有方法相比,所得结论更具有普遍性。

考虑下面时变时滞不确定系统:

$$\begin{cases} \dot{x}(t) = (A + DFE_1)x(t) + (A_d + DFE_d)x(t - d(t)) + Bu(t), & t > 0 \\ x(t) = \phi(t), & t \in [-\tau, 0) \end{cases}$$

(4.40)

其中,$x(t) \in \mathbf{R}^n$ 是系统状态向量;$u(t) \in \mathbf{R}^m$ 是输入向量;A、A_d、B 是已知适当维数的定常矩阵,A 渐近稳定;$d(t)$ 是时滞可微函数,并且满足:

$$0 \leqslant d(t) \leqslant \tau, \quad \dot{d}(t) \leqslant \mu < 1$$

(4.41)

其中,τ、μ 是已知常数;$\phi(t)$ 是连续向量初始函数;D、E_1、E_d 是已知适当维数的定常矩阵,表示不确定性结构信息[153];$F(t) \in \mathbf{R}^{i \times j}$ 是范数有界的不确定系统模型参数矩阵,满足:

$$F^{\mathrm{T}}(t)F(t) \leqslant I$$

(4.42)

假设系统状态可测,设

$$u(t) = Kx(t)$$

(4.43)

K 是适当维数的待求控制增益矩阵。那么闭环系统成为

$$\begin{cases} \dot{x}(t) = (A + BK + DFE_1)x(t) + (A_d + DFE_d)x(t - d(t)), & t > 0 \\ x(t) = \phi(t), & t \in [-2\tau, 0) \end{cases}$$

(4.44)

定理 4.5　对于系统(4.40),若存在对称正定矩阵 $Q > 0$,$\widetilde{P} > 0$,矩阵 $\widetilde{K} > 0$,常数 $\lambda_1 > 0$、$\lambda_2 > 0$ 和 $\eta > 0$,满足下列 LMI 条件:

$$\begin{bmatrix} A\widetilde{P}^{\mathrm{T}} + B\widetilde{K} + A_d\widetilde{P}^{\mathrm{T}} + \widetilde{P}A^{\mathrm{T}} + \widetilde{K}B^{\mathrm{T}} + \widetilde{P}A_d^{\mathrm{T}} + Q + \tau(\lambda_1 + \lambda_2)I + \eta DD^{\mathrm{T}} & A_d \\ * & -\lambda_1 I \\ * & * \\ * & * \end{bmatrix}$$

$$\left. \begin{matrix} A_d & \widetilde{P}(E_1 + E_d)^{\mathrm{T}} \\ 0 & E_d^{\mathrm{T}} \\ -\lambda_2 I & E_d^{\mathrm{T}} \\ * & -\eta I \end{matrix} \right] < 0 \qquad (4.45)$$

则系统(4.40)渐近稳定,且 $u(t) = Kx(t)$ 为其状态反馈控制器,其中 $K = \widetilde{K}\widetilde{P}^{-\mathrm{T}}$。

证明　由

$$x(t-d(t)) = x(t) - \int_{t-d(t)}^{t} \dot{x}(s)\,\mathrm{d}s$$

有

$$\begin{aligned}
\dot{x}(t) &= (A+BK+DFE_1)x(t) + (A_d+DFE_d)\Big(x(t) - \int_{t-d(t)}^{t}\dot{x}(s)\,\mathrm{d}s\Big) \\
&= (A+BK+DFE_1+A_d+DFE_d)x(t) \\
&\quad - (A_d+DFE_d)\int_{t-d(t)}^{t}\big[(A+BK+DFE_1)x(s) \\
&\quad + (A_d+DFE_d)x(s-d(s))\big]\mathrm{d}s, \quad t>0
\end{aligned}$$

定义 Lyapunov-Krasovskii 泛函如下：

$$\begin{aligned}
V(x(t)) &= x^{\mathrm{T}}(t)Px(t) + \int_{t-d(t)}^{t} x^{\mathrm{T}}(s)PQP^{\mathrm{T}}x(s)\,\mathrm{d}s + \int_{-\tau}^{0}\int_{t+\theta}^{t} x^{\mathrm{T}}(s)P_1 x(s)\,\mathrm{d}s\,\mathrm{d}\theta \\
&\quad + \int_{-\tau}^{0}\int_{t-d(t)+\theta}^{t} x^{\mathrm{T}}(s)P_2 x(s)\,\mathrm{d}s\,\mathrm{d}\theta
\end{aligned}$$

其中，P、Q、P_1、P_2 是适当维数的正定矩阵，这样 $V(x(t))$ 就是正定的 Lyapunov-Krasovskii 泛函。

把 $V(x(t))$ 沿着系统(4.44)的任意轨迹进行微分，得

$$\begin{aligned}
\dot{V}(x(t))\Big|_{(4.44)} &= \frac{\mathrm{d}}{\mathrm{d}t}(x^{\mathrm{T}}(t)Px(t)) + \frac{\mathrm{d}}{\mathrm{d}t}\Big(\int_{t-d(t)}^{t} x^{\mathrm{T}}(s)PQP^{\mathrm{T}}x(s)\,\mathrm{d}s\Big) \\
&\quad + \frac{\mathrm{d}}{\mathrm{d}t}\Big(\int_{-\tau}^{0}\int_{t+\theta}^{t} x^{\mathrm{T}}(s)P_1 x(s)\,\mathrm{d}s\,\mathrm{d}\theta\Big) + \frac{\mathrm{d}}{\mathrm{d}t}\Big(\int_{-\tau}^{0}\int_{t-d(t)+\theta}^{t} x^{\mathrm{T}}(s)P_2 x(s)\,\mathrm{d}s\,\mathrm{d}\theta\Big)
\end{aligned}$$

其中

$$\begin{aligned}
&\frac{\mathrm{d}}{\mathrm{d}t}(x^{\mathrm{T}}(t)Px(t)) \\
&= \dot{x}^{\mathrm{T}}(t)Px(t) + x^{\mathrm{T}}(t)P\dot{x}(t) \\
&= 2x^{\mathrm{T}}(t)P\dot{x}(t) \\
&= 2x^{\mathrm{T}}(t)P\Big\{(A+DFE_1+BK+A_d+DFE_d)x(t) \\
&\quad - (A_d+DFE_d)\int_{t-d(t)}^{t}\big[(A+BK+DFE_1)x(s) + (A_d+DFE_d)x(s-d(s))\big]\mathrm{d}s\Big\} \\
&= 2x^{\mathrm{T}}(t)P(A+BK+DFE_1+A_d+DFE_d)x(t) \\
&\quad - 2x^{\mathrm{T}}(t)P(A_d+DFE_d)\int_{t-d(t)}^{t}(A+BK+DFE_1)x(s)\,\mathrm{d}s \\
&\quad - 2x^{\mathrm{T}}(t)P(A_d+DFE_d)\int_{t-d(t)}^{t}(A_d+DFE_d)x(s-d(s))\,\mathrm{d}s
\end{aligned}$$

由引理 4.4，取 $Q=\lambda_1 I, \lambda_2 I$，则当 $\lambda_1>0$、$\lambda_2>0$ 时，有

$$-2x^{\mathrm{T}}(t)P(A_d+DFE_d)\int_{t-d(t)}^{t}(A+BK+DFE_1)x(s)\mathrm{d}s$$

$$\leqslant \lambda_1^{-1}x^{\mathrm{T}}(t)P(A_d+DFE_d)(A_d+DFE_d)^{\mathrm{T}}Px(t)$$

$$+\lambda_1\left[-\int_{t-d(t)}^{t}(A+BK+DFE_1)x(s)\mathrm{d}s\right]^{\mathrm{T}}\left[-\int_{t-d(t)}^{t}(A+BK+DFE_1)x(s)\mathrm{d}s\right]$$

$$=\lambda_1^{-1}x^{\mathrm{T}}(t)P(A_d+DFE_d)(A_d+DFE_d)^{\mathrm{T}}Px(t)$$

$$+\lambda_1\int_{t-d(t)}^{t}x^{\mathrm{T}}(s)(A+BK+DFE_1)^{\mathrm{T}}\mathrm{d}s\int_{t-d(t)}^{t}(A+BK+DFE_1)x(s)\mathrm{d}s$$

$$\leqslant \lambda_1^{-1}x^{\mathrm{T}}(t)P(A_d+DFE_d)(A_d+DFE_d)^{\mathrm{T}}Px(t)$$

$$+\lambda_1\int_{t-d(t)}^{t}x^{\mathrm{T}}(s)(A+BK+DFE_1)^{\mathrm{T}}(A+BK+DFE_1)x(s)\mathrm{d}s$$

$$-2x^{\mathrm{T}}(t)P(A_d+DFE_d)\int_{t-d(t)}^{t}(A_d+DFE_d)x(s-d(s))\mathrm{d}s$$

$$\leqslant \lambda_2^{-1}x^{\mathrm{T}}(t)P(A_d+DFE_d)(A_d+DFE_d)^{\mathrm{T}}Px(t)$$

$$+\lambda_2\left[-\int_{t-d(t)}^{t}(A_d+DFE_d)x(s-d(s))\mathrm{d}s\right]^{\mathrm{T}}\left[-\int_{t-d(t)}^{t}(A_d+DFE_d)x(s-d(s))\mathrm{d}s\right]$$

$$=\lambda_2^{-1}x^{\mathrm{T}}(t)P(A_d+DFE_d)(A_d+DFE_d)^{\mathrm{T}}Px(t)$$

$$+\lambda_2\int_{t-d(t)}^{t}x^{\mathrm{T}}(s-d(s))(A_d+DFE_d)^{\mathrm{T}}\mathrm{d}s\int_{t-d(t)}^{t}(A_d+DFE_d)x(s-d(s))\mathrm{d}s$$

$$\leqslant \lambda_2^{-1}x^{\mathrm{T}}(t)P(A_d+DFE_d)(A_d+DFE_d)^{\mathrm{T}}Px(t)$$

$$+\lambda_2\int_{t-d(t)}^{t}x^{\mathrm{T}}(s-d(s))(A_d+DFE_d)^{\mathrm{T}}(A_d+DFE_d)x(s-d(s))\mathrm{d}s$$

$$\frac{\mathrm{d}}{\mathrm{d}t}\left(\int_{t-d(t)}^{t}x^{\mathrm{T}}(s)PQP^{\mathrm{T}}x(s)\mathrm{d}s\right)$$

$$=x^{\mathrm{T}}(t)PQP^{\mathrm{T}}x(t)-(1-\dot{d}(t))x^{\mathrm{T}}(t-d(t))PQP^{\mathrm{T}}x(t-d(t))$$

$$\leqslant x^{\mathrm{T}}(t)PQP^{\mathrm{T}}x(t)-(1-\mu)x^{\mathrm{T}}(t-d(t))PQP^{\mathrm{T}}x(t-d(t))$$

$$\frac{\mathrm{d}}{\mathrm{d}t}\left(\int_{-\tau}^{0}\int_{t+\theta}^{t}x^{\mathrm{T}}(s)P_1x(s)\mathrm{d}s\mathrm{d}\theta\right)$$

$$=\tau x^{\mathrm{T}}(t)P_1x(t)-\int_{-\tau}^{0}x^{\mathrm{T}}(t+\theta)P_1x(t+\theta)\mathrm{d}\theta$$

$$\frac{\mathrm{d}}{\mathrm{d}t}\left(\int_{-\tau}^{0}\int_{t-d(t)+\theta}^{t}x^{\mathrm{T}}(s)P_2x(s)\mathrm{d}s\mathrm{d}\theta\right)$$

$$=\tau x^{\mathrm{T}}(t)P_2x(t)-(1-\dot{d}(t))\int_{-\tau}^{0}x^{\mathrm{T}}(t-d(t)+\theta)P_2x(t-d(t)+\theta)\mathrm{d}\theta$$

$$\leqslant \tau x^{\mathrm{T}}(t)P_2x(t)-(1-\mu)\int_{-\tau}^{0}x^{\mathrm{T}}(t-d(t)+\theta)P_2x(t-d(t)+\theta)\mathrm{d}\theta$$

因此

$$
\begin{aligned}
\dot{V}(x(t))\Big|_{(4.44)} \leqslant & 2x^{\mathrm{T}}(t)P(A+BK+DFE_1+A_d+DFE_d)x(t)+x^{\mathrm{T}}(t)PQP^{\mathrm{T}}x(t) \\
& -(1-\mu)x^{\mathrm{T}}(t-d(t))PQP^{\mathrm{T}}x(t-d(t))+\tau x^{\mathrm{T}}(t)(P_1+P_2)x(t) \\
& +\lambda_1^{-1}x^{\mathrm{T}}(t)P(A_d+DFE_d)(A_d+DFE_d)^{\mathrm{T}}Px(t) \\
& +\lambda_2^{-1}x^{\mathrm{T}}(t)P(A_d+DFE_d)(A_d+DFE_d)^{\mathrm{T}}Px(t) \\
& +\lambda_1\int_{t-d(t)}^{t}x^{\mathrm{T}}(s)(A+BK+DFE_1)^{\mathrm{T}}(A+BK+DFE_1)x(s)\mathrm{d}s \\
& +\lambda_2\int_{t-d(t)}^{t}x^{\mathrm{T}}(s-d(s))(A_d+DFE_d)^{\mathrm{T}}(A_d+DFE_d)x(s-d(s))\mathrm{d}s \\
& -\int_{-\tau}^{0}x^{\mathrm{T}}(t+\theta)P_1x(t+\theta)\mathrm{d}\theta \\
& -(1-\mu)\int_{-\tau}^{0}x^{\mathrm{T}}(t-d(t)+\theta)P_2x(t-d(t)+\theta)\mathrm{d}\theta
\end{aligned}
$$

由已知条件(4.53),可知存在 $\alpha>0,\beta>0$,满足:

$$
x^{\mathrm{T}}(s)(A+BK+DFE_1)^{\mathrm{T}}(A+BK+DFE_1)x(s)\leqslant\alpha x^{\mathrm{T}}(s)x(s)
$$

$$
x^{\mathrm{T}}(s-d(s))(A_d+DFE_d)^{\mathrm{T}}(A_d+DFE_d)x(s-d(s))\leqslant\beta x^{\mathrm{T}}(s-d(s))x(s-d(s))
$$

则

$$
\begin{aligned}
\dot{V}(x(t))\Big|_{(4.44)} \leqslant & 2x^{\mathrm{T}}(t)P(A+BK+DFE_1+A_d+DFE_d)x(t)+x^{\mathrm{T}}(t)PQP^{\mathrm{T}}x(t) \\
& -(1-\mu)x^{\mathrm{T}}(t-d(t))PQP^{\mathrm{T}}x(t-d(t))+\tau x^{\mathrm{T}}(t)(P_1+P_2)x(t) \\
& +\lambda_1^{-1}x^{\mathrm{T}}(t)P(A_d+DFE_d)(A_d+DFE_d)^{\mathrm{T}}Px(t) \\
& +\lambda_2^{-1}x^{\mathrm{T}}(t)P(A_d+DFE_d)(A_d+DFE_d)^{\mathrm{T}}Px(t) \\
& +\lambda_1\int_{t-d(t)}^{t}x^{\mathrm{T}}(s)\alpha x(s)\mathrm{d}s \\
& +\lambda_2\int_{t-d(t)}^{t}x^{\mathrm{T}}(s-d(s))\beta x(s-d(s))\mathrm{d}s-\int_{-\tau}^{0}x^{\mathrm{T}}(s)P_1x(s)\mathrm{d}s \\
& -(1-\mu)\int_{-\tau}^{0}x^{\mathrm{T}}(s-d(s))P_2x(s-d(s))\mathrm{d}s
\end{aligned}
$$

又由式(4.41),得

$$
\begin{aligned}
-\int_{t-\tau}^{t}x^{\mathrm{T}}(s)P_1x(s)\mathrm{d}s = & -\left[\int_{t-\tau}^{t-d(t)}x^{\mathrm{T}}(s)P_1x(s)\mathrm{d}s+\int_{t-d(t)}^{t}x^{\mathrm{T}}(s)P_1x(s)\mathrm{d}s\right] \\
& -(1-\mu)\int_{t-\tau}^{t}x^{\mathrm{T}}(s-d(s))P_2x(s-d(s))\mathrm{d}s \\
= & -(1-\mu)\left[\int_{t-\tau}^{t-d(t)}x^{\mathrm{T}}(s-d(s))P_2x(s-d(s))\mathrm{d}s\right. \\
& \left.+(1-\mu)\int_{t-d(t)}^{t}x^{\mathrm{T}}(s-d(s))P_2x(s-d(s))\mathrm{d}s\right]
\end{aligned}
$$

取 $P_1=\lambda_1\alpha I,P_2=\lambda_2\beta I$,则

$$\dot{V}(x(t))\Big|_{(4.44)} \leqslant 2x^{\mathrm{T}}(t)P(A+BK+DFE_1+A_d+DFE_d)x(t)+x^{\mathrm{T}}(t)PQP^{\mathrm{T}}x(t)$$
$$-(1-\mu)x^{\mathrm{T}}(t-d(t))PQP^{\mathrm{T}}x(t-d(t))$$
$$+\tau x^{\mathrm{T}}(t)(P_1+P_2)x(t)+\lambda_1^{-1}x^{\mathrm{T}}(t)P(A_d+DFE_d)(A_d+DFE_d)^{\mathrm{T}}Px(t)$$
$$+\lambda_2^{-1}x^{\mathrm{T}}(t)P(A_d+DFE_d)(A_d+DFE_d)^{\mathrm{T}}Px(t)$$
$$-\int_{t-\tau}^{t-d(t)}x^{\mathrm{T}}(s)P_1x(s)\mathrm{d}s$$
$$-(1-\mu)\int_{t-\tau}^{t-d(t)}x^{\mathrm{T}}(s-d(s))P_2x(s-d(s))\mathrm{d}s$$
$$\leqslant 2x^{\mathrm{T}}(t)P(A+BK+DFE_1+A_d+DFE_d)x(t)+x^{\mathrm{T}}(t)PQP^{\mathrm{T}}x(t)$$
$$+\tau x^{\mathrm{T}}(t)(P_1+P_2)x(t)+\lambda_1^{-1}x^{\mathrm{T}}(t)P(A_d+DFE_d)(A_d+DFE_d)^{\mathrm{T}}Px(t)$$
$$+\lambda_2^{-1}x^{\mathrm{T}}(t)P(A_d+DFE_d)(A_d+DFE_d)^{\mathrm{T}}Px(t)$$
$$-(1-\mu)x^{\mathrm{T}}(t-d(t))Qx(t-d(t))$$
$$\stackrel{\mathrm{def}}{=\!=}x^{\mathrm{T}}(t)M(\varepsilon)x(t)-x^{\mathrm{T}}(t-d(t))(1-\mu)Qx(t-d(t))$$

其中

$$M=2P(A+BK+DFE_1+A_d+DFE_d)+PQP^{\mathrm{T}}+\tau(P_1+P_2)$$
$$+\lambda_1^{-1}P(A_d+DFE_d)(A_d+DFE_d)^{\mathrm{T}}P+\lambda_2^{-1}P(A_d+DFE_d)(A_d+DFE_d)^{\mathrm{T}}P$$

显然,若 $M(\varepsilon)<0$,$-x^{\mathrm{T}}(t-d(t))(1-\mu)Qx(t-d(t))<0$,则 $\dot{V}(x(t))\Big|_{(4.40)}<0$,系统渐近稳定。

由假设易知

$$-x^{\mathrm{T}}(t-d(t))(1-\mu)Qx(t-d(t))<0$$

成立。

做限定

$$\alpha I\leqslant PP^{\mathrm{T}},\quad \beta I\leqslant PP^{\mathrm{T}}$$

则

$$P^{-1}MP^{-\mathrm{T}}=2(A+BK+DFE_1+A_d+DFE_d)P^{-\mathrm{T}}+Q+\tau P^{-1}(\lambda_1\alpha I+\lambda_2\beta I)P^{-\mathrm{T}}$$
$$+\lambda_1^{-1}(A_d+DFE_d)(A_d+DFE_d)^{\mathrm{T}}+\lambda_2^{-1}(A_d+DFE_d)(A_d+DFE_d)^{\mathrm{T}}$$
$$\leqslant 2(A+BK+DFE_1+A_d+DFE_d)P^{-\mathrm{T}}$$
$$+Q+\tau P^{-1}(\lambda_1PP^{\mathrm{T}}+\lambda_2PP^{\mathrm{T}})P^{-\mathrm{T}}$$
$$+\lambda_1^{-1}(A_d+DFE_d)(A_d+DFE_d)^{\mathrm{T}}+\lambda_2^{-1}(A_d+DFE_d)(A_d+DFE_d)^{\mathrm{T}}$$
$$=(A+BK+DFE_1+A_d+DFE_d)P^{-\mathrm{T}}$$
$$+P^{-1}(A+BK+DFE_1+A_d+DFE_d)^{\mathrm{T}}+Q$$
$$+\tau(\lambda_1+\lambda_2)+\lambda_1^{-1}(A_d+DFE_d)(A_d+DFE_d)^{\mathrm{T}}$$
$$+\lambda_2^{-1}(A_d+DFE_d)(A_d+DFE_d)^{\mathrm{T}}$$
$$<0$$

由 Schur 补引理可知，$M<0$ 等价于下面矩阵不等式成立：

$$\begin{bmatrix} \Omega & A_d+DFE_d & A_d+DFE_d \\ * & -\lambda_1 I & 0 \\ * & * & -\lambda_2 I \end{bmatrix}<0 \tag{4.46}$$

其中

$$\Omega=(A+BK+DFE_1+A_d+DFE_d)P^{-T}+P^{-1}(A+BK+DFE_1+A_d+DFE_d)^T$$
$$+Q+\tau(\lambda_1+\lambda_2)I$$

为求解控制参数和控制律，把式 (4.46) 作如下处理，以消除不确定性：

$$P^{-1}MP^{-T}=\begin{bmatrix} \Pi & A_d & A_d \\ * & -\lambda_1 I & 0 \\ * & * & -\lambda_2 I \end{bmatrix}+\begin{bmatrix} \Sigma & DFE_d & DFE_d \\ * & 0 & 0 \\ * & * & 0 \end{bmatrix}$$

$$=\begin{bmatrix} \Pi & A_d & A_d \\ * & -\lambda_1 I & 0 \\ * & * & -\lambda_2 I \end{bmatrix}+\begin{bmatrix} D \\ 0 \\ 0 \end{bmatrix}F\left[(E_1+E_d)P^{-T} \quad E_d \quad E_d\right]$$

$$+\left[(E_1+E_d)P^{-T} \quad E_d \quad E_d\right]^T F^T\begin{bmatrix} D \\ 0 \\ 0 \end{bmatrix}^T$$

其中

$$\Pi=(A+BK+A_d)P^{-T}+P^{-1}(A+BK+A_d)^T+Q+\tau(\lambda_1+\lambda_2)I$$
$$\Sigma=(DFE_1+DFE_d)P^{-T}+P^{-1}(DFE_1+DFE_d)^T$$

由引理 4.1 可知，存在 $\eta>0$，使得 $P^{-1}MP^{-T}<0$ 等价于

$$\begin{bmatrix} \Pi & A_d & A_d \\ A_d^T & -\lambda_1 I & 0 \\ A_d^T & 0 & -\lambda_2 I \end{bmatrix}+\eta\begin{bmatrix} D \\ 0 \\ 0 \end{bmatrix}\left[D^T \quad 0 \quad 0\right]$$

$$+\eta^{-1}\begin{bmatrix} P^{-1}(E_1+E_d)^T \\ E_d^T \\ E_d^T \end{bmatrix}\left[(E_1+E_d)P^{-T} \quad E_d \quad E_d\right]<0$$

即

$$\begin{bmatrix} \begin{array}{c}(A+BK+A_d)P^{-T}+P^{-1}(A+BK+A_d)^T+Q \\ +\tau(\lambda_1+\lambda_2)I+\eta DD^T\end{array} & A_d & A_d & P^{-1}(E_1+E_d)^T \\ * & -\lambda_1 I & 0 & E_d^T \\ * & * & -\lambda_2 I & E_d^T \\ * & * & * & -\eta I \end{bmatrix}<0$$

定义 $P^{-1}=\widetilde{P}, K\widetilde{P}^T=\widetilde{K}$，得

$$
\begin{bmatrix}
A\widetilde{P}^{\mathrm{T}}+B\widetilde{K}+A_d\widetilde{P}^{\mathrm{T}}+\widetilde{P}A^{\mathrm{T}}+\widetilde{K}B^{\mathrm{T}}+\widetilde{P}A_d^{\mathrm{T}}+Q & A_d & A_d & \widetilde{P}(E_1+E_d)^{\mathrm{T}} \\
+\tau(\lambda_1+\lambda_2)I+\eta DD^{\mathrm{T}} & & & \\
* & -\lambda_1 I & 0 & E_d^{\mathrm{T}} \\
* & * & -\lambda_2 I & E_d^{\mathrm{T}} \\
* & * & * & -\eta I
\end{bmatrix}<0
$$

该式就是条件(4.45)，其对于变量 $\widetilde{P}$、$\widetilde{K}$、Q、λ_1、λ_2 和 η 是线性的，则 $u(t)=Kx(t)$ 就为系统(4.40)的状态反馈控制器，其中 $K=\widetilde{K}\widetilde{P}^{-\mathrm{T}}$。

证毕。

注 4.2　在系统(4.40)中，令 $E_1=0$，$E_d=0$，得到如下矩阵不等式：

$$
\begin{bmatrix}
\Delta & A_d & A_d & \widetilde{P} \\
* & -\lambda_1 I & 0 & 0 \\
* & * & -\lambda_2 I & 0 \\
* & * & * & -\eta I
\end{bmatrix}<0
$$

其中

$$
\Delta=A\widetilde{P}^{\mathrm{T}}+B\widetilde{K}+A_d\widetilde{P}^{\mathrm{T}}+\widetilde{P}A^{\mathrm{T}}+\widetilde{K}B^{\mathrm{T}}+\widetilde{P}A_d^{\mathrm{T}}+Q+\tau(\lambda_1+\lambda_2)I+\eta DD^{\mathrm{T}}
$$

这正是正常系统的稳定性条件[142]。

注 4.3　该状态反馈控制器可以设计为记忆的，以上情况均同。

本节考虑了一类带有时变时滞的不确定系统，研究系统的鲁棒控制器设计问题。所得控制器设计方法描述为线性矩阵不等式形式，容易利用现有优化方法求解相关问题[147]。与现有文献[142]相比，系统不确定性结构更加具体。除了应用4.3.3节中相应方法外，还对不确定性矩阵控制参数进行了有效限定，使得所得结果具有较大的实际应用价值和理论价值。因此，所提方法易于实现且具有广泛的应用前景。

注 4.4　对于含摄动的时滞线性不确定系统

$$
\begin{cases}
E(\varepsilon)\dot{x}(t)=(A+BK+DFE_1)x(t)+(A_d+DFE_d)x(t-d(t)), & t>0 \\
x(t)=\phi(t), & t\in[-2\tau,0)
\end{cases}
$$
$$
\tag{4.47}
$$

的控制器设计，可用类似于第3章的相应部分结合上面方法作出，在此不再赘述。

4.4　算　　例

例 4.1　考虑系统(4.15)，其中取

$$
A=\begin{bmatrix} 4 & 2 \\ 1 & 0 \end{bmatrix}, \quad A_d=\begin{bmatrix} 1 & 0 \\ 2 & 1 \end{bmatrix}, \quad D=\begin{bmatrix} 1 & 1 \end{bmatrix}
$$

$$E_1 = [0 \quad 1], \quad E_d = [1 \quad 0], \quad B = [0 \quad 1]$$

设 $\tau = 5, \mu = 0.5, \varepsilon = 0.5$,应用定理 4.4,得到

$$Z_1 = 0.1605, \quad Z_2 = 20.0817, \quad Z_3 = 0.4297, \quad Z_4 = 1.8161, \quad Z_5 = -3.7373$$

$$\widetilde{K} = [-3.1949 \quad -276.1317], \quad \widetilde{M} = \begin{bmatrix} 1370.3 & -89.3 \\ -89.3 & 2543 \end{bmatrix}, \quad Q = \begin{bmatrix} 0.6725 & -2.5486 \\ -2.5486 & 98.6534 \end{bmatrix}$$

$$\lambda = 61.6527, \quad \gamma = 2.7710$$

则 $u(t) = Kx(t)$ 为系统(4.15)的状态反馈控制律,其中

$$K = [-3.1949 \quad -276.1317] \begin{bmatrix} 0.1605 + 0.4297\varepsilon & -3.7373\varepsilon \\ -3.7373 & 20.0817 + 1.8161\varepsilon \end{bmatrix}^{-1}, \quad \varepsilon \in (0, 0.5]$$

例 4.1 说明定理 4.4 可行,且能够应用于不确定系统时变时滞非标准情形。

4.5　本章小结

本章针对具有范数有界不确定性参数的时滞奇异摄动系统,进行鲁棒稳定性分析及鲁棒控制器设计。首先给出补充定义,在此基础上用新方法给出了时滞相关和时滞无关两种情况下的系统鲁棒稳定的充分条件,以及状态反馈控制律求解定理,且均以线性矩阵不等式形式给出。其创新点在于,所用方法与现存文献相比具有较小的保守性,因为本章选取的是更一般的 Lyapunov-Krasovskii 泛函,可以用于研究其他相关时滞奇异摄动系统的分析和设计等问题。

控制领域研究的两大问题就是鲁棒控制和性能稳定。在被控对象含有某种不确定性的假设前提下,本章研究了如何消除不确定性使系统稳定的鲁棒控制方法。然而,对于一个比较复杂的实际系统而言,仅保证系统在含有时滞不确定性的情况下保持渐近稳定是远远不够的。如何设计一个控制器,使系统在接近标称状态的同时还尽可能地接近理想的设计指标,是需要考虑的问题,即保性能控制。第 5 章将研究这方面的内容。

第 5 章　时滞奇异摄动系统的保性能控制

5.1　引　　言

系统参数和外界摄动的不确定性,引发了对系统性能确定上界的研究,即系统保性能研究[150]。

对于一个实际控制系统,不确定性和时滞是普遍存在的,如何保证系统在含有时滞不确定性的情况下既保持渐近稳定,同时还满足某些性能指标要求,是一个具有实际意义的保性能控制问题。该问题由 Chang 和 Peng[55] 最初提出,近年来有许多学者针对这个问题作了许多积极有效的探讨[153-158]。

本章研究时滞奇异摄动系统的保性能控制问题。首先,设计一种新的二次 Lyapunov-Krasovskii 性能指标,对时滞无关与时滞相关两种情况进行讨论,得到较小的性能指标上界,给出奇异摄动系统保性能控制的充分性存在条件。然后,给出时滞奇异摄动不确定系统保性能控制的存在条件。最后,利用线性矩阵不等式的处理方法,对保性能控制器进行设计。在控制器存在的情况下,利用线性矩阵不等式求出控制器参数,得出控制器的具体设计形式。该方法可以推广到多状态滞后的保性能控制问题,其数值算例表明该方法对所研究系统保性能控制有效。

5.2　主　要　结　果

5.2.1　奇异摄动系统的保性能控制

考虑如下奇异摄动系统:

$$\begin{cases} E(\varepsilon)\dot{x}(t) = Ax(t) + Bu(t) \\ x(t) = \phi(t), \quad x(0) = x_0 \end{cases} \tag{5.1}$$

其中,$E(\varepsilon) = \begin{bmatrix} I_{n_1} & 0 \\ 0 & \varepsilon I_{n_2} \end{bmatrix} \in \mathbf{R}^{n \times n}$,$x(t) \in \mathbf{R}^n$ 是系统的状态向量,$\phi(t)$ 是系统的初始条件,$A \in \mathbf{R}^{n \times n}$ 是已知定常矩阵。

对于系统(5.1),定义二次型性能指标:

$$J = \int_0^\infty (x^{\mathrm{T}}(t)Qx(t) + u^{\mathrm{T}}(t)Ru(t))\mathrm{d}t \tag{5.2}$$

其中,Q 和 R 是给定的对称正定加权矩阵。

设
$$u = Kx(t)$$
其中,K 为适当维数的待定矩阵,则闭环系统成为
$$E(\varepsilon)\dot{x}(t) = (A + BK)x(t) \tag{5.3}$$

$$Z(\varepsilon) = \begin{bmatrix} Z_1 + \varepsilon Z_3 & \varepsilon Z_5^T \\ Z_5 & Z_2 + \varepsilon Z_4 \end{bmatrix}$$

定理 5.1　给定 $\varepsilon > 0$,对于系统(5.1)和性能指标(5.2),若存在矩阵 K 和矩阵 $Z_i(i=1,2,\cdots,5)$ 且 $Z_i = Z_i^T(i=1,2,3,4)$,满足下列矩阵不等式条件:

$$Z_1 > 0 \tag{5.4}$$

$$\begin{bmatrix} Z_1 + \bar{\varepsilon} Z_3 & \bar{\varepsilon} Z_5^T \\ \bar{\varepsilon} Z_5 & \bar{\varepsilon} Z_2 \end{bmatrix} > 0 \tag{5.5}$$

$$\begin{bmatrix} Z_1 + \bar{\varepsilon} Z_3 & \bar{\varepsilon} Z_5^T \\ \bar{\varepsilon} Z_5 & \bar{\varepsilon} Z_2 + \bar{\varepsilon}^2 Z_4 \end{bmatrix} > 0 \tag{5.6}$$

$$Z^T(0)(A+BK) + (A+BK)^T Z(0) + Q + K^T RK < 0 \tag{5.7}$$
$$Z^T(\bar{\varepsilon})(A+BK) + (A+BK)^T Z(\bar{\varepsilon}) + Q + K^T RK < 0 \tag{5.8}$$

则系统(5.1)渐近稳定,$u = Kx(t)$ 是系统(5.1)的一个保性能控制律,其性能指标满足:
$$J = \int_0^\infty (x^T(t)Qx(t) + u^T(t)Ru(t))\mathrm{d}t \leqslant J^*$$
其中,$J^* = x_0^T E(\varepsilon)Z(\varepsilon)x_0$ 是系统的一个性能上界,$\forall \varepsilon \in (0, \bar{\varepsilon}]$。

证明　选取 Lyapunov-Krasovskii 泛函如下:
$$V(x(t)) = x^T(t)E(\varepsilon)Z(\varepsilon)x(t) \tag{5.9}$$
则由矩阵 $E(\varepsilon)Z(\varepsilon)$ 的正定性可推出 Lyapunov-Krasovskii 泛函 $V(x(t))$ 是正定的。

沿闭环系统(5.3)的任意轨迹,$V(x(t))$ 关于时间 t 的导数为
$$
\begin{aligned}
\dot{V}(x(t))\Big|_{(5.3)} &= \frac{\mathrm{d}}{\mathrm{d}t}(x^T(t)E(\varepsilon)Z(\varepsilon)x(t)) \\
&= \dot{x}^T(t)E(\varepsilon)Z(\varepsilon)x(t) + x^T(t)E(\varepsilon)Z(\varepsilon)\dot{x}(t) \\
&= 2x^T(t)(E(\varepsilon)Z(\varepsilon))^T\dot{x}(t) \\
&= 2x^T(t)Z^T(\varepsilon)E(\varepsilon)\dot{x}(t) \\
&= 2x^T(t)Z^T(\varepsilon)(A+BK)x(t) \\
&= x^T(t)[Z^T(\varepsilon)(A+BK) + (A+BK)^T Z(\varepsilon)]x(t)
\end{aligned}
$$

由条件(5.7)和(5.8),可知
$$Z^T(\varepsilon)(A+BK) + (A+BK)^T Z(\varepsilon) + Q + K^T RK < 0, \quad \forall \varepsilon \in (0, \bar{\varepsilon}]$$

得

$$Z^T(\varepsilon)(A+BK)+(A+BK)^T Z(\varepsilon) < -(Q+K^T RK) < 0$$

故有

$$\dot{V}(x(t))\Big|_{(5.3)} < -x^T(t)(Q+K^T RK)x(t) < 0$$

由 Lyapunov 稳定性理论，即系统(5.1)渐近稳定。

进一步，把上式两边对时间 t 从 0 到 ∞ 积分，得

$$V(x(\infty)) - V(x(0)) < -\int_0^{\infty} x^T(t)(Q+K^T RK)x(t)\mathrm{d}t$$

$$V(x(\infty)) + \int_0^{\infty} x^T(t)(Q+K^T RK)x(t)\mathrm{d}t < V(x(0))$$

利用闭环系统的渐近稳定性，即 $\lim\limits_{t\to\infty}x(t)=0$，得到 $V(x(\infty))=0$，所以

$$\int_0^{\infty}(x^T(t)Qx(t)+x^T(t)K^T RKx(t))\mathrm{d}t$$

$$\leqslant V(x(0))$$

$$= x^T(0)E(\varepsilon)Z(\varepsilon)x(0)$$

$$J = \int_0^{\infty}(x^T(t)Qx(t)+u^T(t)Ru(t))\mathrm{d}t \leqslant x_0^T E(\varepsilon)Z(\varepsilon)x_0$$

定义

$$J^* = x_0^T E(\varepsilon)Z(\varepsilon)x_0$$

则系统(5.1)的性能指标满足：

$$J \leqslant J^*$$

系统(5.1)渐近稳定，$u=Kx(t)$ 是系统(5.1)的一个保性能控制律，其性能指标满足：

$$J \leqslant J^*$$

其中，$J^* = x_0^T E(\varepsilon)Z(\varepsilon)x_0$ 是系统的一个性能上界。

证毕。

注 5.1　显然，矩阵不等式条件(5.7)和(5.8)关于变量 K、Z 不是线性的，可以用类似第 2 章的做法，使之线性化，这只需适当改变 Lyapunov-Krasovskii 泛函(5.9)即可，比较简单，在此不再赘述。

5.2.2　时滞系统的保性能控制

1. 时不变时滞系统的保性能控制

考虑下面系统：

$$\begin{cases} E(\varepsilon)\dot{x}(t)=Ax(t)+A_d x(t-d)+Bu(t) \\ x(t)=\phi(t), \quad t\in[-\tau,0) \end{cases} \tag{5.10}$$

设 $u = Kx(t)$，则闭环系统成为

$$E(\varepsilon)\dot{x}(t) = (A + BK)x(t) + A_d x(t - d) \tag{5.11}$$

其中，$x(t) \in \mathbf{R}^n$ 是系统的状态向量，$u(t) \in \mathbf{R}^m$ 是控制输入，$\phi(t)$ 是系统的初始条件；$E(\varepsilon) = \begin{bmatrix} I_{n_1} & 0 \\ 0 & \varepsilon I_{n_2} \end{bmatrix} \in \mathbf{R}^{n \times n}$；$A \in \mathbf{R}^{n \times n}$、$A_d \in \mathbf{R}^{n \times n}$ 和 $B \in \mathbf{R}^{n \times m}$ 是已知定常矩阵。

定义系统的性能指标为

$$J = \int_0^\infty (x^T(t)Qx(t) + u^T(t)Ru(t))\mathrm{d}t \tag{5.12}$$

其中，$Q > 0$、$R > 0$ 是待定的对称正定矩阵。

定理 5.2　给定 $\varepsilon > 0$，对于系统(5.10)和性能指标(5.12)，若存在适当维数的矩阵 K，对称正定矩阵 $S > 0$ 和 $Z_i(i = 1, 2, \cdots, 5)$ 且 $Z_i = Z_i^T(i = 1, 2, 3, 4)$，满足下列矩阵不等式条件：

$$Z_1 > 0 \tag{5.13}$$

$$\begin{bmatrix} Z_1 + \bar{\varepsilon} Z_3 & \bar{\varepsilon} Z_5^T \\ \bar{\varepsilon} Z_5 & \bar{\varepsilon} Z_2 \end{bmatrix} > 0 \tag{5.14}$$

$$\begin{bmatrix} Z_1 + \bar{\varepsilon} Z_3 & \bar{\varepsilon} Z_5^T \\ \bar{\varepsilon} Z_5 & \bar{\varepsilon} Z_2 + \bar{\varepsilon}^2 Z_4 \end{bmatrix} > 0 \tag{5.15}$$

$$\begin{bmatrix} Z^{-T}(0)(A + BK) + (A + BK)^T Z^{-1}(0) + Z^{-T}(0)SZ^{-1}(0) + Q + K^T RK & Z^{-T}(0)A_d \\ * & -Z^{-T}(0)SZ^{-1}(0) \end{bmatrix} < 0 \tag{5.16}$$

$$\begin{bmatrix} Z^{-T}(\bar{\varepsilon})(A + BK) + (A + BK)^T Z^{-1}(\bar{\varepsilon}) + Z^{-T}(\bar{\varepsilon})SZ^{-1}(\bar{\varepsilon}) + Q + K^T RK & Z^{-T}(\bar{\varepsilon})A_d \\ * & -Z^{-T}(\bar{\varepsilon})SZ^{-1}(\bar{\varepsilon}) \end{bmatrix} < 0 \tag{5.17}$$

其中，$Z(\varepsilon) = \begin{bmatrix} Z_1 + \varepsilon Z_3 & \varepsilon Z_5^T \\ Z_5 & Z_2 + \varepsilon Z_4 \end{bmatrix}$，则 $u = Kx(t)$ 就是系统(5.10)的一个状态反馈保性能控制律，并且性能指标值：

$$J^* = x_0^T Z^{-T}(\varepsilon)E(\varepsilon)x_0 + \int_{-d}^0 \phi^T(t)Z^{-T}(\varepsilon)SZ^{-1}(\varepsilon)\phi(t)\mathrm{d}t$$

即闭环性能指标(5.12)满足：

$$J < x_0^T Z^{-T}(\varepsilon)E(\varepsilon)x_0 + \int_{-d}^0 \phi^T(t)Z^{-T}(\varepsilon)SZ^{-1}(\varepsilon)\phi(t)\mathrm{d}t, \quad \forall \varepsilon \in (0, \bar{\varepsilon}]$$

证明　选取 Lyapunov-Krasovskii 泛函如下：

$$V(x(t)) = x^T(t)Z^{-T}(\varepsilon)E(\varepsilon)x(t) + \int_{t-d}^t x^T(\tau)Z^{-T}(\varepsilon)SZ^{-1}(\varepsilon)x(\tau)\mathrm{d}\tau$$

其中,$S>0$ 是对称正定矩阵。

$$\dot{V}(x(t))\Big|_{(5.11)} = \frac{\mathrm{d}}{\mathrm{d}t}(x^{\mathrm{T}}(t)Z^{-\mathrm{T}}(\varepsilon)E(\varepsilon)x(t)) + \frac{\mathrm{d}}{\mathrm{d}t}\left(\int_{t-d}^{t} x^{\mathrm{T}}(\tau)Z^{-\mathrm{T}}(\varepsilon)SZ^{-1}(\varepsilon)x(\tau)\mathrm{d}\tau\right)$$

$$\stackrel{\mathrm{def}}{=} \xi^{\mathrm{T}}(t)H(\varepsilon)\xi(t)$$

其中

$$\xi(t) = [x^{\mathrm{T}}(t) \quad x^{\mathrm{T}}(t-d)]^{\mathrm{T}}$$

$$H(\varepsilon) = \begin{bmatrix} Z^{-\mathrm{T}}(\varepsilon)(A+BK)+(A+BK)^{\mathrm{T}}Z^{-1}(\varepsilon)+Z^{-\mathrm{T}}(\varepsilon)SZ^{-1}(\varepsilon) & Z^{-\mathrm{T}}(\varepsilon)A_d \\ * & -Z^{-\mathrm{T}}(\varepsilon)SZ^{-1}(\varepsilon) \end{bmatrix}$$

$$(5.18)$$

由条件(5.16)和(5.17)有

$$\begin{bmatrix} Z^{-\mathrm{T}}(\varepsilon)(A+BK)+(A+BK)^{\mathrm{T}}Z^{-1}(\varepsilon)+Z^{-\mathrm{T}}(\varepsilon)SZ^{-1}(\varepsilon)+Q+K^{\mathrm{T}}RK \\ * \end{bmatrix}$$

$$\begin{bmatrix} Z^{-\mathrm{T}}(\varepsilon)A_d \\ -Z^{-\mathrm{T}}(\varepsilon)SZ^{-1}(\varepsilon) \end{bmatrix} < 0 \qquad (5.19)$$

即

$$\begin{bmatrix} Z^{-\mathrm{T}}(\varepsilon)(A+BK)+(A+BK)^{\mathrm{T}}Z^{-1}(\varepsilon)+Z^{-\mathrm{T}}(\varepsilon)SZ^{-1}(\varepsilon) & Z^{-\mathrm{T}}(\varepsilon)A_d \\ * & -Z^{-\mathrm{T}}(\varepsilon)SZ^{-1}(\varepsilon) \end{bmatrix}$$

$$+ \begin{bmatrix} Q+K^{\mathrm{T}}RK & 0 \\ 0 & 0 \end{bmatrix} < 0$$

则

$$H(\varepsilon) = \begin{bmatrix} Z^{-\mathrm{T}}(\varepsilon)(A+BK)+(A+BK)^{\mathrm{T}}Z^{-1}(\varepsilon)+Z^{-\mathrm{T}}(\varepsilon)SZ^{-1}(\varepsilon) & Z^{-\mathrm{T}}(\varepsilon)A_d \\ * & -Z^{-\mathrm{T}}(\varepsilon)SZ^{-1}(\varepsilon) \end{bmatrix}$$

$$< - \begin{bmatrix} Q+K^{\mathrm{T}}RK & 0 \\ 0 & 0 \end{bmatrix}$$

所以

$$\dot{V}(x(t))\Big|_{(5.11)} < \xi^{\mathrm{T}}(t)H(\varepsilon)\xi(t) < (x^{\mathrm{T}}(t) \quad x^{\mathrm{T}}(t-d))\left(-\begin{bmatrix} Q+K^{\mathrm{T}}RK & 0 \\ 0 & 0 \end{bmatrix}\right)\begin{bmatrix} x(t) \\ x(t-d) \end{bmatrix}$$

$$= x^{\mathrm{T}}(t)[-(Q+K^{\mathrm{T}}RK)]x(t) < 0$$

把该式两端从 $t=0$ 到 $t=\infty$ 积分,得

$$\int_0^{\infty} \dot{V}(x(t))\mathrm{d}t < -\int_0^{\infty} x^{\mathrm{T}}(t)(Q+K^{\mathrm{T}}RK)x(t)$$

$$V(x(\infty)) - V(x(0)) < -\int_0^{\infty} (x^{\mathrm{T}}(t)Qx(t)+x^{\mathrm{T}}(t)K^{\mathrm{T}}RKx(t))\mathrm{d}t$$

$$\int_0^{\infty} (x^{\mathrm{T}}(t)Qx(t)+x^{\mathrm{T}}(t)K^{\mathrm{T}}RKx(t))\mathrm{d}t + V(x(\infty)) < V(x(0))$$

利用闭环系统的渐近稳定性,即$\lim\limits_{t\to\infty}x(t)=0$,得到$V(x(\infty))=0$,故

$$\int_0^\infty (x^{\mathrm{T}}(t)Qx(t)+x^{\mathrm{T}}(t)K^{\mathrm{T}}RKx(t))\mathrm{d}t$$

$$\leqslant V(x(0))$$

$$=x^{\mathrm{T}}(0)Z^{-\mathrm{T}}(\varepsilon)E(\varepsilon)x(0)+\int_{-d}^0 x^{\mathrm{T}}(\tau)Z^{-\mathrm{T}}(\varepsilon)SZ^{-1}(\varepsilon)x(\tau)\mathrm{d}\tau$$

$$=x_0^{\mathrm{T}}Z^{-\mathrm{T}}(\varepsilon)E(\varepsilon)x_0+\int_{-d}^0 x^{\mathrm{T}}(t)Z^{-\mathrm{T}}(\varepsilon)SZ^{-1}(\varepsilon)x(t)\mathrm{d}t$$

即

$$J\leqslant x_0^{\mathrm{T}}Z^{-\mathrm{T}}(\varepsilon)E(\varepsilon)x_0+\int_{-d}^0 \phi^{\mathrm{T}}(t)Z^{-\mathrm{T}}(\varepsilon)SZ^{-1}(\varepsilon)\phi(t)\mathrm{d}t, \quad \forall\varepsilon\in(0,\bar\varepsilon]$$

则$u=Kx(t)$就是系统(5.10)的一个状态反馈保性能控制律,并且闭环性能指标(5.12)满足:

$$J<x_0^{\mathrm{T}}Z^{-\mathrm{T}}(\varepsilon)E(\varepsilon)x_0+\int_{-d}^0 \phi^{\mathrm{T}}(t)Z^{-\mathrm{T}}(\varepsilon)SZ^{-1}(\varepsilon)\phi(t)\mathrm{d}t$$

$$\stackrel{\mathrm{def}}{=\!=}J^*, \quad \forall\varepsilon\in(0,\bar\varepsilon]$$

证毕。

显然,定理 5.2 的假设条件关于变量不是线性的。下面进一步将其条件转化为一个容易验证和求解的线性矩阵不等式的可行性问题。

定理 5.3 给定$\varepsilon>0$,对于系统(5.10)和性能指标(5.12),若存在对称正定矩阵$S>0$、$\widetilde{Q}>0$、$\widetilde{R}>0$和适当维数的矩阵$\widetilde{K}$,使得

$$\begin{bmatrix} AZ(\varepsilon)+B\widetilde{K}+Z^{\mathrm{T}}(\varepsilon)A^{\mathrm{T}}+\widetilde{K}^{\mathrm{T}}B^{\mathrm{T}}+S & A_dZ(\varepsilon) & Z^{\mathrm{T}}(\varepsilon) & \widetilde{K}^{\mathrm{T}} \\ * & -S & 0 & 0 \\ * & * & -\widetilde{Q} & 0 \\ * & * & * & -\widetilde{R} \end{bmatrix}<0 \quad (5.20)$$

成立,则系统(5.10)是二次稳定的,且性能指标满足式(5.12),其状态反馈保性能控制律为$u(t)=\widetilde{K}Z^{-1}(\varepsilon)x(t)$。

证明 对式(5.19)左侧矩阵左乘对角矩阵$\mathrm{diag}\{Z^{\mathrm{T}}(\varepsilon),Z^{\mathrm{T}}(\varepsilon)\}$、右乘其转置,即式(5.19)等价于

$$\begin{bmatrix} (A+BK)Z(\varepsilon)+Z^{\mathrm{T}}(\varepsilon)(A+BK)^{\mathrm{T}}+S+Z^{\mathrm{T}}(\varepsilon)QZ(\varepsilon)+Z^{\mathrm{T}}(\varepsilon)K^{\mathrm{T}}RKZ(\varepsilon) & A_dZ(\varepsilon) \\ * & -S \end{bmatrix}<0$$

$$\begin{bmatrix} (A+BK)Z(\varepsilon)+Z^{\mathrm{T}}(\varepsilon)(A+BK)^{\mathrm{T}}+S & A_dZ(\varepsilon) & Z^{\mathrm{T}}(\varepsilon) & Z^{\mathrm{T}}(\varepsilon)K^{\mathrm{T}} \\ Z^{\mathrm{T}}(\varepsilon)A_d^{\mathrm{T}} & -S & 0 & 0 \\ Z(\varepsilon) & 0 & -Q^{-1} & 0 \\ KZ(\varepsilon) & 0 & 0 & -R^{-1} \end{bmatrix}<0$$

记$KZ(\varepsilon)=\widetilde{K},Q^{-1}=\widetilde{Q},R^{-1}=\widetilde{R}$,则上式变为

$$\begin{bmatrix} AZ(\varepsilon)+B\tilde{K}+Z^{\mathrm{T}}(\varepsilon)A^{\mathrm{T}}+\tilde{K}^{\mathrm{T}}B^{\mathrm{T}}+S & A_dZ(\varepsilon) & Z^{\mathrm{T}}(\varepsilon) & \tilde{K}^{\mathrm{T}} \\ * & -S & 0 & 0 \\ * & * & -\tilde{Q} & 0 \\ * & * & * & -\tilde{R} \end{bmatrix}<0$$

即式(5.20),它关于变量 $\tilde{K}$、$\tilde{Q}$、$\tilde{R}$ 和 S 是线性的,且 $u(t)=\tilde{K}Z^{-1}(\varepsilon)x(t)$。
证毕。

2. 时变时滞奇异摄动不确定系统的保性能控制

考虑下列系统:

$$\begin{cases} E(\varepsilon)\dot{x}(t)=(A+DF(t)E_1)x(t)+(A_d+DF(t)E_d)x(t-d(t))+(B+DFE_b)u(t) \\ x(t)=\phi(t),\quad t\in[-\tau,0],x(0)=x_0 \end{cases}$$

$$(5.21)$$

其中,A、A_d 是已知适当维数的实常矩阵,A 渐近稳定;D、E_1、E_d 是已知适当维数的实常矩阵,表示不确定性的结构信息;$d(t)$ 是时变时滞可微函数,满足条件

$$0\leqslant d(t)\leqslant\tau,\quad \dot{d}(t)\leqslant\mu<1$$

这里 τ 和 μ 是已知常数;$F(t)\in\mathbf{R}^{i\times j}$ 是范数有界的不确定系统模型参数矩阵,具有如下结构

$$F^{\mathrm{T}}(t)F(t)\leqslant I$$

性能指标设为

$$J=\int_0^\infty(x^{\mathrm{T}}(t)Z^{-\mathrm{T}}(\varepsilon)SZ^{-1}(\varepsilon)x(t)+u^{\mathrm{T}}(t)Ru(t))\mathrm{d}t \qquad (5.22)$$

设 $u(t)=Kx(t)$,则闭环系统成为

$$E(\varepsilon)\dot{x}(t)=(A+DF(t)E_1+BK+DFE_bK)x(t)+(A_d+DF(t)E_d)x(t-d(t))$$

$$(5.23)$$

定理 5.4　给定 $\varepsilon>0$,对于系统(5.21)和性能指标(5.22),若存在适当维数的矩阵 K,对称正定矩阵 $S>0$、$M>0$ 和 $Z_i(i=1,2,\cdots,5)$ 且 $Z_i=Z_i^{\mathrm{T}}(i=1,2,3,4)$,满足下列矩阵不等式条件:

$$Z_1>0 \qquad (5.24)$$

$$\begin{bmatrix} Z_1+\bar{\varepsilon}Z_3 & \bar{\varepsilon}Z_5^{\mathrm{T}} \\ \bar{\varepsilon}Z_5 & \bar{\varepsilon}Z_2 \end{bmatrix}>0 \qquad (5.25)$$

$$\begin{bmatrix} Z_1+\bar{\varepsilon}Z_3 & \bar{\varepsilon}Z_5^{\mathrm{T}} \\ \bar{\varepsilon}Z_5 & \bar{\varepsilon}Z_2+\bar{\varepsilon}^2Z_4 \end{bmatrix}>0 \qquad (5.26)$$

$$\begin{bmatrix} \Sigma(0) & \Xi(0) \\ * & \begin{aligned}&-(1-\mu)Z^{-\mathrm{T}}(0)QZ^{-1}(0)\\&+\tau(A_d+DFE_d)^{\mathrm{T}}M(A_d+DFE_d)\end{aligned} \end{bmatrix}<0 \qquad (5.27)$$

其中

$$\Sigma(0) = Z^{-T}(0)[A+BK+DF(E_1+E_bK)]+[A+BK+DF(E_1+E_bK)]^T Z^{-1}(0)$$
$$+\tau[A+BK+DF(E_1+E_bK)]^T M[A+BK+DF(E_1+E_bK)]$$
$$+Z^{-T}(0)QZ^{-1}(0)+Z^{-T}(0)SZ^{-1}(0)+K^T RK$$

$$\Xi(0)=Z^{-T}(0)(A_d+DFE_d)+\tau[A+BK+DF(E_1+E_bK)]^T M(A_d+DFE_d)$$

$$\begin{bmatrix} \Sigma(\bar{\varepsilon}) & \Xi(\bar{\varepsilon}) \\ * & \begin{matrix}-(1-\mu)Z^{-T}(\bar{\varepsilon})QZ^{-1}(\bar{\varepsilon})\\ +\tau(A_d+DFE_d)^T M(A_d+DFE_d)\end{matrix} \end{bmatrix} < 0 \qquad (5.28)$$

其中

$$\Sigma(\bar{\varepsilon}) = Z^{-T}(\bar{\varepsilon})[A+BK+DF(E_1+E_bK)]+[A+BK+DF(E_1+E_bK)]^T Z^{-1}(\bar{\varepsilon})$$
$$+\tau[A+BK+DF(E_1+E_bK)]^T M[A+BK+DF(E_1+E_bK)]$$
$$+Z^{-T}(\bar{\varepsilon})QZ^{-1}(\bar{\varepsilon})+Z^{-T}(\bar{\varepsilon})SZ^{-1}(\bar{\varepsilon})+K^T RK$$

$$\Xi(\bar{\varepsilon})=Z^{-T}(\bar{\varepsilon})(A_d+DFE_d)+\tau[A+BK+DF(E_1+E_bK)]^T M(A_d+DFE_d)$$

则 $u=Kx(t)$ 就是系统(5.21)的一个状态反馈保性能控制律,并且闭环性能指标满足:

$$J \leqslant J^*$$

其中

$$J^* = x_0^T Z^{-T}(\varepsilon)E(\varepsilon)x_0 + \int_{-d(0)}^0 x^T(t)Z^{-T}(\varepsilon)QZ^{-1}(\varepsilon)x(t)\mathrm{d}t$$
$$+\int_{-\tau}^0 \int_{-d(0)+\theta}^0 (E(\varepsilon)\dot{x}(t))^T M E(\varepsilon)\dot{x}(t)\mathrm{d}t\mathrm{d}\theta, \quad \forall \varepsilon \in (0,\bar{\varepsilon}]$$

证明　记 $Z(\varepsilon)=\begin{bmatrix} Z_1+\varepsilon Z_3 & \varepsilon Z_5^T \\ Z_5 & Z_2+\varepsilon Z_4 \end{bmatrix}$,选取 Lyapunov-Krasovskii 泛函如下:

$$V(x(t)) = x^T(t)Z^{-T}(\varepsilon)E(\varepsilon)x(t) + \int_{t-d(t)}^t x^T(s)Z^{-T}(\varepsilon)QZ^{-1}(\varepsilon)x(s)\mathrm{d}s$$
$$+\int_{-\tau}^0 \int_{t-d(t)+\theta}^t (E(\varepsilon)\dot{x}(s))^T M E(\varepsilon)\dot{x}(s)\mathrm{d}s\mathrm{d}\theta$$

把 $V(x(t))$ 沿着闭环系统(5.23)的任意轨迹进行微分,得

$$\dot{V}(x(t))\Big|_{(5.23)} \stackrel{\text{def}}{=} \xi^{\mathrm{T}}(t)W(\varepsilon)\xi(t)$$

其中

$$\xi(t) = [x^{\mathrm{T}}(t) \quad x^{\mathrm{T}}(t-d(t))]^{\mathrm{T}}$$

$$W(\varepsilon) = \begin{bmatrix} Z^{-\mathrm{T}}(\varepsilon)[A+BK+DF(E_1+E_bK)] \\ +[A+BK+DF(E_1+E_bK)]^{\mathrm{T}}Z^{-1}(\varepsilon) \\ +\tau[A+BK+DF(E_1+E_bK)]^{\mathrm{T}}M[A+BK+DF(E_1+E_bK)] \\ +Z^{-\mathrm{T}}(\varepsilon)QZ^{-1}(\varepsilon) \\ \\ (A_d+DFE_d)^{\mathrm{T}}Z^{-1}(\varepsilon) \\ +\tau(A_d+DFE_d)^{\mathrm{T}}M[A+BK+DF(E_1+E_bK)] \end{bmatrix}$$

$$\begin{matrix} Z^{-\mathrm{T}}(\varepsilon)(A_d+DFE_d)+\tau[A+BK \\ +DF(E_1+E_bK)]^{\mathrm{T}}M(A_d+DFE_d) \\ \\ -(1-\mu)Z^{-\mathrm{T}}(\varepsilon)QZ^{-1}(\varepsilon) \\ +\tau(A_d+DFE_d)^{\mathrm{T}}M(A_d+DFE_d) \end{matrix} \Bigg]$$

由已知式(5.27)和式(5.28)得

$$\begin{bmatrix} Z^{-\mathrm{T}}(\varepsilon)[A+BK+DF(E_1+E_bK)] \\ +[A+BK+DF(E_1+E_bK)]^{\mathrm{T}}Z^{-1}(\varepsilon) \\ +\tau[A+BK+DF(E_1+E_bK)]^{\mathrm{T}}M[A+BK+DF(E_1+E_bK)] \\ +Z^{-\mathrm{T}}(\varepsilon)QZ^{-1}(\varepsilon)+Z^{-\mathrm{T}}(\varepsilon)SZ^{-1}(\varepsilon)+K^{\mathrm{T}}RK \\ \\ (A_d+DFE_d)^{\mathrm{T}}Z^{-1}(\varepsilon) \\ +\tau(A_d+DFE_d)^{\mathrm{T}}M[A+BK+DF(E_1+E_bK)] \end{bmatrix}$$

$$\begin{matrix} Z^{-\mathrm{T}}(\varepsilon)(A_d+DFE_d)+\tau[A+BK \\ +DF(E_1+E_bK)]^{\mathrm{T}}M(A_d+DFE_d) \\ \\ -(1-\mu)Z^{-\mathrm{T}}(\varepsilon)QZ^{-1}(\varepsilon) \\ +\tau(A_d+DFE_d)^{\mathrm{T}}M(A_d+DFE_d) \end{matrix} \Bigg] < 0 \qquad (5.29)$$

$$
\begin{bmatrix}
\begin{array}{l}
Z^{-\mathrm{T}}(\varepsilon)[A+BK+DF(E_1+E_bK)] \\
+[A+BK+DF(E_1+E_bK)]^{\mathrm{T}}Z^{-1}(\varepsilon) \\
+\tau[A+BK+DF(E_1+E_bK)]^{\mathrm{T}}M[A+BK+DF(E_1+E_bK)] \\
+Z^{-\mathrm{T}}(\varepsilon)QZ^{-1}(\varepsilon) \\
\\
(A_d+DFE_d)^{\mathrm{T}}Z^{-1}(\varepsilon) \\
+\tau(A_d+DFE_d)^{\mathrm{T}}M[A+BK+DF(E_1+E_bK)]
\end{array}
&
\begin{array}{l}
Z^{-\mathrm{T}}(\varepsilon)(A_d+DFE_d) \\
+\tau[A+BK+DF(E_1+E_bK)]^{\mathrm{T}}M(A_d+DFE_d) \\
\\
\\
-(1-\mu)Z^{-\mathrm{T}}(\varepsilon)QZ^{-1}(\varepsilon) \\
+\tau(A_d+DFE_d)^{\mathrm{T}}M(A_d+DFE_d)
\end{array}
\end{bmatrix}
$$

$$
+\begin{bmatrix}
Z^{-\mathrm{T}}(\varepsilon)SZ^{-1}(\varepsilon)+K^{\mathrm{T}}RK & 0 \\
0 & 0
\end{bmatrix}<0
$$

即

$$
W(\varepsilon)=
\begin{bmatrix}
\begin{array}{l}
Z^{-\mathrm{T}}(\varepsilon)[A+BK+DF(E_1+E_bK)] \\
+[A+BK+DF(E_1+E_bK)]^{\mathrm{T}}Z^{-1}(\varepsilon) \\
+\tau[A+BK+DF(E_1+E_bK)]^{\mathrm{T}}M[A+BK+DF(E_1+E_bK)] \\
+Z^{-\mathrm{T}}(\varepsilon)QZ^{-1}(\varepsilon) \\
\\
(A_d+DFE_d)^{\mathrm{T}}Z^{-1}(\varepsilon) \\
+\tau(A_d+DFE_d)^{\mathrm{T}}M[A+BK+DF(E_1+E_bK)]
\end{array}
&
\begin{array}{l}
Z^{-\mathrm{T}}(\varepsilon)(A_d+DFE_d)+\tau[A+BK \\
+DF(E_1+E_bK)]^{\mathrm{T}}M(A_d+DFE_d) \\
\\
\\
-(1-\mu)Z^{-\mathrm{T}}(\varepsilon)QZ^{-1}(\varepsilon) \\
+\tau(A_d+DFE_d)^{\mathrm{T}}M(A_d+DFE_d)
\end{array}
\end{bmatrix}
$$

$$
<-\begin{bmatrix}
Z^{-\mathrm{T}}(\varepsilon)SZ^{-1}(\varepsilon)+K^{\mathrm{T}}RK & 0 \\
0 & 0
\end{bmatrix}
$$

故有

$$\dot{V}(x(t))\Big|_{(5.23)} < -x^{T}(t)(Z^{-T}(\varepsilon)SZ^{-1}(\varepsilon)+K^{T}RK)x(t)$$

$$V(x(\infty))-V(x(0)) < -\int_{0}^{\infty}\left[x^{T}(t)(Z^{-T}(\varepsilon)SZ^{-1}(\varepsilon)+K^{T}RK)x(t)\right]dt$$

利用闭环系统的渐近稳定性,即 $\lim\limits_{t\to\infty}x(t)=0$,得

$$\int_{0}^{\infty}\left[x^{T}(t)(Z^{-T}(\varepsilon)SZ^{-1}(\varepsilon)+K^{T}RK)x(t)\right]dt$$

$$\leqslant x_{0}^{T}Z^{-T}(\varepsilon)E(\varepsilon)x_{0}+\int_{-d(0)}^{0}x^{T}(t)Z^{-T}(\varepsilon)QZ^{-1}(\varepsilon)x(t)dt$$

$$+\int_{-\tau}^{0}\int_{-d(0)+\theta}^{0}(E(\varepsilon)\dot{x}(t))^{T}ME(\varepsilon)\dot{x}(t)dtd\theta$$

即

$$J=\int_{0}^{\infty}(x^{T}(t)Z^{-T}(\varepsilon)SZ^{-1}(\varepsilon)x(t)+u^{T}(t)Ru(t))dt$$

$$\leqslant x_{0}^{T}Z^{-T}(\varepsilon)E(\varepsilon)x_{0}+\int_{-d(0)}^{0}x^{T}(t)Z^{-T}(\varepsilon)QZ^{-1}(\varepsilon)x(t)dt$$

$$+\int_{-\tau}^{0}\int_{-d(0)+\theta}^{0}(E(\varepsilon)\dot{x}(t))^{T}ME(\varepsilon)\dot{x}(t)dtd\theta$$

$$\stackrel{\text{def}}{=\!=}J^{*}$$

证毕。

对式(5.29)左侧矩阵左乘对角矩阵 $\mathrm{diag}\{Z^{T}(\varepsilon),Z^{T}(\varepsilon)\}$、右乘其转置,则式(5.29)等价于

$$
\begin{bmatrix}
\begin{aligned}
&[A+BK+DF(E_{1}+E_{b}K)]Z(\varepsilon)\\
&+Z^{T}(\varepsilon)[A+BK+DF(E_{1}+E_{b}K)]^{T}\\
&+\tau Z^{T}(\varepsilon)[A+BK+DF(E_{1}+E_{b}K)]^{T}M[A+BK+DF(E_{1}+E_{b}K)]Z(\varepsilon)\\
&+Q+S+Z^{T}(\varepsilon)K^{T}RKZ(\varepsilon)
\end{aligned}
&
\begin{aligned}
&(A_{d}+DFE_{d})Z(\varepsilon)\\
&\quad+\tau Z^{T}(\varepsilon)[A+BK+DF(E_{1}+E_{b}K)]^{T}M(A_{d}+DFE_{d})Z(\varepsilon)
\end{aligned}\\[2em]
\begin{aligned}
&Z^{T}(\varepsilon)(A_{d}+DFE_{d})^{T}\\
&+\tau Z^{T}(\varepsilon)(A_{d}+DFE_{d})^{T}M[A+BK+DF(E_{1}+E_{b}K)]Z(\varepsilon)
\end{aligned}
&
\begin{aligned}
&-(1-\mu)Q\\
&+\tau Z^{T}(\varepsilon)(A_{d}+DFE_{d})^{T}M(A_{d}+DFE_{d})Z(\varepsilon)
\end{aligned}
\end{bmatrix} < 0
$$

$$\begin{bmatrix} (A+BK)Z(\varepsilon)+Z^{\mathrm{T}}(\varepsilon)(A+BK)^{\mathrm{T}}+Q+S+Z^{\mathrm{T}}(\varepsilon)K^{\mathrm{T}}RKZ(\varepsilon) & A_dZ(\varepsilon) \\ Z^{\mathrm{T}}(\varepsilon)(A_d+DFE_d)^{\mathrm{T}} & -(1-\mu)Q \end{bmatrix}$$

$$+\begin{bmatrix} DF(E_1+E_bK)Z(\varepsilon)+Z^{\mathrm{T}}(\varepsilon)DF(E_1+E_bK)^{\mathrm{T}} \\ +\tau Z^{\mathrm{T}}(\varepsilon)[A+BK+DF(E_1+E_bK)]^{\mathrm{T}}M[A+BK+DF(E_1+E_bK)]Z(\varepsilon) \\ \tau Z^{\mathrm{T}}(\varepsilon)(A_d+DFE_d)^{\mathrm{T}}M[A+BK+DF(E_1+E_bK)]Z(\varepsilon) \end{bmatrix}$$

$$\left.\begin{matrix} DFE_dZ(\varepsilon) \\ +\tau Z^{\mathrm{T}}(\varepsilon)(A+BK+DF(E_1+E_bK))^{\mathrm{T}}M(A_d+DFE_d)Z(\varepsilon) \\ \tau Z^{\mathrm{T}}(\varepsilon)(A_d+DFE_d)^{\mathrm{T}}M(A_d+DFE_d)Z(\varepsilon) \end{matrix}\right]<0$$

采用与定理 4.5 的式 (4.46) 类似的推理, 可得

$$\begin{bmatrix} (A+BK)Z(\varepsilon)+Z^{\mathrm{T}}(\varepsilon)(A+BK)^{\mathrm{T}}+Q+\gamma DD^{\mathrm{T}}+S+Z^{\mathrm{T}}(\varepsilon)K^{\mathrm{T}}RKZ(\varepsilon) & A_dZ(\varepsilon) \\ Z^{\mathrm{T}}(\varepsilon)A_d^{\mathrm{T}} & -(1-\mu)Q \\ (A+BK)Z(\varepsilon)+\gamma DD^{\mathrm{T}} & A_dZ(\varepsilon) \\ (E_1+E_bK)Z(\varepsilon) & E_dZ(\varepsilon) \end{bmatrix}$$

$$\left.\begin{matrix} Z^{\mathrm{T}}(\varepsilon)(A+BK)^{\mathrm{T}}+\gamma DD^{\mathrm{T}} & Z^{\mathrm{T}}(\varepsilon)(E_1+E_bK)^{\mathrm{T}} \\ Z^{\mathrm{T}}(\varepsilon)A_d^{\mathrm{T}} & Z^{\mathrm{T}}(\varepsilon)E_d^{\mathrm{T}} \\ -\tau^{-1}M^{-1}+\gamma DD^{\mathrm{T}} & 0 \\ 0 & -\gamma I \end{matrix}\right]<0$$

$$\begin{bmatrix} (A+BK)Z(\varepsilon)+Z^{\mathrm{T}}(\varepsilon)(A+BK)^{\mathrm{T}}+Q+\gamma DD^{\mathrm{T}}+S & A_dZ(\varepsilon) \\ Z^{\mathrm{T}}(\varepsilon)A_d^{\mathrm{T}} & -(1-\mu)Q \\ (A+BK)Z(\varepsilon)+\gamma DD^{\mathrm{T}} & A_dZ(\varepsilon) \\ (E_1+E_bK)Z(\varepsilon) & E_dZ(\varepsilon) \\ KZ(\varepsilon) & 0 \end{bmatrix}$$

$$\left.\begin{matrix} Z^{\mathrm{T}}(\varepsilon)(A+BK)^{\mathrm{T}}+\gamma DD^{\mathrm{T}} & Z^{\mathrm{T}}(\varepsilon)(E_1+E_bK)^{\mathrm{T}} & Z^{\mathrm{T}}(\varepsilon)K^{\mathrm{T}} \\ Z^{\mathrm{T}}(\varepsilon)A_d^{\mathrm{T}} & Z^{\mathrm{T}}(\varepsilon)E_d^{\mathrm{T}} & 0 \\ -\tau^{-1}M^{-1}+\gamma DD^{\mathrm{T}} & 0 & 0 \\ 0 & -\gamma I & 0 \\ 0 & 0 & -R^{-1}I \end{matrix}\right]<0$$

记 $KZ(\varepsilon)=\widetilde{K},R^{-1}=\widetilde{R},M^{-1}=\widetilde{M}$, 则上式变为

$$
\left[
\begin{array}{cc}
AZ(\varepsilon)+B\widetilde{K}+Z^{\mathrm{T}}(\varepsilon)A^{\mathrm{T}}+\widetilde{K}^{\mathrm{T}}B^{\mathrm{T}}+Q+\gamma DD^{\mathrm{T}}+S & A_d Z(\varepsilon) \\
Z^{\mathrm{T}}(\varepsilon)A_d^{\mathrm{T}} & -(1-\mu)Q \\
AZ(\varepsilon)+B\widetilde{K}+\gamma DD^{\mathrm{T}} & A_d Z(\varepsilon) \\
E_b\widetilde{K}+E_1 Z(\varepsilon) & E_d Z(\varepsilon) \\
\widetilde{K} & 0
\end{array}
\right.
$$

$$
\left.
\begin{array}{cccc}
Z^{\mathrm{T}}(\varepsilon)A^{\mathrm{T}}+\widetilde{K}^{\mathrm{T}}B^{\mathrm{T}}+\gamma DD^{\mathrm{T}} & Z^{\mathrm{T}}(\varepsilon)E_1^{\mathrm{T}}+\widetilde{K}^{\mathrm{T}}E_b^{\mathrm{T}} & \widetilde{K}^{\mathrm{T}} \\
Z^{\mathrm{T}}(\varepsilon)A_d^{\mathrm{T}} & Z^{\mathrm{T}}(\varepsilon)E_d^{\mathrm{T}} & 0 \\
-\tau^{-1}\widetilde{M}+\gamma DD^{\mathrm{T}} & 0 & 0 \\
0 & -\gamma I & 0 \\
0 & 0 & -\widetilde{R}I
\end{array}
\right] < 0
$$

上式关于变量是线性的，即得如下定理。

定理 5.5　给定 $\varepsilon > 0$，对于系统(5.21)和性能指标(5.22)，若存在矩阵 $\widetilde{K}$，对称正定矩阵 $S > 0$、$\widetilde{M} > 0$、$\widetilde{R} > 0$、$Q > 0$，常数 $\gamma > 0$ 和矩阵 $Z_i(i=1,2,\cdots,5)$ 且 $Z_i = Z_i^{\mathrm{T}}(i=1,2,3,4)$，满足下列 LMI 条件：

$$
Z_1 > 0 \tag{5.30}
$$

$$
\left[
\begin{array}{cc}
Z_1+\bar{\varepsilon}Z_3 & \bar{\varepsilon}Z_5^{\mathrm{T}} \\
\bar{\varepsilon}Z_5 & \bar{\varepsilon}Z_2
\end{array}
\right] > 0 \tag{5.31}
$$

$$
\left[
\begin{array}{cc}
Z_1+\bar{\varepsilon}Z_3 & \bar{\varepsilon}Z_5^{\mathrm{T}} \\
\bar{\varepsilon}Z_5 & \bar{\varepsilon}Z_2+\bar{\varepsilon}^2 Z_4
\end{array}
\right] > 0 \tag{5.32}
$$

$$
\left[
\begin{array}{cc}
AZ(0)+B\widetilde{K}+Z^{\mathrm{T}}(0)A^{\mathrm{T}}+\widetilde{K}^{\mathrm{T}}B^{\mathrm{T}}+Q+\gamma DD^{\mathrm{T}}+S & A_d Z(0) \\
Z^{\mathrm{T}}(0)A_d^{\mathrm{T}} & -(1-\mu)Q \\
AZ(0)+B\widetilde{K}+\gamma DD^{\mathrm{T}} & A_d Z(0) \\
E_b\widetilde{K}+E_1 Z(0) & E_d Z(0) \\
\widetilde{K} & 0
\end{array}
\right.
$$

$$
\left.
\begin{array}{cccc}
Z^{\mathrm{T}}(0)A^{\mathrm{T}}+\widetilde{K}^{\mathrm{T}}B^{\mathrm{T}}+\gamma DD^{\mathrm{T}} & Z^{\mathrm{T}}(0)E_1^{\mathrm{T}}+\widetilde{K}^{\mathrm{T}}E_b^{\mathrm{T}} & \widetilde{K}^{\mathrm{T}} \\
Z^{\mathrm{T}}(0)A_d^{\mathrm{T}} & Z^{\mathrm{T}}(0)E_d^{\mathrm{T}} & 0 \\
-\tau^{-1}\widetilde{M}+\gamma DD^{\mathrm{T}} & 0 & 0 \\
0 & -\gamma I & 0 \\
0 & 0 & -\widetilde{R}I
\end{array}
\right] < 0 \tag{5.33}
$$

$$
\begin{bmatrix}
AZ(\bar{\varepsilon})+B\widetilde{K}+Z^{\mathrm{T}}(\bar{\varepsilon})A^{\mathrm{T}}+\widetilde{K}^{\mathrm{T}}B^{\mathrm{T}}+Q+\gamma DD^{\mathrm{T}}+S & A_d Z(\bar{\varepsilon}) \\
Z^{\mathrm{T}}(\bar{\varepsilon})A_d^{\mathrm{T}} & -(1-\mu)Q \\
AZ(\bar{\varepsilon})+B\widetilde{K}+\gamma DD^{\mathrm{T}} & A_d Z(\bar{\varepsilon}) \\
E_b\widetilde{K}+E_1 Z(\bar{\varepsilon}) & E_d Z(\bar{\varepsilon}) \\
\widetilde{K} & 0
\end{bmatrix}
$$

$$
\begin{bmatrix}
Z^{\mathrm{T}}(\bar{\varepsilon})A^{\mathrm{T}}+\widetilde{K}^{\mathrm{T}}B^{\mathrm{T}}+\gamma DD^{\mathrm{T}} & Z^{\mathrm{T}}(\bar{\varepsilon})E_1^{\mathrm{T}}+\widetilde{K}^{\mathrm{T}}E_b^{\mathrm{T}} & \widetilde{K}^{\mathrm{T}} \\
Z^{\mathrm{T}}(\bar{\varepsilon})A_d^{\mathrm{T}} & Z^{\mathrm{T}}(\bar{\varepsilon})E_d^{\mathrm{T}} & 0 \\
-\tau^{-1}\widetilde{M}+\gamma DD^{\mathrm{T}} & 0 & 0 \\
0 & -\gamma I & 0 \\
0 & 0 & -\widetilde{R}I
\end{bmatrix}<0 \tag{5.34}
$$

则 $u=\widetilde{K}Z^{-1}(\bar{\varepsilon})x(t)$ 就是系统(5.21)的一个状态反馈保性能控制律,并且闭环性能指标满足:

$$
J\leqslant J^*
$$

其中

$$
J^* = x_0^{\mathrm{T}}Z^{-\mathrm{T}}(\bar{\varepsilon})E(\bar{\varepsilon})x_0 + \int_{-d(0)}^{0} x^{\mathrm{T}}(t)Z^{-\mathrm{T}}(\bar{\varepsilon})QZ^{-1}(\bar{\varepsilon})x(t)\mathrm{d}t
$$

$$
+ \int_{-\tau}^{0}\int_{-d(0)+\theta}^{0} (E(\bar{\varepsilon})\dot{x}(t))^{\mathrm{T}}\widetilde{M}^{-1}E(\bar{\varepsilon})\dot{x}(t)\mathrm{d}t\mathrm{d}\theta, \quad \forall \varepsilon \in (0,\bar{\varepsilon}]
$$

5.3　保性能控制算例

例 5.1　考虑系统(5.10),其中取

$$
A=\begin{bmatrix} 4 & 2 \\ 1 & 0 \end{bmatrix}, \quad A_d=\begin{bmatrix} 1 & 0 \\ 2 & 1 \end{bmatrix}, \quad B=\begin{bmatrix} 0 & 1 \end{bmatrix}
$$

设 $\varepsilon=0.5$,应用定理 5.3,可以得到

$$
Z_1=2.0014, \quad Z_2=28.6409, \quad Z_3=6.1403, \quad Z_4=12.5619, \quad Z_5=-16.2527
$$

$$
\widetilde{K}=\begin{bmatrix} -19.5144 & -83.0228 \end{bmatrix}, \quad S=\begin{bmatrix} 12.6136 & -14.8119 \\ -14.8119 & 56.8453 \end{bmatrix}
$$

$$
Q=\begin{bmatrix} 54.1824 & -4.0108 \\ -4.0108 & 71.6298 \end{bmatrix}, \quad \widetilde{R}=176.1140
$$

则系统(5.10)是二次稳定的,且性能指标满足式(5.12),其状态反馈保性能控制律为

$$
u(t)=\begin{bmatrix} -19.5144 & -83.0228 \end{bmatrix}\begin{bmatrix} 2.0014+6.1403\varepsilon & -16.2527\varepsilon \\ -16.2527 & 28.6409+12.5619\varepsilon \end{bmatrix}^{-1}x(t),
$$

$$
\varepsilon\in(0,0.5]
$$

例 5.2　考虑系统(5.21),其中取

$$A=\begin{bmatrix} -4 & 1 \\ 1 & 0 \end{bmatrix}, \quad A_d=\begin{bmatrix} 1 & 0 \\ 1 & 1 \end{bmatrix}, \quad D=[0.5 \quad 0.5], \quad E_1=[0 \quad 1]$$

$$E_d=[1 \quad 0], \quad E_b=1, \quad B=[0 \quad 1]$$

设 $\mu=0.1, \tau=1, \bar{\varepsilon}=0.2$,应用定理 5.5,可以得到

$$Z_1=26.3366, \quad Z_2=10.3425, \quad Z_3=488.4688, \quad Z_4=3025.4, \quad Z_5=-14.9306$$

$$\widetilde{K}=[-13.8935 \quad -70.1439], \quad \widetilde{R}=376.5445, \quad \gamma=93.5372$$

$$Q=\begin{bmatrix} 73.7989 & -15.8220 \\ -15.8220 & 18.5010 \end{bmatrix}, \quad S=\begin{bmatrix} 30.6038 & -7.9052 \\ -7.9052 & 6.0330 \end{bmatrix}$$

$$\widetilde{M}=\begin{bmatrix} 213.9812 & -3.7016 \\ -3.7016 & 180.9217 \end{bmatrix}$$

则

$$u=[-13.8935 \quad -70.1439]\begin{bmatrix} 26.3366+488.4688\varepsilon & -14.9306\varepsilon \\ -14.9306 & 10.3425+3025.4\varepsilon \end{bmatrix}^{-1}x(t)$$

就是系统(5.21)的一个状态反馈保性能控制律,并且闭环性能指标满足:

$$J \leqslant J^*$$

其中

$$J^*=x_0^{\mathrm{T}}\begin{bmatrix} 26.3366+488.4688\varepsilon & -14.9306\varepsilon \\ -14.9306 & 10.3425+3025.4\varepsilon \end{bmatrix}^{-\mathrm{T}}\begin{bmatrix} I & 0 \\ 0 & \varepsilon I \end{bmatrix}x_0$$

$$+\int_{-d(0)}^{0}x^{\mathrm{T}}(t)\begin{bmatrix} 26.3366+488.4688\varepsilon & -14.9306\varepsilon \\ -14.9306 & 10.3425+3025.4\varepsilon \end{bmatrix}^{-\mathrm{T}}$$

$$\times\begin{bmatrix} 54.1824 & -4.0108 \\ -4.0108 & 71.6298 \end{bmatrix}\begin{bmatrix} 26.3366+488.4688\varepsilon & -14.9306\varepsilon \\ -14.9306 & 10.3425+3025.4\varepsilon \end{bmatrix}^{-1}x(t)\mathrm{d}t$$

$$+\int_{-5}^{0}\int_{-d(0)+\theta}^{0}\dot{x}^{\mathrm{T}}(t)\begin{bmatrix} I & 0 \\ 0 & \varepsilon I \end{bmatrix}\begin{bmatrix} 213.9812 & -3.7016 \\ -3.7016 & 180.9217 \end{bmatrix}^{-1}\begin{bmatrix} I & 0 \\ 0 & \varepsilon I \end{bmatrix}\dot{x}(t)\mathrm{d}t\mathrm{d}\theta, \quad \forall \varepsilon \in (0,\bar{\varepsilon}]$$

5.4　时变时滞奇异摄动不确定系统的保性能控制器设计

本节讨论一类具有时变时滞奇异摄动不确定系统的记忆状态反馈保性能控制器设计问题。系统的不确定性具有范数有界形式,时滞是时变函数甚至可以是无界函数,并且设计的控制器包含状态时滞。推导保性能控制器存在的充分条件,利用线性矩阵不等式技术,给出保性能控制器的控制参数和保性能值,这些条件与时滞的导数有关。

考虑下列系统：

$$\begin{cases} E(\varepsilon)\dot{x}(t)=(A+DF(t)E_1)x(t)+(A_d+DF(t)E_d)x(t-d(t))+(B+DFE_b)u(t) \\ x(t)=\phi(t), \quad t\in[-\tau,0], x(0)=x_0 \end{cases}$$

$$(5.35)$$

其中的条件与系统(5.21)相同。$d(t)$ 是时变时滞可微函数，满足条件：

$$0\leqslant d(t)<\infty, \quad \dot{d}(t)\leqslant\mu<1$$

这里 μ 是已知常数。$F(t)$ 是一个具有 Lebesgue 可测元的未知函数，且满足：

$$F^{\mathrm{T}}(t)F(t)\leqslant I \tag{5.36}$$

定义系统的性能指标设为

$$J=\int_0^\infty (x^{\mathrm{T}}(t)Z^{-\mathrm{T}}(\varepsilon)SZ^{-1}(\varepsilon)x(t)+u^{\mathrm{T}}(t)Ru(t))\mathrm{d}t \tag{5.37}$$

其中，S、R 是给定的对称正定加权矩阵。

设计一个记忆状态反馈控制器：

$$u^*(t)=Kx(t)+K_1x(t-d(t))$$

则闭环系统成为

$$E(\varepsilon)\dot{x}(t)=(A+DF(t)E_1+BK+DFE_bK)x(t)$$
$$+(A_d+DF(t)E_d+BK_1+DFE_bK_1)x(t-d(t)) \tag{5.38}$$

注 5.2　这里时滞限定放宽为 $0\leqslant d(t)<\infty$，减少了保守性，是近年来该领域理论研究的一个进步[153-156]。

定义 5.1　考虑时滞不确定系统(5.35)，如果存在控制器 $u^*(t)=Kx(t)+K_1x(t-d(t))$ 和正常数 J^*，使得对系统任意的不确定性函数(5.36)，闭环系统(5.38)渐近稳定，且使得性能指标(5.37)满足 $J<J^*$，则称 J^* 和 $u^*(t)$ 分别为时滞不确定系统(5.35)的保性能值和保性能控制律。

定理 5.6　给定 $\varepsilon>0$，对满足条件(5.36)的时滞不确定系统(5.35)和性能指标(5.37)，若存在适当维数的矩阵 K、K_1，对称正定矩阵 $Q>0$、$M>0$、$S>0$ 和 $Z_i(i=1,2,\cdots,5)$ 且 $Z_i=Z_i^{\mathrm{T}}(i=1,2,3,4)$，使得对任意允许的不确定性函数 $F(t)$，满足下列矩阵不等式条件：

$$Z_1>0 \tag{5.39}$$

$$\begin{bmatrix} Z_1+\bar{\varepsilon}Z_3 & \bar{\varepsilon}Z_5^{\mathrm{T}} \\ \bar{\varepsilon}Z_5 & \bar{\varepsilon}Z_2 \end{bmatrix}>0 \tag{5.40}$$

$$\begin{bmatrix} Z_1+\bar{\varepsilon}Z_3 & \bar{\varepsilon}Z_5^{\mathrm{T}} \\ \bar{\varepsilon}Z_5 & \bar{\varepsilon}Z_2+\bar{\varepsilon}^2Z_4 \end{bmatrix}>0 \tag{5.41}$$

$$
\begin{bmatrix}
\begin{array}{l}
Z^{-\mathrm{T}}(0)[A+BK+DF(E_1+E_bK)] \\
+[A+BK+DF(E_1+E_bK)]^{\mathrm{T}}Z^{-1}(0) \\
+\tau[A+BK+DF(E_1+E_bK)]^{\mathrm{T}}M[A+BK+DF(E_1+E_bK)] \\
+Z^{-\mathrm{T}}(0)QZ^{-1}(0)+Z^{-\mathrm{T}}(0)SZ^{-1}(0)+K^{\mathrm{T}}RK \\
\\
[A_d+BK_1+DF(E_d+E_bK_1)]^{\mathrm{T}}Z^{-1}(\varepsilon) \\
+\tau[A_d+BK_1+DF(E_d+E_bK_1)]^{\mathrm{T}}M[A+BK+DF(E_1+E_bK)]
\end{array}
\end{bmatrix}
$$

$$
\left.
\begin{array}{l}
\quad Z^{-\mathrm{T}}(0)[A_d+BK_1+DF(E_d+E_bK_1)] \\
\quad +\tau[A+BK+DF(E_1+E_bK)]^{\mathrm{T}}M[A_d+BK_1+DF(E_d+E_bK_1)] \\
\\
\quad -(1-\mu)Z^{-\mathrm{T}}(0)QZ^{-1}(0) \\
\quad +\tau[A_d+BK_1+DF(E_d+E_bK_1)]^{\mathrm{T}}M[A_d+BK_1+DF(E_d+E_bK_1)]
\end{array}
\right] <0
$$

$$\tag{5.42}$$

$$
\begin{bmatrix}
\begin{array}{l}
Z^{-\mathrm{T}}(\bar{\varepsilon})[A+BK+DF(E_1+E_bK)] \\
+[A+BK+DF(E_1+E_bK)]^{\mathrm{T}}Z^{-1}(\bar{\varepsilon}) \\
+\tau[A+BK+DF(E_1+E_bK)]^{\mathrm{T}}M[A+BK+DF(E_1+E_bK)] \\
+Z^{-\mathrm{T}}(\bar{\varepsilon})QZ^{-1}(\bar{\varepsilon})+Z^{-\mathrm{T}}(\bar{\varepsilon})SZ^{-1}(\bar{\varepsilon})+K^{\mathrm{T}}RK \\
\\
[A_d+BK_1+DF(E_d+E_bK_1)]^{\mathrm{T}}Z^{-1}(\bar{\varepsilon}) \\
+\tau[A_d+BK_1+DF(E_d+E_bK_1)]^{\mathrm{T}}M[A+BK+DF(E_1+E_bK)]
\end{array}
\end{bmatrix}
$$

$$
\left.
\begin{array}{l}
\quad Z^{-\mathrm{T}}(\bar{\varepsilon})[A_d+BK_1+DF(E_d+E_bK_1)] \\
\quad +\tau[A+BK+DF(E_1+E_bK)]^{\mathrm{T}}M[A_d+BK_1+DF(E_d+E_bK_1)] \\
\\
\quad -(1-\mu)Z^{-\mathrm{T}}(\bar{\varepsilon})QZ^{-1}(\bar{\varepsilon}) \\
\quad +\tau[A_d+BK_1+DF(E_d+E_bK_1)]^{\mathrm{T}}M[A_d+BK_1+DF(E_d+E_bK_1)]
\end{array}
\right] <0
$$

$$\tag{5.43}$$

则 $u^*(t)=Kx(t)+K_1x(t-d(t))$ 是时变时滞不确定系统(5.35)的状态反馈保性能控制器,并且闭环系统性能指标(5.38)满足:

$$J \leqslant J^*$$

其中

$$J^* = x_0^{\mathrm{T}} Z^{-\mathrm{T}}(\varepsilon) E(\varepsilon) x_0 + \int_{-d(0)}^{0} x^{\mathrm{T}}(t) Z^{-\mathrm{T}}(\varepsilon) Q Z^{-1}(\varepsilon) x(t) \mathrm{d}t$$

$$+ \int_{-\tau}^{0} \int_{-d(0)+\theta}^{0} (E(\varepsilon) \dot{x}(t))^{\mathrm{T}} M E(\varepsilon) \dot{x}(t) \mathrm{d}t \mathrm{d}\theta, \quad \forall \varepsilon \in (0, \bar{\varepsilon}]$$

证明 选取 Lyapunov-Krasovskii 泛函如下:

$$V(x(t)) = x^{\mathrm{T}}(t) Z^{-\mathrm{T}}(\varepsilon) E(\varepsilon) x(t) + \int_{t-d(t)}^{t} x^{\mathrm{T}}(s) Z^{-\mathrm{T}}(\varepsilon) Q Z^{-1}(\varepsilon) x(s) \mathrm{d}s$$

$$+ \int_{-\tau}^{0} \int_{t-d(t)+\theta}^{t} (E(\varepsilon) \dot{x}(s))^{\mathrm{T}} M E(\varepsilon) \dot{x}(s) \mathrm{d}s \mathrm{d}\theta$$

把 $V(x(t))$ 沿着闭环系统(5.38)的任意轨迹进行微分,得

$$\dot{V}(x(t)) \bigg|_{(5.38)} \stackrel{\mathrm{def}}{=\!=} \xi^{\mathrm{T}}(t) W(\varepsilon) \xi(t)$$

其中

$$\xi(t) = (x^{\mathrm{T}}(t) \quad x^{\mathrm{T}}(t-d(t)))^{\mathrm{T}}$$

$$W(\varepsilon) = \begin{bmatrix} Z^{-\mathrm{T}}(\varepsilon)[A+BK+DF(E_1+E_bK)] \\ +[A+BK+DF(E_1+E_bK)]^{\mathrm{T}} Z^{-1}(\varepsilon) \\ +\tau[A+BK+DF(E_1+E_bK)]^{\mathrm{T}} M[A+BK+DF(E_1+E_bK)] \\ +Z^{-\mathrm{T}}(\varepsilon) Q Z^{-1}(\varepsilon) \\ \\ [A_d+BK_1+DF(E_d+E_bK_1)]^{\mathrm{T}} Z^{-1}(\varepsilon) \\ +\tau[A_d+BK_1+DF(E_d+E_bK_1)]^{\mathrm{T}} M[A+BK+DF(E_1+E_bK)] \end{bmatrix}$$

$$\begin{matrix} Z^{-\mathrm{T}}(\varepsilon)[A_d+BK_1+DF(E_d+E_bK_1)] \\ +\tau[A+BK+DF(E_1+E_bK)]^{\mathrm{T}} M[A_d+BK_1+DF(E_d+E_bK_1)] \\ \\ -(1-\mu) Z^{-\mathrm{T}}(\varepsilon) Q Z^{-1}(\varepsilon) \\ +\tau[A_d+BK_1+DF(E_d+E_bK_1)]^{\mathrm{T}} M[A_d+BK_1+DF(E_d+E_bK_1)] \end{matrix}$$

由条件(5.42)和(5.43)可知

$$
\begin{bmatrix}
\begin{aligned}
& Z^{-\mathrm{T}}(\varepsilon)[A+BK+DF(E_1+E_bK)] \\
& +[A+BK+DF(E_1+E_bK)]^{\mathrm{T}}Z^{-1}(\varepsilon) \\
& +\tau[A+BK+DF(E_1+E_bK)]^{\mathrm{T}}M[A+BK+DF(E_1+E_bK)] \\
& +Z^{-\mathrm{T}}(\varepsilon)QZ^{-1}(\varepsilon)+Z^{-\mathrm{T}}(\varepsilon)SZ^{-1}(\varepsilon)+K^{\mathrm{T}}RK
\end{aligned}
\\[2ex]
\begin{aligned}
& [A_d+BK_1+DF(E_d+E_bK_1)]^{\mathrm{T}}Z^{-1}(\varepsilon) \\
& +\tau[A_d+BK_1+DF(E_d+E_bK_1)]^{\mathrm{T}}M[A+BK+DF(E_1+E_bK)]
\end{aligned}
\end{bmatrix}
$$

$$
\begin{matrix}
\begin{aligned}
& Z^{-\mathrm{T}}(\varepsilon)[A_d+BK_1+DF(E_d+E_bK_1)] \\
& +\tau[A+BK+DF(E_1+E_bK)]^{\mathrm{T}}M[A_d+BK_1+DF(E_d+E_bK_1)]
\end{aligned} \\[2ex]
\begin{aligned}
& -(1-\mu)Z^{-\mathrm{T}}(\varepsilon)QZ^{-1}(\varepsilon) \\
& +\tau[A_d+BK_1+DF(E_d+E_bK_1)]^{\mathrm{T}}M[A_d+BK_1+DF(E_d+E_bK_1)]
\end{aligned}
\end{matrix} < 0
$$

$$(5.44)$$

即

$$
\begin{bmatrix}
\begin{aligned}
& Z^{-\mathrm{T}}(\varepsilon)[A+BK+DF(E_1+E_bK)] \\
& +[A+BK+DF(E_1+E_bK)]^{\mathrm{T}}Z^{-1}(\varepsilon) \\
& +\tau[A+BK+DF(E_1+E_bK)]^{\mathrm{T}}M[A+BK+DF(E_1+E_bK)] \\
& +Z^{-\mathrm{T}}(\varepsilon)QZ^{-1}(\varepsilon)
\end{aligned}
\\[2ex]
\begin{aligned}
& [A_d+BK_1+DF(E_d+E_bK_1)]^{\mathrm{T}}Z^{-1}(\varepsilon) \\
& +\tau[A_d+BK_1+DF(E_d+E_bK_1)]^{\mathrm{T}}M[A+BK+DF(E_1+E_bK)]
\end{aligned}
\end{bmatrix}
$$

$$
\begin{matrix}
\begin{aligned}
& Z^{-\mathrm{T}}(\varepsilon)[A_d+BK_1+DF(E_d+E_bK_1)] \\
& +\tau[A+BK+DF(E_1+E_bK)]^{\mathrm{T}}M[A_d+BK_1+DF(E_d+E_bK_1)]
\end{aligned} \\[3ex]
\begin{aligned}
& -(1-\mu)Z^{-\mathrm{T}}(\varepsilon)QZ^{-1}(\varepsilon) \\
& +\tau[A_d+BK_1+DF(E_d+E_bK_1)]^{\mathrm{T}}M[A_d+BK_1+DF(E_d+E_bK_1)]
\end{aligned}
\end{matrix}
$$

$$
+\begin{bmatrix} Z^{-\mathrm{T}}(\varepsilon)SZ^{-1}(\varepsilon)+K^{\mathrm{T}}RK & 0 \\ 0 & 0 \end{bmatrix} < 0
$$

$$W(\varepsilon)=\left|\begin{matrix}Z^{-\mathrm{T}}(\varepsilon)[A+BK+DF(E_1+E_bK)]\\+[A+BK+DF(E_1+E_bK)]^{\mathrm{T}}Z^{-1}(\varepsilon)\\+\tau[A+BK+DF(E_1+E_bK)]^{\mathrm{T}}M[A+BK+DF(E_1+E_bK)]\\+Z^{-\mathrm{T}}(\varepsilon)QZ^{-1}(\varepsilon)\\ \\(A_d+DFE_d)^{\mathrm{T}}Z^{-1}(\varepsilon)\\+\tau(A_d+DFE_d)^{\mathrm{T}}M[A+BK+DF(E_1+E_bK)]\end{matrix}\right.$$

$$\left.\begin{matrix}Z^{-\mathrm{T}}(\varepsilon)(A_d+DFE_d)\\+\tau[A+BK+DF(E_1+E_bK)]^{\mathrm{T}}M(A_d+DFE_d)\\ \\ \\-(1-\mu)Z^{-\mathrm{T}}(\varepsilon)QZ^{-1}(\varepsilon)\\+\tau(A_d+DFE_d)^{\mathrm{T}}M(A_d+DFE_d)\end{matrix}\right|$$

$$<-\begin{bmatrix}Z^{-\mathrm{T}}(\varepsilon)SZ^{-1}(\varepsilon)+K^{\mathrm{T}}RK & 0\\0 & 0\end{bmatrix}$$

有

$$\dot{V}(x(t))\Big|_{(5.23)}<-\begin{bmatrix}x^{\mathrm{T}}(t) & x^{\mathrm{T}}(t-d(t))\end{bmatrix}\begin{bmatrix}Z^{-\mathrm{T}}(\varepsilon)SZ^{-1}(\varepsilon)+K^{\mathrm{T}}RK & 0\\0 & 0\end{bmatrix}$$
$$\times[x^{\mathrm{T}}(t)\quad x^{\mathrm{T}}(t-d(t))]^{\mathrm{T}}$$
$$=-x^{\mathrm{T}}(t)(Z^{-\mathrm{T}}(\varepsilon)SZ^{-1}(\varepsilon)+K^{\mathrm{T}}RK)x(t)<0 \tag{5.45}$$

故闭环系统(5.23)渐近稳定。

对矩阵不等式(5.45)两边从 0 到∞积分,并利用闭环系统的渐近稳定性,即 $\lim\limits_{t\to\infty}x(t)=0$,得到

$$V(x(\infty))-V(x(0))<-\int_0^\infty[x^{\mathrm{T}}(t)(Z^{-\mathrm{T}}(\varepsilon)SZ^{-1}(\varepsilon)+K^{\mathrm{T}}RK)x(t)]\mathrm{d}t$$

$$\int_0^\infty[x^{\mathrm{T}}(t)(Z^{-\mathrm{T}}(\varepsilon)SZ^{-1}(\varepsilon)+K^{\mathrm{T}}RK)x(t)]\mathrm{d}t\leqslant V(x(0))$$

$$\int_0^\infty[x^{\mathrm{T}}(t)(Z^{-\mathrm{T}}(\varepsilon)SZ^{-1}(\varepsilon)+K^{\mathrm{T}}RK)x(t)]\mathrm{d}t$$
$$\leqslant x_0^{\mathrm{T}}Z^{-\mathrm{T}}(\varepsilon)E(\varepsilon)x_0+\int_{-d(0)}^0x^{\mathrm{T}}(t)Z^{-\mathrm{T}}(\varepsilon)QZ^{-1}(\varepsilon)x(t)\mathrm{d}t$$
$$+\int_{-\tau}^0\int_{-d(0)+\theta}^0(E(\varepsilon)\dot{x}(t))^{\mathrm{T}}ME(\varepsilon)\dot{x}(t)\mathrm{d}t\mathrm{d}\theta$$

即

$$J=\int_0^\infty(x^{\mathrm{T}}(t)Z^{-\mathrm{T}}(\varepsilon)SZ^{-1}(\varepsilon)x(t)+u^{\mathrm{T}}(t)Ru(t))\mathrm{d}t$$

$$\leqslant x_0^{\mathrm{T}} Z^{-\mathrm{T}}(\varepsilon) E(\varepsilon) x_0 + \int_{-d(0)}^0 x^{\mathrm{T}}(t) Z^{-\mathrm{T}}(\varepsilon) Q Z^{-1}(\varepsilon) x(t) \mathrm{d}t$$

$$+ \int_{-\tau}^0 \int_{-d(0)+\theta}^0 (E(\varepsilon)\dot{x}(t))^{\mathrm{T}} M E(\varepsilon)\dot{x}(t) \mathrm{d}t \mathrm{d}\theta$$

$$\stackrel{\text{def}}{=} J^*$$

证毕。

定理 5.6 给出了控制器存在的充分条件，为了求得控制器参数，需要去掉矩阵不等式(5.42)和(5.43)中的不确定性函数 $F(t)$。为此，对式(5.44)左侧矩阵左乘对角矩阵 $\mathrm{diag}\{Z^{\mathrm{T}}(\varepsilon), Z^{\mathrm{T}}(\varepsilon)\}$、右乘其转置，式(5.44)等价于

$$\left[\begin{matrix} \begin{aligned} &[A+BK+DF(E_1+E_bK)]Z(\varepsilon)+Z^{\mathrm{T}}(\varepsilon)[A+BK+DF(E_1+E_bK)]^{\mathrm{T}} \\ &+\tau Z^{\mathrm{T}}(\varepsilon)[A+BK+DF(E_1+E_bK)]^{\mathrm{T}}M[A+BK+DF(E_1+E_bK)]Z(\varepsilon) \\ &+Q+S+Z^{\mathrm{T}}(\varepsilon)K^{\mathrm{T}}RKZ(\varepsilon) \end{aligned} \end{matrix}\right.$$

$$\left. \begin{matrix} \begin{aligned} &Z^{\mathrm{T}}(\varepsilon)[A_d+BK_1+DF(E_d+E_bK_1)]^{\mathrm{T}} \\ &+\tau Z^{\mathrm{T}}(\varepsilon)[A_d+BK_1+DF(E_d+E_bK_1)]^{\mathrm{T}}M[A+BK+DF(E_1+E_bK)]Z(\varepsilon) \end{aligned} \end{matrix}\right.$$

$$\left. \begin{matrix} \begin{aligned} &[A_d+BK_1+DF(E_d+E_bK_1)]Z(\varepsilon) \\ &+\tau Z^{\mathrm{T}}(\varepsilon)[A+BK+DF(E_1+E_bK)]^{\mathrm{T}}M[A_d+BK_1+DF(E_d+E_bK_1)]Z(\varepsilon) \end{aligned} \\ \\ \begin{aligned} &-(1-\mu)Q \\ &+\tau Z^{\mathrm{T}}(\varepsilon)[A_d+BK_1+DF(E_d+E_bK_1)]^{\mathrm{T}}M[A_d+BK_1+DF(E_d+E_bK_1)]Z(\varepsilon) \end{aligned} \end{matrix}\right] < 0$$

即

$$\left[\begin{matrix} \begin{aligned} &[A+BK+DF(E_1+E_bK)]Z(\varepsilon)+Z^{\mathrm{T}}(\varepsilon)[A+BK+DF(E_1+E_bK)]^{\mathrm{T}} \\ &+Q+S+Z^{\mathrm{T}}(\varepsilon)K^{\mathrm{T}}RKZ(\varepsilon) \end{aligned} \\ \\ Z^{\mathrm{T}}(\varepsilon)[A_d+BK_1+DF(E_d+E_bK_1)]^{\mathrm{T}} \end{matrix}\right.$$

$$\left. \begin{matrix} [A_d+BK_1+DF(E_d+E_bK_1)]Z(\varepsilon) \\ \\ -(1-\mu)Q \end{matrix}\right]$$

$$+\left[\begin{matrix} \tau Z^{\mathrm{T}}(\varepsilon)[A+BK+DF(E_1+E_bK)]^{\mathrm{T}}M[A+BK+DF(E_1+E_bK)]Z(\varepsilon) \\ \tau Z^{\mathrm{T}}(\varepsilon)[A_d+BK_1+DF(E_d+E_bK_1)]^{\mathrm{T}}M[A+BK+DF(E_1+E_bK)]Z(\varepsilon) \end{matrix}\right.$$

$$\left. \begin{matrix} \tau Z^{\mathrm{T}}(\varepsilon)[A+BK+DF(E_1+E_bK)]^{\mathrm{T}}M[A_d+BK_1+DF(E_d+E_bK_1)]Z(\varepsilon) \\ \tau Z^{\mathrm{T}}(\varepsilon)[A_d+BK_1+DF(E_d+E_bK_1)]^{\mathrm{T}}M[A_d+BK_1+DF(E_d+E_bK_1)]Z(\varepsilon) \end{matrix}\right] < 0$$

即

$$
\begin{bmatrix}
[A+BK+DF(E_1+E_bK)]Z(\varepsilon)+Z^{\mathrm{T}}(\varepsilon)[A+BK+DF(E_1+E_bK)]^{\mathrm{T}} \\
+Q+S+Z^{\mathrm{T}}(\varepsilon)K^{\mathrm{T}}RKZ(\varepsilon) \\[2mm]
Z^{\mathrm{T}}(\varepsilon)[A_d+BK_1+DF(E_d+E_bK_1)]^{\mathrm{T}}
\end{bmatrix}
$$

$$
\begin{bmatrix}
& [A_d+BK_1+DF(E_d+E_bK_1)]Z(\varepsilon) \\[2mm]
& -(1-\mu)Q
\end{bmatrix}
$$

$$
+\begin{bmatrix}
Z^{\mathrm{T}}(\varepsilon)[A+BK+DF(E_1+E_bK)]^{\mathrm{T}} \\
Z^{\mathrm{T}}(\varepsilon)[A_d+BK_1+DF(E_d+E_bK_1)]^{\mathrm{T}}
\end{bmatrix}\tau M
$$

$$
\times\big[[A+BK+DF(E_1+E_bK)]Z(\varepsilon)\quad [A_d+BK_1+DF(E_d+E_bK_1)]Z(\varepsilon)\big]<0
$$

由 Schur 补引理,得

$$
\begin{bmatrix}
[A+BK+DF(E_1+E_bK)]Z(\varepsilon)+Z^{\mathrm{T}}(\varepsilon)[A+BK+DF(E_1+E_bK)]^{\mathrm{T}} \\
+Q+S+Z^{\mathrm{T}}(\varepsilon)K^{\mathrm{T}}RKZ(\varepsilon) \\[2mm]
Z^{\mathrm{T}}(\varepsilon)[A_d+BK_1+DF(E_d+E_bK_1)]^{\mathrm{T}} \\
[A+BK+DF(E_1+E_bK)]Z(\varepsilon)
\end{bmatrix}
$$

$$
\begin{bmatrix}
[A_d+BK_1+DF(E_d+E_bK_1)]Z(\varepsilon) & Z^{\mathrm{T}}(\varepsilon)[A+BK+DF(E_1+E_bK)]^{\mathrm{T}} \\[2mm]
-(1-\mu)Q & Z^{\mathrm{T}}(\varepsilon)[A_d+BK_1+DF(E_d+E_bK_1)]^{\mathrm{T}} \\[2mm]
[A_d+BK_1+DF(E_d+E_bK_1)]Z(\varepsilon) & -\tau^{-1}M^{-1}
\end{bmatrix}<0
$$

再变形如下:

$$
\begin{bmatrix}
(A+BK)Z(\varepsilon)+Z^{\mathrm{T}}(\varepsilon)(A+BK)^{\mathrm{T}} & (A_d+BK_1)Z(\varepsilon) & Z^{\mathrm{T}}(\varepsilon)(A+BK)^{\mathrm{T}} \\
+Q+S+Z^{\mathrm{T}}(\varepsilon)K^{\mathrm{T}}RKZ(\varepsilon) & & \\[2mm]
Z^{\mathrm{T}}(\varepsilon)(A_d+BK_1)^{\mathrm{T}} & -(1-\mu)Q & Z^{\mathrm{T}}(\varepsilon)(A_d+BK_1)^{\mathrm{T}} \\[2mm]
(A+BK)Z(\varepsilon) & (A_d+BK_1)Z(\varepsilon) & -\tau^{-1}M^{-1}
\end{bmatrix}
$$

$$
+\begin{bmatrix}
DF(E_1+E_bK)Z(\varepsilon) & DF(E_d+E_bK_1)Z(\varepsilon) & Z^{\mathrm{T}}(\varepsilon)[DF(E_1+E_bK)]^{\mathrm{T}} \\
+Z^{\mathrm{T}}(\varepsilon)[DF(E_1+E_bK)]^{\mathrm{T}} & & \\[2mm]
Z^{\mathrm{T}}(\varepsilon)[DF(E_d+E_bK_1)]^{\mathrm{T}} & 0 & Z^{\mathrm{T}}(\varepsilon)[DF(E_d+E_bK_1)]^{\mathrm{T}} \\[2mm]
DF(E_1+E_bK)Z(\varepsilon) & DF(E_d+E_bK_1)Z(\varepsilon) & 0
\end{bmatrix}<0
$$

即

$$
\begin{bmatrix}
\begin{aligned} &(A+BK)Z(\varepsilon)+Z^{\mathrm{T}}(\varepsilon)(A+BK)^{\mathrm{T}} \\ &+Q+S+Z^{\mathrm{T}}(\varepsilon)K^{\mathrm{T}}RKZ(\varepsilon) \end{aligned} & (A_d+BK_1)Z(\varepsilon) & Z^{\mathrm{T}}(\varepsilon)(A+BK)^{\mathrm{T}} \\
Z^{\mathrm{T}}(\varepsilon)(A_d+BK_1)^{\mathrm{T}} & -(1-\mu)Q & Z^{\mathrm{T}}(\varepsilon)(A_d+BK_1)^{\mathrm{T}} \\
(A+BK)Z(\varepsilon) & (A_d+BK_1)Z(\varepsilon) & -\tau^{-1}M^{-1}
\end{bmatrix}
$$

$$
+\begin{bmatrix} D \\ 0 \\ D \end{bmatrix} F \begin{bmatrix} (E_1+E_bK)Z(\varepsilon) & (E_d+E_bK_1)Z(\varepsilon) & 0 \end{bmatrix}
$$

$$
+\begin{bmatrix} Z^{\mathrm{T}}(\varepsilon)(E_1+E_bK)^{\mathrm{T}} \\ Z^{\mathrm{T}}(\varepsilon)(E_d+E_bK_1)^{\mathrm{T}} \\ 0 \end{bmatrix} F^{\mathrm{T}} \begin{bmatrix} D^{\mathrm{T}} & 0 & D^{\mathrm{T}} \end{bmatrix} < 0
$$

由引理 4.1 可知,存在正数 $\gamma > 0$,满足:

$$
\begin{bmatrix}
\begin{aligned} &(A+BK)Z(\varepsilon)+Z^{\mathrm{T}}(\varepsilon)(A+BK)^{\mathrm{T}} \\ &+Q+S+Z^{\mathrm{T}}(\varepsilon)K^{\mathrm{T}}RKZ(\varepsilon) \end{aligned} & (A_d+BK_1)Z(\varepsilon) & Z^{\mathrm{T}}(\varepsilon)(A+BK)^{\mathrm{T}} \\
Z^{\mathrm{T}}(\varepsilon)(A_d+BK_1)^{\mathrm{T}} & -(1-\mu)Q & Z^{\mathrm{T}}(\varepsilon)(A_d+BK_1)^{\mathrm{T}} \\
(A+BK)Z(\varepsilon) & (A_d+BK_1)Z(\varepsilon) & -\tau^{-1}M^{-1}
\end{bmatrix}
$$

$$
+\gamma \begin{bmatrix} D \\ 0 \\ D \end{bmatrix} \begin{bmatrix} D^{\mathrm{T}} & 0 & D^{\mathrm{T}} \end{bmatrix}
$$

$$
+\gamma^{-1} \begin{bmatrix} Z^{\mathrm{T}}(\varepsilon)(E_1+E_bK)^{\mathrm{T}} \\ Z^{\mathrm{T}}(\varepsilon)(E_d+E_bK_1)^{\mathrm{T}} \\ 0 \end{bmatrix} \begin{bmatrix} (E_1+E_bK)Z(\varepsilon) & (E_d+E_bK_1)Z(\varepsilon) & 0 \end{bmatrix} < 0
$$

即

$$
\begin{bmatrix}
\begin{aligned} &(A+BK)Z(\varepsilon)+Z^{\mathrm{T}}(\varepsilon)(A+BK)^{\mathrm{T}} \\ &+Q+S+Z^{\mathrm{T}}(\varepsilon)K^{\mathrm{T}}RKZ(\varepsilon)+\gamma DD^{\mathrm{T}} \end{aligned} & (A_d+BK_1)Z(\varepsilon) & Z^{\mathrm{T}}(\varepsilon)(A+BK)^{\mathrm{T}}+\gamma DD^{\mathrm{T}} \\
Z^{\mathrm{T}}(\varepsilon)(A_d+BK_1)^{\mathrm{T}} & -(1-\mu)Q & Z^{\mathrm{T}}(\varepsilon)(A_d+BK_1)^{\mathrm{T}} \\
(A+BK)Z(\varepsilon)+\gamma DD^{\mathrm{T}} & (A_d+BK_1)Z(\varepsilon) & -\tau^{-1}M^{-1}+\gamma DD^{\mathrm{T}}
\end{bmatrix}
$$

$$
+\gamma^{-1} \begin{bmatrix} Z^{\mathrm{T}}(\varepsilon)(E_1+E_bK)^{\mathrm{T}} \\ Z^{\mathrm{T}}(\varepsilon)(E_d+E_bK_1)^{\mathrm{T}} \\ 0 \end{bmatrix} \begin{bmatrix} (E_1+E_bK)Z(\varepsilon) & (E_d+E_bK_1)Z(\varepsilon) & 0 \end{bmatrix} < 0
$$

由 Schur 补引理,得

$$
\begin{bmatrix}
(A+BK)Z(\varepsilon)+Z^{\mathrm{T}}(\varepsilon)(A+BK)^{\mathrm{T}} & [A_d+BK_1]Z(\varepsilon) \\
+Q+S+Z^{\mathrm{T}}(\varepsilon)K^{\mathrm{T}}RKZ(\varepsilon)+\gamma DD^{\mathrm{T}} & \\
& \\
Z^{\mathrm{T}}(\varepsilon)[A_d+BK_1]^{\mathrm{T}} & -(1-\mu)Q \\
(A+BK)Z(\varepsilon)+\gamma DD^{\mathrm{T}} & (A_d+BK_1)Z(\varepsilon) \\
(E_1+E_bK)Z(\varepsilon) & (E_d+E_bK_1)Z(\varepsilon)
\end{bmatrix}
$$

$$
\begin{bmatrix}
Z^{\mathrm{T}}(\varepsilon)(A+BK)^{\mathrm{T}}+\gamma DD^{\mathrm{T}} & Z^{\mathrm{T}}(\varepsilon)(E_1+E_bK)^{\mathrm{T}} \\
Z^{\mathrm{T}}(\varepsilon)(A_d+BK_1)^{\mathrm{T}} & Z^{\mathrm{T}}(\varepsilon)(E_d+E_bK_1)^{\mathrm{T}} \\
-\tau^{-1}M^{-1}+\gamma DD^{\mathrm{T}} & 0 \\
0 & -\gamma I
\end{bmatrix}<0
$$

$$
\begin{bmatrix}
(A+BK)Z(\varepsilon)+Z^{\mathrm{T}}(\varepsilon)(A+BK)^{\mathrm{T}}+Q+\gamma DD^{\mathrm{T}}+S & (A_d+BK_1)Z(\varepsilon) \\
* & -(1-\mu)Q \\
* & * \\
* & * \\
* & *
\end{bmatrix}
$$

$$
\begin{bmatrix}
Z^{\mathrm{T}}(\varepsilon)(A+BK)^{\mathrm{T}}+\gamma DD^{\mathrm{T}} & Z^{\mathrm{T}}(\varepsilon)(E_1+E_bK)^{\mathrm{T}} & Z^{\mathrm{T}}(\varepsilon)K^{\mathrm{T}} \\
Z^{\mathrm{T}}(\varepsilon)(A_d+BK_1)^{\mathrm{T}} & Z^{\mathrm{T}}(\varepsilon)(E_d+E_bK_1)^{\mathrm{T}} & 0 \\
-\tau^{-1}M^{-1}+\gamma DD^{\mathrm{T}} & 0 & 0 \\
* & -\gamma I & 0 \\
* & * & -R^{-1}I
\end{bmatrix}<0
$$

记 $KZ(\varepsilon)=\widetilde{K}$, $K_1Z(\varepsilon)=\widetilde{K}_1$, $R^{-1}=\widetilde{R}$, $M^{-1}=\widetilde{M}$, 则上式变为

$$
\begin{bmatrix}
AZ(\varepsilon)+B\widetilde{K}+Z^{\mathrm{T}}(\varepsilon)A^{\mathrm{T}}+\widetilde{K}^{\mathrm{T}}B^{\mathrm{T}}+Q+S+\gamma DD^{\mathrm{T}} & A_dZ(\varepsilon)+B\widetilde{K}_1 \\
Z^{\mathrm{T}}(\varepsilon)A_d^{\mathrm{T}}+K_1^{\mathrm{T}}B^{\mathrm{T}} & -(1-\mu)Q \\
AZ(\varepsilon)+B\widetilde{K}+\gamma DD^{\mathrm{T}} & A_dZ(\varepsilon)+B\widetilde{K}_1 \\
E_1Z(\varepsilon)+E_b\widetilde{K} & E_dZ(\varepsilon)+E_b\widetilde{K}_1 \\
\widetilde{K} & 0
\end{bmatrix}
$$

$$
\begin{bmatrix}
Z^{\mathrm{T}}(\varepsilon)A^{\mathrm{T}}+\widetilde{K}^{\mathrm{T}}B^{\mathrm{T}}+\gamma DD^{\mathrm{T}} & Z^{\mathrm{T}}(\varepsilon)E_1^{\mathrm{T}}+\widetilde{K}^{\mathrm{T}}E_b^{\mathrm{T}} & \widetilde{K}^{\mathrm{T}} \\
Z^{\mathrm{T}}(\varepsilon)A_d^{\mathrm{T}}+K_1^{\mathrm{T}}B^{\mathrm{T}} & Z^{\mathrm{T}}(\varepsilon)E_b^{\mathrm{T}}+K_1^{\mathrm{T}}E_b^{\mathrm{T}} & 0 \\
-\tau^{-1}\widetilde{M}+\gamma DD^{\mathrm{T}} & 0 & 0 \\
0 & -\gamma I & 0 \\
0 & 0 & -\widetilde{R}I
\end{bmatrix}<0
$$

上式关于变量 $\widetilde{K}$、$\widetilde{K}_1$、$\widetilde{M}$、$\widetilde{R}$、γ、Q、S 和 $Z(\varepsilon)$ 是线性的,即得如下定理。

定理 5.7　给定 $\varepsilon>0$,对满足条件(5.36)的时滞不确定系统(5.35)和性能指

标(5.37)，若存在适当维数的矩阵 $\widetilde{K}$、$\widetilde{K}_1$，正数 $\gamma>0$，对称正定矩阵 $Q>0$、$\widetilde{M}>0$、$S>0$ 和 $Z_i(i=1,2,\cdots,5)$ 且 $Z_i=Z_i^{\mathrm{T}}(i=1,2,3,4)$，满足下列 LMI 条件：

$$Z_1>0 \tag{5.46}$$

$$\begin{bmatrix} Z_1+\bar{\varepsilon}Z_3 & \bar{\varepsilon}Z_5^{\mathrm{T}} \\ \bar{\varepsilon}Z_5 & \bar{\varepsilon}Z_2 \end{bmatrix}>0 \tag{5.47}$$

$$\begin{bmatrix} Z_1+\bar{\varepsilon}Z_3 & \bar{\varepsilon}Z_5^{\mathrm{T}} \\ \bar{\varepsilon}Z_5 & \bar{\varepsilon}Z_2+\bar{\varepsilon}^2 Z_4 \end{bmatrix}>0 \tag{5.48}$$

$$\begin{bmatrix} AZ(0)+B\widetilde{K}+Z^{\mathrm{T}}(0)A^{\mathrm{T}}+\widetilde{K}^{\mathrm{T}}B^{\mathrm{T}}+Q+S+\gamma DD^{\mathrm{T}} & A_dZ(0)+B\widetilde{K}_1 \\ Z^{\mathrm{T}}(0)A_d^{\mathrm{T}}+K_1^{\mathrm{T}}B^{\mathrm{T}} & -(1-\mu)Q \\ AZ(0)+B\widetilde{K}+\gamma DD^{\mathrm{T}} & A_dZ(0)+B\widetilde{K}_1 \\ E_1Z(0)+E_b\widetilde{K} & E_dZ(0)+E_b\widetilde{K}_1 \\ \widetilde{K} & 0 \end{bmatrix}$$

$$\begin{array}{c} Z^{\mathrm{T}}(0)A^{\mathrm{T}}+\widetilde{K}^{\mathrm{T}}B^{\mathrm{T}}+\gamma DD^{\mathrm{T}} \quad Z^{\mathrm{T}}(0)E_1^{\mathrm{T}}+\widetilde{K}^{\mathrm{T}}E_b^{\mathrm{T}} \quad \widetilde{K}^{\mathrm{T}} \\ Z^{\mathrm{T}}(0)A_d^{\mathrm{T}}+K_1^{\mathrm{T}}B^{\mathrm{T}} \quad\quad Z^{\mathrm{T}}(0)E_b^{\mathrm{T}}+K_1^{\mathrm{T}}E_b^{\mathrm{T}} \quad 0 \\ -\tau^{-1}\widetilde{M}+\gamma DD^{\mathrm{T}} \quad\quad 0 \quad\quad 0 \\ 0 \quad\quad -\gamma I \quad\quad 0 \\ 0 \quad\quad 0 \quad\quad -\widetilde{R}I \end{array}\Bigg]<0 \tag{5.49}$$

$$\begin{bmatrix} AZ(\bar{\varepsilon})+B\widetilde{K}+Z^{\mathrm{T}}(\bar{\varepsilon})A^{\mathrm{T}}+\widetilde{K}^{\mathrm{T}}B^{\mathrm{T}}+Q+S+\gamma DD^{\mathrm{T}} & A_dZ(\bar{\varepsilon})+B\widetilde{K}_1 \\ Z^{\mathrm{T}}(\bar{\varepsilon})A_d^{\mathrm{T}}+K_1^{\mathrm{T}}B^{\mathrm{T}} & -(1-\mu)Q \\ AZ(\bar{\varepsilon})+B\widetilde{K}+\gamma DD^{\mathrm{T}} & A_dZ(\bar{\varepsilon})+B\widetilde{K}_1 \\ E_1Z(\bar{\varepsilon})+E_b\widetilde{K} & E_dZ(\bar{\varepsilon})+E_b\widetilde{K}_1 \\ \widetilde{K} & 0 \end{bmatrix}$$

$$\begin{array}{c} Z^{\mathrm{T}}(\bar{\varepsilon})A^{\mathrm{T}}+\widetilde{K}^{\mathrm{T}}B^{\mathrm{T}}+\gamma DD^{\mathrm{T}} \quad Z^{\mathrm{T}}(\bar{\varepsilon})E_1^{\mathrm{T}}+\widetilde{K}^{\mathrm{T}}E_b^{\mathrm{T}} \quad \widetilde{K}^{\mathrm{T}} \\ Z^{\mathrm{T}}(\bar{\varepsilon})A_d^{\mathrm{T}}+K_1^{\mathrm{T}}B^{\mathrm{T}} \quad\quad Z^{\mathrm{T}}(\bar{\varepsilon})E_b^{\mathrm{T}}+K_1^{\mathrm{T}}E_b^{\mathrm{T}} \quad 0 \\ -\tau^{-1}\widetilde{M}+\gamma DD^{\mathrm{T}} \quad\quad 0 \quad\quad 0 \\ 0 \quad\quad -\gamma I \quad\quad 0 \\ 0 \quad\quad 0 \quad\quad -\widetilde{R}I \end{array}\Bigg]<0 \tag{5.50}$$

则时变时滞不确定系统(5.35)的状态反馈保性能控制器存在，相应的保性能控制律和保性能值分别为

$$u^*(t)=\widetilde{K}Z^{-1}(\bar{\varepsilon})x(t)+\widetilde{K}_1 Z^{-1}(\bar{\varepsilon})x(t-d(t))$$

$$J^* = x_0^T Z^{-T}(\varepsilon)E(\varepsilon)x_0 + \int_{-d(0)}^0 x^T(t)Z^{-T}(\varepsilon)QZ^{-1}(\varepsilon)x(t)\mathrm{d}t$$

$$+ \int_{-\tau}^0 \int_{-d(0)+\theta}^0 (E(\varepsilon)\dot{x}(t))^T \widetilde{M}E(\varepsilon)\dot{x}(t)\mathrm{d}t\mathrm{d}\theta, \quad \forall \varepsilon \in (0,\bar{\varepsilon}]$$

并且闭环系统性能指标(5.37)满足:

$$J \leqslant J^*$$

证毕。

5.5　控制器设计算例

例 5.3　考虑系统(5.35),其中取

$$A = \begin{bmatrix} -4 & 1 \\ 1 & 1 \end{bmatrix}, \quad A_d = \begin{bmatrix} 1 & 0 \\ 2 & 1 \end{bmatrix}, \quad D = [0.5 \quad 0.5], \quad E_1 = [1 \quad 2]$$

$$E_d = [1 \quad 0], \quad E_b = 1, \quad B = [0 \quad 1]$$

设 $\tau=2, \bar{\varepsilon}=0.5$,应用定理 5.7,可以得到

$$Z_1 = 23.6443, \quad Z_2 = 10.9708, \quad Z_3 = 193.6381, \quad Z_4 = 430.4908, \quad Z_5 = -22.4395$$

$$\widetilde{K} = [10.1264 \quad -66.4235], \quad \widetilde{K}_1 = [-29.7135 \quad -13.0971]$$

$$\widetilde{R} = 322.8668, \quad \gamma = 83.7365$$

$$Q = \begin{bmatrix} 66.8179 & -7.3918 \\ -7.3918 & 15.4162 \end{bmatrix}, \quad S = \begin{bmatrix} 29.2392 & -5.0501 \\ -5.0501 & 4.9597 \end{bmatrix}$$

$$\widetilde{M} = \begin{bmatrix} 331.3957 & -13.4230 \\ -13.4230 & 241.7084 \end{bmatrix}$$

则

$$u^*(t) = \widetilde{K}Z^{-1}(\varepsilon)x(t) + \widetilde{K}_1 Z^{-1}(\varepsilon)x(t-d(t))$$

$$= [10.1264 \quad -66.4235] \begin{bmatrix} Z_1+\varepsilon Z_3 & \varepsilon Z_5^T \\ Z_5 & Z_2+\varepsilon Z_4 \end{bmatrix}^{-1} x(t)$$

$$+ [-29.7135 \quad -13.0971] \begin{bmatrix} Z_1+\varepsilon Z_3 & \varepsilon Z_5^T \\ Z_5 & Z_2+\varepsilon Z_4 \end{bmatrix}^{-1} x(t-d(t))$$

$$= [10.1264 \quad -66.4235] \begin{bmatrix} 23.6443+193.6381\varepsilon & -22.4395\varepsilon \\ -22.4395 & 10.9708+430.4908\varepsilon \end{bmatrix}^{-1} x(t)$$

$$+ [-29.7135 \quad -13.0971]$$

$$\times \begin{bmatrix} 23.6443+193.6381\varepsilon & -22.4395\varepsilon \\ -22.4395 & 10.9708+430.4908\varepsilon \end{bmatrix}^{-1} x(t-d(t))$$

就是系统(5.35)的一个状态反馈保性能控制律,并且闭环性能指标满足:

$$J \leqslant J^*$$

其中

$$J^* = x_0^{\mathrm{T}} Z^{-\mathrm{T}}(\varepsilon) E(\varepsilon) x_0 + \int_{-d(0)}^0 x^{\mathrm{T}}(t) Z^{-\mathrm{T}}(\varepsilon) \begin{bmatrix} 66.8179 & -7.3918 \\ -7.3918 & 15.4162 \end{bmatrix} Z^{-1}(\varepsilon) x(t) \mathrm{d}t$$

$$+ \int_{-\tau}^0 \int_{-d(0)+\theta}^0 (E(\varepsilon)\dot{x}(t))^{\mathrm{T}} \begin{bmatrix} 331.3957 & -13.4230 \\ -13.4230 & 241.7084 \end{bmatrix} E(\varepsilon)\dot{x}(t) \mathrm{d}t\mathrm{d}\theta, \quad \forall \varepsilon \in (0, \bar{\varepsilon}]$$

这里

$$E(\varepsilon) = \begin{bmatrix} I & 0 \\ 0 & \varepsilon I \end{bmatrix}, \quad Z(\varepsilon) = \begin{bmatrix} 23.6443 + 193.6381\varepsilon & -22.4395\varepsilon \\ -22.4395 & 10.9708 + 430.4908\varepsilon \end{bmatrix}$$

5.6 本 章 小 结

本章针对奇异摄动系统和时滞摄动不确定系统的保性能控制进行研究,设计一种新的二次 Lyapunov-Krasovskii 性能指标,对时滞无关与时滞相关两种情况进行讨论,得到了闭环系统性能指标最小上界,给出了系统二次稳定的充分性存在条件,指出在零和稳定界之间的整个区域内,系统满足性能指标要求且稳定。设计了一种记忆保性能状态反馈控制器,给出具体的控制器参数,得出控制器的具体设计方法,所得的结论比较现有结论只能在局部找到满足指标函数取得极小值的反馈控制律相比,有了一定的改进。设计的控制器包含状态滞后,这是符合工程实际情况的。保性能控制器的存在条件和控制器参数以及保性能值,均可由 LMI 方便地求出,得到的充分条件与时滞的导数的大小有关。该方法可以推广到多状态滞后不确定系统的保性能控制问题[157-162],其数值算例表明该方法的有效性。

保性能控制是二次调节控制的进一步发展,既考虑系统鲁棒稳定,又兼顾鲁棒性能,这种处理稳定和性能鲁棒性之间的关系,是克服鲁棒二次调节控制缺陷的一种较为行之有效的方法。

第 6 章　理论推广与应用

6.1　滤波不确定性时滞系统的稳定性分析

6.1.1　系统综述

时滞系统一直是控制理论和控制工程界研究的热点。时滞就是时间的延迟，在控制系统中时滞现象极其普遍，如皮带齿轮传输、管道进料、在线分析仪器等都存在时滞，它是导致系统不稳定的主要原因之一[161]。由于时滞系统工作过程中难免受到干扰，而干扰的统计特性又往往未知，时滞系统的滤波问题就备受关注。滤波，就是指从受干扰的信号里尽可能地排除干扰，从而分离出所需要的信号。即通过对一系列带有误差的实际测量数据的处理，取得所需要的各种量的估计值。滤波器在故障检测、雷达设计和信号处理等领域中有着广泛的用途[162]。

滤波理论是控制理论的一个重要组成部分，在系统分析、监测和控制中都有非常重要的作用。迄今为止，滤波理论经历了悠久的发展历史。早在 1809 年，Gauss 在他的《天体运动理论》一书中，就提出了最小二乘估计法。这一学术思想对以后统计理论的发展具有较大的影响。1912 年，Fisher 提出了极大似然估计方法，首次将概率密度概念引入估计理论，对估计理论做出了重大贡献[163]。早期的研究是基于频域和多项式方法。近十几年又提出了基于时域的鲁棒估计问题。

最近几十年，滤波器的设计方法主要有四种，分别为多项式方法、插值法、Riccati 方程方法、线性矩阵不等式方法[164]，随着求解凸优化问题的内点法的提出以及 MATLAB 工具箱的推广，线性矩阵不等式方法受到广泛的关注。线性矩阵不等式方法可以克服前几种处理方法中的很多不足，并且可以方便地用工具箱进行求解，近几年来这种方法获得了广泛的应用[165-167]。

鲁棒滤波是近年来逐渐发展起来的一个新兴研究方向，它从系统的噪声特性的实际出发，利用最优估计理论，设计系统滤波器，使该滤波器对系统参数或噪声特性的变化具有一定的鲁棒性。

对于时滞奇异摄动系统的稳定性分析，利用线性矩阵不等式方法设计滤波器已有研究，但是目前两者结合，即时滞不确定系统的滤波器设计与滤波误差动态系统的稳定性分析的研究成果尚不多见。

本节就是在上述研究的基础上在滤波系统中的一个应用。结合时滞不确定系统的滤波器设计以及滤波误差动态系统稳定性分析,对时滞不确定滤波系统进行稳定性分析。拟采用基于积分不等式和 Lyapunov 稳定性定理,给出使时滞不确定系统存在滤波器的充分性判定条件,以及满足滤波器存在条件下的具体滤波器设计方法。分别得到滤波误差动态系统,再选取新的 Lyapunov-Krasovskii 泛函,基于 Lyapunov 稳定性的保守性更小的稳定性判据,增大稳定上界 $\bar{\varepsilon}$,相比之下得到的滤波器优越性更强。

定义 6.1[161] 若存在:

(1) 当 $w(t)=0$ 时,滤波误差动态系统是鲁棒渐近稳定的;

(2) 在零初始条件下,对于所有的非零 $2w(t)\in L_2[0,\infty)$,常数 $\eta>0$,滤波误差动态系统对任意的 $T>0$ 满足

$$\int_0^T (w^\mathrm{T}(t)\tilde{z}(t)-\eta w^\mathrm{T}(t)w(t))\mathrm{d}t\geqslant 0$$

则形式为

$$\begin{cases} E(\varepsilon)\dot{\hat{x}}(t)=A_f\hat{x}(t)+B_f y(t), & \hat{x}_0=0 \\ \hat{z}(t)=C_f\hat{x}(t)+D_f y(t) \end{cases}$$

的滤波器是系统

$$\begin{cases} E(\varepsilon)\dot{x}(t)=Ax(t)+Bw(t)+(A_d+D_d F(t)E_d)x(t-d(t)), & x_0=x(0) \\ y(t)=Cx(t)+Dw(t) \\ z(t)=Lx(t) \end{cases}$$

的具有耗散率为 η 的鲁棒无源滤波器。其中,$E(\varepsilon)=\begin{bmatrix} I & 0 \\ 0 & \varepsilon I \end{bmatrix}$;$x(t)\in \mathbf{R}^n$ 是系统的状态向量;$y(t)\in \mathbf{R}^r$ 是测量输出;$w(t)\in \mathbf{R}^m$ 是噪声信号(包括过程噪声和测量噪声);$z(t)\in \mathbf{R}^p$ 是待估计的信号向量;A、A_d、B、C、D、L 是已知的适当维数的定常矩阵,A 渐近稳定,即 A 的所有特征根都具有负实部;矩阵 A_f、B_f、C_f 是滤波器的参数;D_d、E_d 为已知的适当维数的实定常矩阵,表示不确定性的结构信息;$d(t)$ 为时变时滞可微函数;$F(t)\in \mathbf{R}^{i\times j}$ 为范数有界不确定模型的参数矩阵;x_0 是初始状态,假定其是已知的,且不失一般性,可以假定 $x_0=0$。

引理 6.1[163] 对任意适当维数的向量 a、b 和矩阵 X、N、P、R,其中 N 和 R 是对称的,若 $\begin{bmatrix} N & P \\ P^\mathrm{T} & R \end{bmatrix}\geqslant 0$,则

$$-2a^\mathrm{T}Xb\leqslant \inf_{N,P,R}\begin{bmatrix} a^\mathrm{T} \\ b^\mathrm{T} \end{bmatrix}\begin{bmatrix} N & P-X \\ P^\mathrm{T}-X^\mathrm{T} & R \end{bmatrix}\begin{bmatrix} a & b \end{bmatrix}$$

引理 6.2 给定 $\bar{\varepsilon}>0$,对矩阵 S_1、S_2 和 S_3,如果:

(1) $S_1\geqslant 0$;

(2) $S_1+\bar{\varepsilon}S_2>0$;

(3) $S_1+\bar{\varepsilon}S_2+\bar{\varepsilon}^2 S_3>0$。

那么

$$S_1 + \varepsilon S_2 + \varepsilon^2 S_3 > 0, \quad \forall \varepsilon \in (0, \bar{\varepsilon}]$$

引理 6.3 如果存在对称矩阵 $Z_i (i=1,2,\cdots,5)$ 且 $Z_i = Z_i^{\mathrm{T}} (i=1,2,3,4)$，满足以下 LMI 条件：

(1) $Z_1 > 0$；

(2) $\begin{bmatrix} Z_1 + \bar{\varepsilon} Z_3 & \bar{\varepsilon} Z_5^{\mathrm{T}} \\ \bar{\varepsilon} Z_5 & \bar{\varepsilon} Z_2 \end{bmatrix} > 0$；

(3) $\begin{bmatrix} Z_1 + \bar{\varepsilon} Z_3 & \bar{\varepsilon} Z_5^{\mathrm{T}} \\ \bar{\varepsilon} Z_5 & \bar{\varepsilon} Z_2 + \bar{\varepsilon}^2 Z_4 \end{bmatrix} > 0$。

则

$$E(\varepsilon) Z(\varepsilon) = (E(\varepsilon) Z(\varepsilon))^{\mathrm{T}} = Z^{\mathrm{T}}(\varepsilon) E(\varepsilon) > 0, \quad \forall \varepsilon \in (0, \bar{\varepsilon}]$$

其中

$$Z(\varepsilon) = \begin{bmatrix} Z_1 + \varepsilon Z_3 & \varepsilon Z_5^{\mathrm{T}} \\ Z_5 & Z_2 + \varepsilon Z_4 \end{bmatrix}$$

6.1.2 主要结果

考虑由以下状态方程描述的时滞不确定系统：

$$\begin{cases} E(\varepsilon) \dot{x}(t) = Ax(t) + Bw(t) + (A_d + D_d F(t) E_d) x(t - d(t)), & x_0 = x(0) \\ y(t) = Cx(t) + Dw(t) \\ z(t) = Lx(t) \end{cases}$$

$$(6.1)$$

其中，$E(\varepsilon) = \begin{bmatrix} I & 0 \\ 0 & \varepsilon I \end{bmatrix}$；$x(t) \in \mathbf{R}^n$ 是系统的状态向量；$y(t) \in \mathbf{R}^r$ 是测量输出；$w(t) \in \mathbf{R}^m$ 是噪声信号（包括过程噪声和测量噪声）；$z(t) \in \mathbf{R}^p$ 是待估计的信号向量；A、A_d、B、C、D、L 是已知的维数适当的定常矩阵，A 渐近稳定，即 A 的所有特征根都具有负实部；D_d、E_d 为已知的适当维数的实定常矩阵，表示不确定性的结构信息；$d(t)$ 为时变时滞可微函数，且

$$0 \leqslant d(t) \leqslant \tau, \quad \dot{d}(t) \leqslant \mu < 1 \tag{6.2}$$

其中，τ、μ 为已知常量；$F(t) \in \mathbf{R}^{i \times j}$ 表示不确定模型的参数矩阵，满足：

$$F^{\mathrm{T}}(t) F(t) \leqslant I \tag{6.3}$$

x_0 是初始状态，假定其是已知的，且不失一般性，可以假定 $x_0 = 0$。

对给定的常数 $\gamma > 0$，要求设计一个渐近稳定的线性滤波器

$$\begin{cases} E(\varepsilon)\dot{\hat{x}}(t) = A_f\hat{x}(t) + B_f y(t), & \hat{x}_0 = 0 \\ \hat{z}(t) = C_f\hat{x}(t) + D_f y(t) \end{cases} \tag{6.4}$$

其中，$\hat{x}(t) \in \mathbf{R}^k$ 为滤波器状态；$\hat{z}(t) \in \mathbf{R}^p$ 为估计向量；矩阵 A_f、B_f、C_f 是待设计的滤波器参数。

记误差状态为 $\tilde{z} = z - \hat{z}$，定义 $\tilde{x}(t) = [x^T(t)\quad \hat{x}^T(t)]^T$，则滤波误差动态方程是

$$\begin{cases} E(\varepsilon)\dot{\tilde{x}}(t) = \tilde{A}\tilde{x}(t) + \tilde{B}w(t) + (A_d + D_d F(t)E_d)\tilde{x}(t-d(t)), & \tilde{x}_0 = 0 \\ \tilde{z}(t) = \tilde{C}\tilde{x}(t) + \tilde{D}w(t) \end{cases} \tag{6.5}$$

其中

$$\tilde{A} = \begin{bmatrix} A & 0 \\ B_f C & A_f \end{bmatrix}, \quad \tilde{B} = \begin{bmatrix} B \\ B_f D \end{bmatrix}, \quad \tilde{C} = [L - D_f C \quad -C_f], \quad \tilde{D} = -D_f D$$

1. 时滞不确定系统滤波器的设计

1) 时滞不确定系统滤波器的存在条件

定理 6.1　给定正数 $\bar{\varepsilon} > 0$，$\forall \varepsilon \in (0, \bar{\varepsilon}]$，系统 (6.1) 存在鲁棒无源滤波器 (6.4)。若存在常数 $\eta > 0$，对称正定矩阵 $Q > 0$，以及矩阵 $Z_i(i=1,2,\cdots,5)$ 且 $Z_i = Z_i^T(i=1,2,3,4)$，对于满足条件 (6.3) 所具有的不确定性函数 $F(t)$，下列矩阵不等式条件可行：

$$Z_1 > 0 \tag{6.6}$$

$$\begin{bmatrix} Z_1 + \bar{\varepsilon}Z_3 & \bar{\varepsilon}Z_5^T \\ \bar{\varepsilon}Z_5 & \bar{\varepsilon}Z_2 \end{bmatrix} > 0 \tag{6.7}$$

$$\begin{bmatrix} Z_1 + \bar{\varepsilon}Z_3 & \bar{\varepsilon}Z_5^T \\ \bar{\varepsilon}Z_5 & \bar{\varepsilon}Z_2 + \bar{\varepsilon}^2 Z_4 \end{bmatrix} > 0 \tag{6.8}$$

$$\begin{bmatrix} Q + \tilde{A}^T Z(0) + Z^T(0)\tilde{A} & Z^T(0)(A_d + D_d F(t)E_d) & Z^T(0)\tilde{B} \\ * & -(1-\mu)Q & 0 \\ * & * & -2\eta I \end{bmatrix} < 0 \tag{6.9}$$

$$\begin{bmatrix} Q + \tilde{A}^T Z(\bar{\varepsilon}) + Z^T(\bar{\varepsilon})\tilde{A} & Z^T(\bar{\varepsilon})(A_d + D_d F(t)E_d) & Z^T(\bar{\varepsilon})\tilde{B} \\ * & -(1-\mu)Q & 0 \\ * & * & -2\eta I \end{bmatrix} < 0 \tag{6.10}$$

证明　当 $w(t) = 0$ 时，定义滤波误差动态系统 (6.5) 的 Lyapunov-Krasovskii 函数为

$$V(\tilde{x}_t) = \tilde{x}^T(t)E(\varepsilon)Z(\varepsilon)\tilde{x}(t) + \int_{t-d(t)}^{t} \tilde{x}^T(s)Q\tilde{x}(s)\mathrm{d}s \tag{6.11}$$

其中，Q 为对称正定矩阵，即 $Q > 0$。

由引理 6.2 和条件 (6.6)~(6.8)，有

$$E(\varepsilon)Z(\varepsilon)=Z^{\mathrm{T}}(\varepsilon)E(\varepsilon)>0, \quad \forall \varepsilon \in (0,\bar{\varepsilon}] \tag{6.12}$$

这样 $V(\tilde{x}_t)$ 就为正定的 Lyapunov-Krasovskii 泛函。

把 $V(\tilde{x}_t)$ 沿着系统(6.5)的任意轨迹进行微分,得

$$\dot{V}(\tilde{x}_t)\big|_{(6.5)} = \frac{\mathrm{d}}{\mathrm{d}t}(\tilde{x}^{\mathrm{T}}(t)E(\varepsilon)Z(\varepsilon)\tilde{x}(t)) + \frac{\mathrm{d}}{\mathrm{d}t}\Big(\int_{t-d(t)}^{t}\tilde{x}^{\mathrm{T}}(s)Q\tilde{x}(s)\mathrm{d}s\Big) \tag{6.13}$$

其中

$$\frac{\mathrm{d}}{\mathrm{d}t}\Big(\int_{t-d(t)}^{t}\tilde{x}^{\mathrm{T}}(s)Q\tilde{x}(s)\mathrm{d}s\Big)$$
$$= \tilde{x}^{\mathrm{T}}(t)Q\tilde{x}(t) - (1-d(t))\tilde{x}^{\mathrm{T}}(t-d(t))Q\tilde{x}(t-d(t))$$
$$\leqslant \tilde{x}^{\mathrm{T}}(t)Q\tilde{x}(t) - (1-\mu)\tilde{x}^{\mathrm{T}}(t-d(t))Q\tilde{x}(t-d(t))$$

$$\frac{\mathrm{d}}{\mathrm{d}t}(\tilde{x}^{\mathrm{T}}(t)E(\varepsilon)Z(\varepsilon)\tilde{x}(t))$$
$$= \tilde{x}^{\mathrm{T}}(t)E(\varepsilon)Z(\varepsilon)\tilde{x}(t) + \tilde{x}^{\mathrm{T}}(t)E(\varepsilon)Z^{\mathrm{T}}(\varepsilon)\dot{\tilde{x}}(t)$$
$$= (E(\varepsilon)\dot{\tilde{x}}(t))^{\mathrm{T}}Z(\varepsilon)\tilde{x}(t) + \tilde{x}^{\mathrm{T}}(t)Z^{\mathrm{T}}(\varepsilon)E(\varepsilon)\dot{\tilde{x}}(t)$$
$$= [\tilde{A}\tilde{x}(t) + \tilde{B}w(t) + (A_d + D_dF(t)E_d)\tilde{x}(t-d(t))]^{\mathrm{T}}Z(\varepsilon)\tilde{x}(t)$$
$$\quad + \tilde{x}^{\mathrm{T}}(t)Z^{\mathrm{T}}(\varepsilon)[\tilde{A}\tilde{x}(t) + \tilde{B}w(t) + (A_d + D_dF(t)E_d)\tilde{x}(t-d(t))]$$
$$= \tilde{x}^{\mathrm{T}}(t)\tilde{A}^{\mathrm{T}}Z(\varepsilon)\tilde{x}(t) + w^{\mathrm{T}}(t)\tilde{B}^{\mathrm{T}}Z(\varepsilon)\tilde{x}(t)$$
$$\quad + \tilde{x}^{\mathrm{T}}(t-d(t))(A_d + D_dF(t)E_d)^{\mathrm{T}}Z(\varepsilon)\tilde{x}(t)$$
$$\quad + \tilde{x}^{\mathrm{T}}(t)Z^{\mathrm{T}}(\varepsilon)\tilde{A}\tilde{x}(t) + \tilde{x}^{\mathrm{T}}(t)Z^{\mathrm{T}}(\varepsilon)\tilde{B}w(t)$$
$$\quad + \tilde{x}^{\mathrm{T}}(t)Z^{\mathrm{T}}(\varepsilon)(A_d + D_dF(t)E_d)\tilde{x}(t-d(t))$$
$$\dot{V}(x_t) \leqslant \tilde{x}^{\mathrm{T}}(t)(Q + \tilde{A}^{\mathrm{T}}Z(\varepsilon) + Z^{\mathrm{T}}(\varepsilon)\tilde{A})\tilde{x}(t)$$
$$\quad + \tilde{x}^{\mathrm{T}}(t)[Z^{\mathrm{T}}(\varepsilon)(A_d + D_dF(t)E_d)]\tilde{x}(t-d(t))$$
$$\quad + \tilde{x}^{\mathrm{T}}(t-d(t))[(A_d + D_dF(t)E_d)^{\mathrm{T}}Z(\varepsilon)]\tilde{x}(t)$$
$$\quad + \tilde{x}^{\mathrm{T}}(t-d(t))[-(1-\mu)Q]\tilde{x}(t-d(t))$$
$$\leqslant \xi^{\mathrm{T}}(t)G(\varepsilon)\xi(t)$$

其中

$$\xi(t) = [\tilde{x}^{\mathrm{T}}(t) \quad \tilde{x}^{\mathrm{T}}(t-d(t)) \quad w^{\mathrm{T}}(t)]^{\mathrm{T}} \tag{6.14}$$

$$G(\varepsilon) = \begin{bmatrix} Q + \tilde{A}^{\mathrm{T}}Z(\varepsilon) + Z^{\mathrm{T}}(\varepsilon)\tilde{A} & Z^{\mathrm{T}}(\varepsilon)(A_d + D_dF(t)E_d) \\ * & -(1-\mu)Q \end{bmatrix} \tag{6.15}$$

可知,当 $w(t)=0$,由式(6.9)和式(6.10)可知,$G(0)<0,G(\bar{\varepsilon})<0$。使用引理 6.3 得 $G(\varepsilon)<0$,故可知 $\dot{V}(\tilde{x}_t)\big|_{(6.5)}<0$,再根据 Lyapunov 稳定性理论,能够进一步得出滤波误差动态系统(6.5)是渐近稳定的。

证毕。

进一步,考虑无源指标,假设零初始条件,考虑滤波误差动态系统(6.5)的 Lyapunov-Krasovskii 函数(6.11),有

$$\dot{V}(\widetilde{x}_t) \leqslant \widetilde{x}^{\mathrm{T}}(t)(Q + \widetilde{A}^{\mathrm{T}} Z(\varepsilon) + Z^{\mathrm{T}}(\varepsilon)\widetilde{A})\widetilde{x}(t)$$
$$+ \widetilde{x}^{\mathrm{T}}(t)[Z^{\mathrm{T}}(\varepsilon)(A_d + D_d F(t) E_d)]\widetilde{x}(t - d(t))$$
$$+ \widetilde{x}^{\mathrm{T}}(t)(Z^{\mathrm{T}}(\varepsilon)\widetilde{B})w(t)$$
$$+ \widetilde{x}^{\mathrm{T}}(t - d(t))[(A_d + D_d F(t) E_d)^{\mathrm{T}} Z(\varepsilon)]\widetilde{x}(t)$$
$$+ \widetilde{x}^{\mathrm{T}}(t - d(t))[-(1 - \mu)Q]\widetilde{x}(t - d(t))$$
$$+ w^{\mathrm{T}}(t)(\widetilde{B}^{\mathrm{T}} Z(\varepsilon))\widetilde{x}(t)$$

考虑下述指标

$$J_T = \int_0^T 2(w^{\mathrm{T}}(t)\widetilde{z}(t) - \eta w^{\mathrm{T}}(t)w(t))\mathrm{d}t \tag{6.16}$$

其中，$T > 0$，对于所有的 $w(t) \in L_2[0, \infty)$ 与任意的 $T > 0$，可得

$$-J_T = \int_0^T [-2(w^{\mathrm{T}}(t)\widetilde{z}(t) - \eta w^{\mathrm{T}}(t)w(t)) + \dot{V}(\widetilde{x}_t)]\mathrm{d}t - V(\widetilde{x}_t)$$

$$\leqslant \int_0^T \xi^{\mathrm{T}}(t) G(\varepsilon)\xi(t) \tag{6.17}$$

其中

$$\xi(t) = [\widetilde{x}^{\mathrm{T}}(t) \quad \widetilde{x}^{\mathrm{T}}(t - d(t)) \quad w^{\mathrm{T}}(t)]^{\mathrm{T}} \tag{6.18}$$

$$G(\varepsilon) = \begin{bmatrix} Q + \widetilde{A}^{\mathrm{T}} Z(\varepsilon) + Z^{\mathrm{T}}(\varepsilon)\widetilde{A} & Z^{\mathrm{T}}(\varepsilon)(A_d + D_d F(t) E_d) & Z^{\mathrm{T}}(\varepsilon)\widetilde{B} \\ * & -(1 - \mu)Q & 0 \\ * & * & -2\eta I \end{bmatrix} \tag{6.19}$$

由式(6.9)和式(6.10)可知，对于所有的 $T > 0$，$J_T > 0$ 成立。

2) 滤波器设计

定理 6.2　给定正数 $\varepsilon > 0$，$\forall \varepsilon \in (0, \bar{\varepsilon}]$，对于滤波误差动态系统(6.5)，鲁棒无源滤波器参数矩阵 A_f、B_f、C_f、D_f 有解。若存在常数 $\gamma > 0$，对称正定矩阵 $Q > 0$，以及矩阵 $Z_i(i = 1, 2, \cdots, 5)$ 且 $Z_i = Z_i^{\mathrm{T}}(i = 1, 2, 3, 4)$，对于满足条件(6.6)~(6.8)以及条件(6.3)所具有的不确定性函数 $F(t)$，下列矩阵不等式条件可行：

$$\begin{bmatrix} \Theta_1 & \Theta_2 & \Theta_3 \\ \Theta_2^{\mathrm{T}} & -\gamma I & 0 \\ \Theta_3^{\mathrm{T}} & 0 & -\gamma I \end{bmatrix} < 0 \tag{6.20}$$

其中

$$\Theta_1 = \begin{bmatrix} \Phi_1 & \Phi_2 & \Phi_3 \\ \Phi_2^{\mathrm{T}} & -(1 - \mu)Q & 0 \\ \Phi_3^{\mathrm{T}} & 0 & -2\eta I \end{bmatrix}$$

$$\Theta_2 = \begin{bmatrix} Z^{\mathrm{T}}(0)D_d \\ 0 \\ 0 \end{bmatrix}, \quad \Theta_3 = \begin{bmatrix} 0 \\ E_d \\ 0 \end{bmatrix} \tag{6.21}$$

$$\Phi_1 = \begin{bmatrix} A & 0 \\ B_f C & A_f \end{bmatrix}^{\mathrm{T}} Z(0) + Z^{\mathrm{T}}(0) \begin{bmatrix} A & 0 \\ B_f C & A_f \end{bmatrix} + Q$$

$$\Phi_2 = Z^{\mathrm{T}}(0) A_d, \quad \Phi_3 = Z^{\mathrm{T}}(0) \widetilde{B} \tag{6.22}$$

$$\begin{bmatrix} \Theta_4 & \Theta_5 & \Theta_6 \\ \Theta_5^{\mathrm{T}} & -\gamma I & 0 \\ \Theta_6^{\mathrm{T}} & 0 & -\gamma I \end{bmatrix} < 0 \tag{6.23}$$

$$\Theta_4 = \begin{bmatrix} \Phi_4 & \Phi_5 & \Phi_6 \\ \Phi_5^{\mathrm{T}} & -(1-\mu)Q & 0 \\ \Phi_6^{\mathrm{T}} & 0 & -2\eta I \end{bmatrix}$$

$$\Theta_5 = \begin{bmatrix} Z^{\mathrm{T}}(\varepsilon) D_d \\ 0 \\ 0 \end{bmatrix}, \quad \Theta_6 = \begin{bmatrix} 0 \\ E_d \\ 0 \end{bmatrix}$$

$$\Phi_4 = \begin{bmatrix} A & 0 \\ B_f C & A_f \end{bmatrix}^{\mathrm{T}} Z(\varepsilon) + Z^{\mathrm{T}}(\varepsilon) \begin{bmatrix} A & 0 \\ B_f C & A_f \end{bmatrix} + Q$$

$$\Phi_5 = Z^{\mathrm{T}}(\varepsilon) A_d, \quad \Phi_6 = Z^{\mathrm{T}}(\varepsilon) \widetilde{B} \tag{6.24}$$

证明　由定理 6.1 中给出的滤波器存在条件:

$$G(\varepsilon) = \begin{bmatrix} Q + \widetilde{A}^{\mathrm{T}} Z(\varepsilon) + Z^{\mathrm{T}}(\varepsilon) \widetilde{A} & Z^{\mathrm{T}}(\varepsilon)(A_d + D_d F(t) E_d) & Z^{\mathrm{T}}(\varepsilon) \widetilde{B} \\ * & -(1-\mu)Q & 0 \\ * & * & -2\eta I \end{bmatrix}$$

$$= \begin{bmatrix} Q + \widetilde{A}^{\mathrm{T}} Z(\varepsilon) + Z^{\mathrm{T}}(\varepsilon) \widetilde{A} & Z^{\mathrm{T}}(\varepsilon) A_d & Z^{\mathrm{T}}(\varepsilon) \widetilde{B} \\ * & -(1-\mu)Q & 0 \\ * & * & -2\eta I \end{bmatrix}$$

$$+ \begin{bmatrix} 0 & Z^{\mathrm{T}}(\varepsilon) D_d F(t) E_d & 0 \\ (D_d F(t) E_d)^{\mathrm{T}} Z(\varepsilon) & 0 & 0 \\ 0 & 0 & 0 \end{bmatrix}$$

$$= \begin{bmatrix} Q + \widetilde{A}^{\mathrm{T}} Z(\varepsilon) + Z^{\mathrm{T}}(\varepsilon) \widetilde{A} & Z^{\mathrm{T}}(\varepsilon) A_d & Z^{\mathrm{T}}(\varepsilon) \widetilde{B} \\ * & -(1-\mu)Q & 0 \\ * & * & -2\eta I \end{bmatrix}$$

$$+ \begin{bmatrix} 0 & E_d & 0 \end{bmatrix}^{\mathrm{T}} F^{\mathrm{T}}(t) \begin{bmatrix} Z^{\mathrm{T}}(\varepsilon) D_d \\ 0 \\ 0 \end{bmatrix}^{\mathrm{T}} + \begin{bmatrix} Z^{\mathrm{T}}(\varepsilon) D_d \\ 0 \\ 0 \end{bmatrix} F(t) \begin{bmatrix} 0 & E_d & 0 \end{bmatrix} < 0 \tag{6.25}$$

式(6.25)成立等价于存在常数 $\gamma > 0$,使得

$$\begin{bmatrix} Q+\tilde{A}^{\mathrm{T}}Z(\varepsilon)+Z^{\mathrm{T}}(\varepsilon)\tilde{A} & Z^{\mathrm{T}}(\varepsilon)A_d & Z^{\mathrm{T}}(\varepsilon)\tilde{B} \\ * & -(1-\mu)Q & 0 \\ * & * & -2\eta I \end{bmatrix}$$

$$+\gamma^{-1}\begin{bmatrix} Z^{\mathrm{T}}(\varepsilon)D_d \\ 0 \\ 0 \end{bmatrix}\begin{bmatrix} Z^{\mathrm{T}}(\varepsilon)D_d \\ 0 \\ 0 \end{bmatrix}^{\mathrm{T}}+\gamma\begin{bmatrix} 0 & E_d & 0 \end{bmatrix}^{\mathrm{T}}\begin{bmatrix} 0 & E_d & 0 \end{bmatrix}<0 \qquad (6.26)$$

由 Schur 补引理可知

$$\begin{bmatrix} Q+\tilde{A}^{\mathrm{T}}Z(\varepsilon)+Z^{\mathrm{T}}(\varepsilon)\tilde{A} & Z^{\mathrm{T}}(\varepsilon)A_d & Z^{\mathrm{T}}(\varepsilon)\tilde{B} & Z^{\mathrm{T}}(\varepsilon)D_d & 0 \\ * & -(1-\mu)Q & 0 & 0 & E_d^{\mathrm{T}} \\ * & * & -2\eta I & 0 & 0 \\ * & * & * & -\gamma I & 0 \\ * & * & * & * & -\gamma^{-1}I \end{bmatrix}<0$$

$$\qquad (6.27)$$

由式(6.20)和式(6.23)可知,$G(0)<0$,$G(\varepsilon)<0$。使用引理 6.2 得 $G(\varepsilon)<0$,则 $\forall \varepsilon\in(0,\bar{\varepsilon}]$,系统(6.5)鲁棒无源滤波器有解,可以运用 MATLAB 工具箱解得滤波器的参数矩阵 A_f、B_f、C_f。

2. 滤波误差动态系统稳定性分析

1) 时滞相关的稳定性判据

定理 6.3　给定正数 $\varepsilon>0$,$\forall \varepsilon\in(0,\bar{\varepsilon}]$,系统(6.5)是渐近稳定的。若存在对称正定矩阵 $Q>0$、$M>0$,以及矩阵 $Z_i(i=1,2,\cdots,5)$ 且 $Z_i=Z_i^{\mathrm{T}}(i=1,2,3,4)$,对于满足条件(6.6)~(6.8)以及条件(6.3)所具有的不确定性函数 $F(t)$,下列矩阵不等式条件可行:

$$\begin{bmatrix} Q+\tilde{A}^{\mathrm{T}}Z(0)+Z^{\mathrm{T}}(0)\tilde{A} & Z^{\mathrm{T}}(0)(A_d+\Delta A_d) & Z^{\mathrm{T}}(0)\tilde{B} & \tau\tilde{A}^{\mathrm{T}}M \\ * & -(1-\mu)Q & 0 & \tau(A_d+\Delta A_d)^{\mathrm{T}}M \\ * & * & 0 & \tau\tilde{B}^{\mathrm{T}}M \\ * & * & * & -\tau M \end{bmatrix}<0$$

$$\qquad (6.28)$$

$$\begin{bmatrix} Q+\tilde{A}^{\mathrm{T}}Z(\varepsilon)+Z^{\mathrm{T}}(\bar{\varepsilon})\tilde{A} & Z^{\mathrm{T}}(\bar{\varepsilon})(A_d+\Delta A_d) & Z^{\mathrm{T}}(\bar{\varepsilon})\tilde{B} & \tau\tilde{A}^{\mathrm{T}}M \\ * & -(1-\mu)Q & 0 & \tau(A_d+\Delta A_d)^{\mathrm{T}}M \\ * & * & 0 & \tau\tilde{B}^{\mathrm{T}}M \\ * & * & * & -\tau M \end{bmatrix}<0$$

$$\qquad (6.29)$$

其中,$\Delta A_d=D_dF(t)E_d$。

证明　定义一个二次 Lyapunov-Krasovskii 泛函如下：

$$V(\widetilde{x}_t) = \widetilde{x}^{\mathrm{T}}(t)E(\varepsilon)Z(\varepsilon) + \widetilde{x}(t) + \int_{t-d(t)}^{t} \widetilde{x}^{\mathrm{T}}(s)Q\widetilde{x}(s)\mathrm{d}s$$

$$+ \int_{-\tau}^{0}\int_{t+\theta}^{t} (E(\varepsilon)\dot{\widetilde{x}}(s))^{\mathrm{T}}ME(\varepsilon)\dot{\widetilde{x}}(s)\mathrm{d}s\mathrm{d}\theta$$

其中，Q、M 为对称正定矩阵，即 $Q>0, M>0$。

由引理 6.2 和线性矩阵不等式有

$$E(\varepsilon)Z(\varepsilon) = Z^{\mathrm{T}}(\varepsilon)E(\varepsilon) > 0, \quad \forall \varepsilon \in (0, \bar{\varepsilon}] \tag{6.30}$$

$V(\widetilde{x}_t)$ 就为正定的 Lyapunov-Krasovskii 泛函。

把 $V(\widetilde{x}_t)$ 沿着系统 (6.5) 的任意轨迹进行微分，得

$$\dot{V}(\widetilde{x}_t)\big|_{(6.5)} = \frac{\mathrm{d}}{\mathrm{d}t}(\widetilde{x}^{\mathrm{T}}(t)E(\varepsilon)Z(\varepsilon)\widetilde{x}(t)) + \frac{\mathrm{d}}{\mathrm{d}t}\Big(\int_{t-d(t)}^{t} \widetilde{x}^{\mathrm{T}}(s)Q\widetilde{x}(s)\mathrm{d}s\Big)$$

$$+ \frac{\mathrm{d}}{\mathrm{d}t}\Big(\int_{-\tau}^{0}\int_{t+\theta}^{t} (E(\varepsilon)\dot{\widetilde{x}}(s))^{\mathrm{T}}ME(\varepsilon)\dot{\widetilde{x}}(s)\mathrm{d}s\mathrm{d}\theta\Big)$$

其中

$$\frac{\mathrm{d}}{\mathrm{d}t}(\widetilde{x}^{\mathrm{T}}(t)E(\varepsilon)Z(\varepsilon)\widetilde{x}(t))$$

$$= \dot{\widetilde{x}}^{\mathrm{T}}(t)E(\varepsilon)Z(\varepsilon)\widetilde{x}(t) + \widetilde{x}^{\mathrm{T}}(t)E(\varepsilon)Z^{\mathrm{T}}(\varepsilon)\dot{\widetilde{x}}(t)$$

$$= (E(\varepsilon)\dot{\widetilde{x}}(t))^{\mathrm{T}}Z(\varepsilon)\widetilde{x}(t) + \widetilde{x}^{\mathrm{T}}(t)Z^{\mathrm{T}}(\varepsilon)E(\varepsilon)\dot{\widetilde{x}}(t)$$

$$= \big[\widetilde{A}\widetilde{x}(t) + \widetilde{B}w(t) + (A_d + D_dF(t)E_d)\widetilde{x}(t-d(t))\big]^{\mathrm{T}}Z(\varepsilon)\widetilde{x}(t)$$

$$+ \widetilde{x}^{\mathrm{T}}(t)Z^{\mathrm{T}}(\varepsilon)\big[\widetilde{A}\widetilde{x}(t) + \widetilde{B}w(t) + (A_d + D_dF(t)E_d)\widetilde{x}(t-d(t))\big]$$

$$= \widetilde{x}^{\mathrm{T}}(t)\widetilde{A}^{\mathrm{T}}Z(\varepsilon)\widetilde{x}(t) + w^{\mathrm{T}}(t)\widetilde{B}^{\mathrm{T}}Z(\varepsilon)\widetilde{x}(t)$$

$$+ \widetilde{x}^{\mathrm{T}}(t-d(t))(A_d + D_dF(t)E_d)^{\mathrm{T}}Z(\varepsilon)\widetilde{x}(t) + \widetilde{x}^{\mathrm{T}}(t)Z^{\mathrm{T}}(\varepsilon)\widetilde{A}\widetilde{x}(t)$$

$$+ \widetilde{x}^{\mathrm{T}}(t)Z^{\mathrm{T}}(\varepsilon)\widetilde{B}w(t) + \widetilde{x}^{\mathrm{T}}(t)Z^{\mathrm{T}}(\varepsilon)(A_d + D_dF(t)E_d)\widetilde{x}(t-d(t))$$

$$\frac{\mathrm{d}}{\mathrm{d}t}\Big(\int_{t-d(t)}^{t} \widetilde{x}^{\mathrm{T}}(s)Q\widetilde{x}(s)\mathrm{d}s\Big)$$

$$= \widetilde{x}^{\mathrm{T}}(t)Q\widetilde{x}(t) - (1-\dot{d}(t))\widetilde{x}^{\mathrm{T}}(t-d(t))Q\widetilde{x}(t-d(t))$$

$$\leqslant \widetilde{x}^{\mathrm{T}}(t)Q\widetilde{x}(t) - (1-\mu)\widetilde{x}^{\mathrm{T}}(t-d(t))Q\widetilde{x}(t-d(t))$$

$$\frac{\mathrm{d}}{\mathrm{d}t}\Big(\int_{-\tau}^{0}\int_{t+\theta}^{t} (E(\varepsilon)\dot{\widetilde{x}}(s))^{\mathrm{T}}ME(\varepsilon)\dot{\widetilde{x}}(s)\mathrm{d}s\mathrm{d}\theta\Big)$$

$$= \tau (E(\varepsilon)\dot{\widetilde{x}}(t))^{\mathrm{T}}ME(\varepsilon)\dot{\widetilde{x}}(t)$$

$$- \int_{-\tau}^{0} (E(\varepsilon)\dot{\widetilde{x}}(t+\theta))^{\mathrm{T}}ME(\varepsilon)\dot{\widetilde{x}}(t+\theta)\mathrm{d}\theta$$

$$= \tau (E(\varepsilon)\dot{\widetilde{x}}(t))^{\mathrm{T}}ME(\varepsilon)\dot{\widetilde{x}}(t)$$

$$- \int_{t-\tau}^{t} (E(\varepsilon)\dot{\widetilde{x}}(s))^{\mathrm{T}}ME(\varepsilon)\dot{\widetilde{x}}(s)\mathrm{d}s$$

$$\leqslant \tau\,(E(\varepsilon)\dot{\tilde{x}}(t))^{\mathrm{T}}ME(\varepsilon)\dot{\tilde{x}}(t)$$

$$-\int_{t-d(t)}^{t}(E(\varepsilon)\dot{\tilde{x}}(s))^{\mathrm{T}}ME(\varepsilon)\dot{\tilde{x}}(s)\mathrm{d}s$$

$$= \tau\,[\tilde{A}\tilde{x}(t)+\tilde{B}w(t)+(A_d+D_dF(t)E_d)\tilde{x}(t-d(t))]^{\mathrm{T}}$$

$$\times M[\tilde{A}\tilde{x}(t)+\tilde{B}w(t)+(A_d+D_dF(t)E_d)\tilde{x}(t-d(t))]$$

$$-\int_{t-d(t)}^{t}(E(\varepsilon)\dot{\tilde{x}}(s))^{\mathrm{T}}ME(\varepsilon)\dot{\tilde{x}}(s)\mathrm{d}s$$

$$= \tau\tilde{x}^{\mathrm{T}}(t)\tilde{A}^{\mathrm{T}}M\tilde{A}\tilde{x}(t)+\tau\tilde{x}^{\mathrm{T}}(t)\tilde{A}^{\mathrm{T}}M\tilde{B}w(t)$$

$$+\tau\tilde{x}^{\mathrm{T}}(t)\tilde{A}^{\mathrm{T}}M(A_d+D_dF(t)E_d)\tilde{x}(t-d(t))$$

$$+\tau w^{\mathrm{T}}(t)\tilde{B}^{\mathrm{T}}M\tilde{A}\tilde{x}(t)+\tau w^{\mathrm{T}}(t)\tilde{B}^{\mathrm{T}}M\tilde{B}w(t)$$

$$+\tau w^{\mathrm{T}}(t)\tilde{B}^{\mathrm{T}}M(A_d+D_dF(t)Ed)\tilde{x}(t-d(t))$$

$$+\tau\tilde{x}^{\mathrm{T}}(t-d(t))(A_d+D_dF(t)E_d)^{\mathrm{T}}M\tilde{A}\tilde{x}(t)$$

$$+\tau\tilde{x}^{\mathrm{T}}(t-d(t))(A_d+D_dF(t)E_d)^{\mathrm{T}}M\tilde{B}w(t)$$

$$+\tau\tilde{x}^{\mathrm{T}}(t-d(t))(A_d+D_dF(t)E_d)^{\mathrm{T}}M(A_d+D_dF(t)E_d)\tilde{x}(t-d(t))$$

$$-\int_{t-d(t)}^{t}(E(\varepsilon)\dot{\tilde{x}}(s))^{\mathrm{T}}ME(\varepsilon)\dot{\tilde{x}}(s)\mathrm{d}s$$

因此

$$\dot{V}(\tilde{x}_t)\leqslant\tilde{x}^{\mathrm{T}}(t)(Q+\tilde{A}^{\mathrm{T}}Z(\varepsilon)+Z^{\mathrm{T}}(\varepsilon)\tilde{A}+\tau\tilde{A}^{\mathrm{T}}M\tilde{A})\tilde{x}(t)$$

$$+\tilde{x}^{\mathrm{T}}(t)[Z^{\mathrm{T}}(\varepsilon)(A_d+D_dF(t)E_d)+\tau\tilde{A}^{\mathrm{T}}M(A_d+D_dF(t)E_d)]\tilde{x}(t-d(t))$$

$$+\tilde{x}^{\mathrm{T}}(t)(Z^{\mathrm{T}}(\varepsilon)\tilde{B}+\tau\tilde{A}^{\mathrm{T}}M\tilde{B})w(t)$$

$$+\tilde{x}^{\mathrm{T}}(t-d(t))[(A_d+D_dF(t)E_d)^{\mathrm{T}}Z(\varepsilon)+\tau\,(A_d+D_dF(t)E_d)^{\mathrm{T}}M\tilde{A}]\tilde{x}(t)$$

$$+\tilde{x}^{\mathrm{T}}(t-d(t))[-(1-\mu)Q$$

$$+\tau\,(A_d+D_dF(t)E_d)^{\mathrm{T}}M(A_d+D_dF(t)E_d)]\tilde{x}(t-d(t))$$

$$+\tilde{x}^{\mathrm{T}}(t-d(t))[\tau\,(A_d+D_dF(t)E_d)^{\mathrm{T}}M\tilde{B}]w(t)$$

$$+w^{\mathrm{T}}(t)(\tilde{B}^{\mathrm{T}}Z(\varepsilon)+\tau\tilde{B}^{\mathrm{T}}M\tilde{A})\tilde{x}(t)$$

$$+w^{\mathrm{T}}(t)[\tau\tilde{B}^{\mathrm{T}}M(A_d+D_dF(t)E_d)]\tilde{x}(t-d(t))$$

$$+w^{\mathrm{T}}(t)(\tau\tilde{B}^{\mathrm{T}}M\tilde{B})w(t)$$

$$\leqslant\xi^{\mathrm{T}}(t)G(\varepsilon)\xi(t) \tag{6.31}$$

其中

$$\xi(t)=[\tilde{x}^{\mathrm{T}}(t)\quad\tilde{x}^{\mathrm{T}}(t-d(t))\quad w^{\mathrm{T}}(t)]^{\mathrm{T}}$$

$$G(\varepsilon)=\begin{bmatrix}Q+\tilde{A}^{\mathrm{T}}Z(\varepsilon)+Z^{\mathrm{T}}(\varepsilon)\tilde{A}+\tau\tilde{A}^{\mathrm{T}}M\tilde{A} & Z^{\mathrm{T}}(\varepsilon)(A_d+D_dF(t)E_d)+\tau\tilde{A}^{\mathrm{T}}M(A_d+D_dF(t)E_d) & Z^{\mathrm{T}}(\varepsilon)\tilde{B}+\tau\tilde{A}^{\mathrm{T}}M\tilde{B}\\ * & -(1-\mu)Q+\tau(A_d+D_dF(t)E_d)^{\mathrm{T}}M(A_d+D_dF(t)E_d) & \tau\,(A_d+D_dF(t)E_d)^{\mathrm{T}}M\tilde{B}\\ * & * & \tau\tilde{B}^{\mathrm{T}}M\tilde{B}\end{bmatrix} \tag{6.32}$$

$$G(\varepsilon) = \begin{bmatrix} Q + \widetilde{A}^{\mathrm{T}} Z(\varepsilon) + Z^{\mathrm{T}}(\varepsilon)\widetilde{A} & Z^{\mathrm{T}}(\varepsilon)(A_d + \Delta A_d) & Z^{\mathrm{T}}(\varepsilon)\widetilde{B} \\ (A_d + \Delta A_d)^{\mathrm{T}} Z(\varepsilon) & -(1-\mu)Q & 0 \\ \widetilde{B}^{\mathrm{T}} Z(\varepsilon) & 0 & 0 \end{bmatrix}$$

$$\times \begin{bmatrix} \tau \widetilde{A}^{\mathrm{T}} M \widetilde{A} & \tau \widetilde{A}^{\mathrm{T}} M (A_d + \Delta A_d) & \tau \widetilde{A}^{\mathrm{T}} M \widetilde{B} \\ \tau & \tau (A_d + \Delta A_d)^{\mathrm{T}} M (A_d + \Delta A_d) & \tau (A_d + \Delta A_d)^{\mathrm{T}} M \widetilde{B} \\ \tau \widetilde{B}^{\mathrm{T}} M \widetilde{A} & \tau \widetilde{B}^{\mathrm{T}} M (A_d + \Delta A_d) & \tau \widetilde{B}^{\mathrm{T}} M \widetilde{B} \end{bmatrix}$$

$$= \begin{bmatrix} Q + \widetilde{A}^{\mathrm{T}} Z(\varepsilon) + Z^{\mathrm{T}}(\varepsilon)\widetilde{A} & Z^{\mathrm{T}}(\varepsilon)(A_d + \Delta A_d) & Z^{\mathrm{T}}(\varepsilon)\widetilde{B} \\ (A_d + \Delta A_d)^{\mathrm{T}} Z(\varepsilon) & -(1-\mu)Q & 0 \\ \widetilde{B}^{\mathrm{T}} Z(\varepsilon) & 0 & 0 \end{bmatrix}$$

$$+ \tau \begin{bmatrix} \widetilde{A}^{\mathrm{T}} \\ (A_d + \Delta A_d)^{\mathrm{T}} \\ \widetilde{B}^{\mathrm{T}} \end{bmatrix} M \begin{bmatrix} \widetilde{A} & A_d + \Delta A_d & \widetilde{B} \end{bmatrix} \tag{6.33}$$

由 Schur 补引理,可知 $G(\varepsilon) < 0$ 等价于

$$\begin{bmatrix} Q + \widetilde{A}^{\mathrm{T}} Z(\varepsilon) + Z^{\mathrm{T}}(\varepsilon)\widetilde{A} & Z^{\mathrm{T}}(\varepsilon)(A_d + \Delta A_d) & Z^{\mathrm{T}}(\varepsilon)\widetilde{B} & \tau \widetilde{A}^{\mathrm{T}} M \\ * & -(1-\mu)Q & 0 & \tau (A_d + \Delta A_d)^{\mathrm{T}} M \\ * & * & 0 & \tau \widetilde{B}^{\mathrm{T}} M \\ * & * & * & -\tau M \end{bmatrix} < 0 \tag{6.34}$$

使用引理 6.2 得 $G(\varepsilon) < 0$,故可知 $\dot{V}(\widetilde{x}_t)\,|_{(6.5)} < 0$,再根据 Lyapunov 稳定性理论,能够进一步得出系统(6.5)渐近稳定。

证毕。

定理 6.1 给出的稳定性条件,为解出其中的参数变量,应该消除式(6.34)中的不确定性函数 ΔA_d,设 $\Delta A_d = D_d F(t) E_d$,其中 $F(t)$ 是不确定性参数矩阵,由引理 4.1 可知,存在一个常数 $\gamma > 0$,使得

$$\gamma^{-1} \begin{bmatrix} Z^{\mathrm{T}}(\varepsilon) D_d \\ 0 \\ 0 \\ \tau M D_d \end{bmatrix} \begin{bmatrix} D_d^{\mathrm{T}} Z(\varepsilon) & 0 & 0 & \tau D_d^{\mathrm{T}} M^{\mathrm{T}} \end{bmatrix} + \gamma \begin{bmatrix} 0 \\ E_d^{\mathrm{T}} \\ 0 \\ 0 \end{bmatrix} \begin{bmatrix} 0 & E_d & 0 & 0 \end{bmatrix} < 0$$

由 Schur 补引理,可得

$$
\begin{bmatrix}
Q+\tilde{A}^{\mathrm{T}}Z(\varepsilon)+Z^{\mathrm{T}}(\varepsilon)\tilde{A} & Z^{\mathrm{T}}(\varepsilon)A_d & Z^{\mathrm{T}}(\varepsilon)\tilde{B} & \tau\tilde{A}^{\mathrm{T}}M & Z^{\mathrm{T}}(\varepsilon)D_d & 0 \\
* & -(1-\mu)Q & 0 & \tau A_d^{\mathrm{T}}M & 0 & E_d^{\mathrm{T}} \\
* & * & 0 & \tau\tilde{B}^{\mathrm{T}}M & 0 & 0 \\
* & * & * & -\tau M & \tau MD_d & 0 \\
* & * & * & * & -\gamma I & 0 \\
* & * & * & * & * & -\gamma^{-1}I
\end{bmatrix} < 0
$$

$$(6.35)$$

对式(6.35)左、右两边分别乘以对角阵 $\mathrm{diag}\{I,I,I,I,I,\gamma I\}$,得到

$$
\begin{bmatrix}
Q+\tilde{A}^{\mathrm{T}}Z(\varepsilon)+Z^{\mathrm{T}}(\varepsilon)\tilde{A} & Z^{\mathrm{T}}(\varepsilon)A_d & Z^{\mathrm{T}}(\varepsilon)\tilde{B} & \tau\tilde{A}^{\mathrm{T}}M & Z^{\mathrm{T}}(\varepsilon)D_d & 0 \\
* & -(1-\mu)Q & 0 & \tau A_d^{\mathrm{T}}M & 0 & \gamma E_d^{\mathrm{T}} \\
* & * & 0 & \tau\tilde{B}^{\mathrm{T}}M & 0 & 0 \\
* & * & * & -\tau M & \tau MD_d & 0 \\
* & * & * & * & -\gamma I & 0 \\
* & * & * & * & * & -\gamma I
\end{bmatrix} < 0
$$

$$(6.36)$$

式(6.36)对于变量 γ、τ、Q、M、$Z(\varepsilon)$ 是线性的,即得到定理 6.4。

定理 6.4　给定正数 $\varepsilon > 0$,$\forall \varepsilon \in (0,\bar{\varepsilon}]$,系统(6.5)是渐近稳定的。若存在对称正定矩阵 $Q > 0$、$M > 0$,常量 $\gamma > 0$,以及矩阵 $Z_i(i=1,2,\cdots,5)$ 且 $Z_i = Z_i^{\mathrm{T}}(i=1,2,3,4)$,在条件(6.6)~(6.8)下,下列 LMI 条件可行:

$$
\begin{bmatrix}
G_{11}(0) & Z^{\mathrm{T}}(\varepsilon)A_d & Z^{\mathrm{T}}(\varepsilon)\tilde{B} & \tau\tilde{A}^{\mathrm{T}}M & Z^{\mathrm{T}}(\varepsilon)D_d & 0 \\
* & -(1-\mu)Q & 0 & \tau A_d^{\mathrm{T}}M & 0 & \gamma E_d^{\mathrm{T}} \\
* & * & 0 & \tau\tilde{B}^{\mathrm{T}}M & 0 & 0 \\
* & * & * & -\tau M & \tau MD_d & 0 \\
* & * & * & * & -\gamma I & 0 \\
* & * & * & * & * & -\gamma I
\end{bmatrix} < 0 \quad (6.37)
$$

其中

$$G_{11}(0) = Q+\tilde{A}^{\mathrm{T}}Z(0)+Z^{\mathrm{T}}(0)\tilde{A}$$

$$
\begin{bmatrix}
G_{11}(\bar{\varepsilon}) & Z^{\mathrm{T}}(\varepsilon)A_d & Z^{\mathrm{T}}(\varepsilon)\tilde{B} & \tau\tilde{A}^{\mathrm{T}}M & Z^{\mathrm{T}}(\varepsilon)D_d & 0 \\
* & -(1-\mu)Q & 0 & \tau A_d^{\mathrm{T}}M & 0 & \gamma E_d^{\mathrm{T}} \\
* & * & 0 & \tau\tilde{B}^{\mathrm{T}}M & 0 & 0 \\
* & * & * & -\tau M & \tau MD_d & 0 \\
* & * & * & * & -\gamma I & 0 \\
* & * & * & * & * & -\gamma I
\end{bmatrix} < 0 \quad (6.38)
$$

其中

$$G_{11}(\varepsilon)=Q+\widetilde{A}^{\mathrm{T}}Z(\varepsilon)+Z^{\mathrm{T}}(\varepsilon)\widetilde{A}$$

2) 时滞无关的稳定性判据

定理 6.5　给定正数 $\varepsilon>0$，$\forall\varepsilon\in(0,\bar{\varepsilon}]$，系统(6.5)是渐近稳定的。若存在对称正定矩阵 $Q>0$，适当维数的矩阵 P，对称矩阵 N、R 以及 $\begin{bmatrix} N & P \\ P^{\mathrm{T}} & R \end{bmatrix}\geqslant0$，矩阵 Z_i $(i=1,2,\cdots,5)$ 且 $Z_i=Z_i^{\mathrm{T}}(i=1,2,3,4)$，对于满足条件(6.6)~(6.8)以及条件(6.3)所具有的不确定性函数 $F(t)$，下列矩阵不等式条件可行：

$$\begin{bmatrix} Q+\widetilde{A}^{\mathrm{T}}Z(0)+Z^{\mathrm{T}}(0)\widetilde{A}-N & -P+Z^{\mathrm{T}}(0)(A_d+D_dF(t)E_d) & Z^{\mathrm{T}}(0)\widetilde{B} \\ * & -(1-\mu)Q-R & 0 \\ * & * & 0 \end{bmatrix}<0$$

$$(6.39)$$

$$\begin{bmatrix} Q+\widetilde{A}^{\mathrm{T}}Z(\bar{\varepsilon})+Z^{\mathrm{T}}(\bar{\varepsilon})\widetilde{A}-N & -P+Z^{\mathrm{T}}(\bar{\varepsilon})(A_d+D_dF(t)E_d) & Z^{\mathrm{T}}(\bar{\varepsilon})\widetilde{B} \\ * & -(1-\mu)Q-R & 0 \\ * & * & 0 \end{bmatrix}<0 \quad (6.40)$$

证明　定义如下 Lyapunov-Krasovskii 泛函：

$$V(\widetilde{x}_t)=\widetilde{x}^{\mathrm{T}}(t)E(\varepsilon)Z(\varepsilon)\widetilde{x}(t)+\int_{t-d(t)}^{t}\widetilde{x}^{\mathrm{T}}(s)Q\widetilde{x}(s)\mathrm{d}s$$

其中，Q 为对称正定矩阵，即 $Q>0$。$V(\widetilde{x}_t)$ 为正定的 Lyapunov-Krasovskii 泛函。

把 $V(\widetilde{x}_t)$ 沿着系统(6.5)任意轨迹进行微分，得

$$\dot{V}(\widetilde{x}_t)\big|_{(6.5)}=\frac{\mathrm{d}}{\mathrm{d}t}(\widetilde{x}^{\mathrm{T}}(t)E(\varepsilon)Z(\varepsilon)\widetilde{x}(t))+\frac{\mathrm{d}}{\mathrm{d}t}\Big(\int_{t-d(t)}^{t}\widetilde{x}^{\mathrm{T}}(s)Q\widetilde{x}(s)\mathrm{d}s\Big)$$

其中

$$\frac{\mathrm{d}}{\mathrm{d}t}(\widetilde{x}^{\mathrm{T}}(t)E(\varepsilon)Z(\varepsilon)\widetilde{x}(t))$$

$$=\widetilde{x}^{\mathrm{T}}(t)E(\varepsilon)Z(\varepsilon)\dot{\widetilde{x}}(t)+\widetilde{x}^{\mathrm{T}}(t)E(\varepsilon)Z^{\mathrm{T}}(\varepsilon)\dot{\widetilde{x}}(t)$$

$$=(E(\varepsilon)\dot{\widetilde{x}}(t))^{\mathrm{T}}Z(\varepsilon)\widetilde{x}(t)+\widetilde{x}^{\mathrm{T}}(t)Z^{\mathrm{T}}(\varepsilon)E(\varepsilon)\dot{\widetilde{x}}(t)$$

$$=[\widetilde{A}\widetilde{x}(t)+\widetilde{B}w(t)+(A_d+D_dF(t)E_d)\widetilde{x}(t-d(t))]^{\mathrm{T}}Z(\varepsilon)\widetilde{x}(t)$$

$$\quad+\widetilde{x}^{\mathrm{T}}(t)Z^{\mathrm{T}}(\varepsilon)[\widetilde{A}\widetilde{x}(t)+\widetilde{B}w(t)+(A_d+D_dF(t)E_d)\widetilde{x}(t-d(t))]$$

$$=\widetilde{x}^{\mathrm{T}}(t)\widetilde{A}^{\mathrm{T}}Z(\varepsilon)\widetilde{x}(t)+w^{\mathrm{T}}(t)\widetilde{B}^{\mathrm{T}}Z(\varepsilon)\widetilde{x}(t)$$

$$\quad+\widetilde{x}^{\mathrm{T}}(t-d(t))(A_d+D_dF(t)E_d)^{\mathrm{T}}Z(\varepsilon)\widetilde{x}(t)+\widetilde{x}^{\mathrm{T}}(t)Z^{\mathrm{T}}(\varepsilon)\widetilde{A}\widetilde{x}(t)$$

$$\quad+\widetilde{x}^{\mathrm{T}}(t)Z^{\mathrm{T}}(\varepsilon)\widetilde{B}w(t)-[-\widetilde{x}^{\mathrm{T}}(t)Z^{\mathrm{T}}(\varepsilon)(A_d+D_dF(t)E_d)\widetilde{x}(t-d(t))]$$

$$\frac{\mathrm{d}}{\mathrm{d}t}\Big(\int_{t-d(t)}^{t}\widetilde{x}^{\mathrm{T}}(s)Q\widetilde{x}(s)\mathrm{d}s\Big)$$

$$=\widetilde{x}^{\mathrm{T}}(t)Q\widetilde{x}(t)-(1-\dot{d}(t))\widetilde{x}^{\mathrm{T}}(t-d(t))Q\widetilde{x}(t-d(t))$$

$$\leqslant\widetilde{x}^{\mathrm{T}}(t)Q\widetilde{x}(t)-(1-\mu)\widetilde{x}^{\mathrm{T}}(t-d(t))Q\widetilde{x}(t-d(t))$$

由引理 6.1 可知,存在适当维数的矩阵 P、对称矩阵 N 和 R,得

$$-\tilde{x}^{\mathrm{T}}(t)Z^{\mathrm{T}}(\varepsilon)(A_d+DFE_d)\tilde{x}(t-d(t))$$

$$\leqslant\frac{1}{2}\begin{bmatrix}\tilde{x}^{\mathrm{T}}(t)\\\tilde{x}^{\mathrm{T}}(t-d(t))\end{bmatrix}\begin{bmatrix}N & P-Z^{\mathrm{T}}(\varepsilon)(A_d+DFE_d)\\P^{\mathrm{T}}-(A_d+DFE_d)^{\mathrm{T}}Z(\varepsilon) & R\end{bmatrix}$$

$$\times[\tilde{x}(t) \quad \tilde{x}(t-d(t))]$$

由以上不等式可得

$$\begin{aligned}\dot{V}(\tilde{x}_t)\leqslant &\tilde{x}^{\mathrm{T}}(t)(Q+\tilde{A}^{\mathrm{T}}Z(\varepsilon)+Z^{\mathrm{T}}(\varepsilon)\tilde{A}-N)\tilde{x}(t)\\&+\tilde{x}^{\mathrm{T}}(t)[-P+Z^{\mathrm{T}}(\varepsilon)(A_d+D_dF(t)E_d)]\tilde{x}(t-d(t))\\&+\tilde{x}^{\mathrm{T}}(t)(Z^{\mathrm{T}}(\varepsilon)\tilde{B})w(t)\\&+\tilde{x}^{\mathrm{T}}(t-d(t))[-P^{\mathrm{T}}+(A_d+D_dF(t)E_d)^{\mathrm{T}}Z(\varepsilon)]\tilde{x}(t)\\&+\tilde{x}^{\mathrm{T}}(t-d(t))[-(1-\mu)Q-R]\tilde{x}(t-d(t))\\&+\tilde{x}^{\mathrm{T}}(t-d(t))[0]w(t)\\&+w^{\mathrm{T}}(t)(B^{\mathrm{T}}Z(\varepsilon))\tilde{x}(t)\\&+w^{\mathrm{T}}(t)[0]\tilde{x}(t-d(t))\\&+w^{\mathrm{T}}(t)[0]w(t)\\\leqslant &\xi^{\mathrm{T}}(t)G(\varepsilon)\xi(t)\end{aligned}\tag{6.41}$$

其中

$$\xi(t)=[\tilde{x}^{\mathrm{T}}(t) \quad \tilde{x}^{\mathrm{T}}(t-d(t)) \quad w(t)^{\mathrm{T}}]^{\mathrm{T}}$$

$$G(\varepsilon)=\begin{bmatrix}Q+\tilde{A}^{\mathrm{T}}Z(\varepsilon)+Z^{\mathrm{T}}(\varepsilon)\tilde{A}-N & -P+Z^{\mathrm{T}}(\varepsilon)(A_d+D_dF(t)E_d) & Z^{\mathrm{T}}(\varepsilon)\tilde{B}\\ * & -(1-\mu)Q-R & 0\\ * & * & 0\end{bmatrix}$$

$$\tag{6.42}$$

再由式(6.39)与式(6.40)可知,$G(0)<0$,$G(\varepsilon)<0$。使用引理 6.2,得 $G(\varepsilon)<0$,故可知 $\dot{V}(\tilde{x}_t)|_{(6.5)}<0$,所以可以进一步确定系统(6.5)是渐近稳定的。

证毕。

定理 6.3 给出的稳定性条件,为解出其中的参数变量,应该消除式(6.42)中的不确定性函数 $F(t)$,由引理 4.1,存在一个常数 $\gamma>0$,使得

$$\begin{bmatrix}Q+\tilde{A}^{\mathrm{T}}Z(\varepsilon)+Z^{\mathrm{T}}(\varepsilon)\tilde{A}-N & -P+Z^{\mathrm{T}}(\varepsilon)A_d & Z^{\mathrm{T}}(\varepsilon)\tilde{B}\\ * & -(1-\mu)Q-R & 0\\ * & * & 0\end{bmatrix}$$

$$+\gamma^{-1}\begin{bmatrix}Z^{\mathrm{T}}(\varepsilon)D_d\\0\\0\end{bmatrix}[0 \quad F(t)E_d \quad 0]+\gamma\begin{bmatrix}0\\E_d^{\mathrm{T}}F^{\mathrm{T}}(t)\\0\end{bmatrix}[D_d^{\mathrm{T}}Z(\varepsilon) \quad 0 \quad 0]<0$$

由 Schur 补引理,上式得

$$\begin{bmatrix} Q+\tilde{A}^{\mathrm{T}}Z(\varepsilon)+Z^{\mathrm{T}}(\varepsilon)\tilde{A}-N & -P+Z^{\mathrm{T}}(\varepsilon)A_d & Z^{\mathrm{T}}(\varepsilon)\tilde{B} & Z^{\mathrm{T}}(\varepsilon)D_d & 0 \\ * & -(1-\mu)Q-R & 0 & 0 & E_d^{\mathrm{T}}F^{\mathrm{T}}(t) \\ * & * & 0 & 0 & 0 \\ * & * & * & -\gamma I & 0 \\ * & * & * & * & -\gamma^{-1}I \end{bmatrix}<0$$

$$(6.43)$$

对式(6.43)左、右两边分别乘以对角矩阵 $\mathrm{diag}\{I,I,I,I,\gamma I\}$，得到

$$\begin{bmatrix} Q+\tilde{A}^{\mathrm{T}}Z(\varepsilon)+Z^{\mathrm{T}}(\varepsilon)\tilde{A}-N & -P+Z^{\mathrm{T}}(\varepsilon)A_d & Z^{\mathrm{T}}(\varepsilon)\tilde{B} & Z^{\mathrm{T}}(\varepsilon)D_d & 0 \\ * & -(1-\mu)Q-R & 0 & 0 & \gamma E_d^{\mathrm{T}}F^{\mathrm{T}}(t) \\ * & * & 0 & 0 & 0 \\ * & * & * & -\gamma I & 0 \\ * & * & * & * & -\gamma I \end{bmatrix}<0$$

$$(6.44)$$

矩阵不等式(6.44)对于变量 γ、Q、$Z(\varepsilon)$、N、P、R 是线性的，即得到定理 6.6。

定理 6.6　给定正数 $\bar{\varepsilon}>0$，$\forall \varepsilon \in (0, \bar{\varepsilon}]$，系统(6.5)是渐近稳定的。若存在对称正定矩阵 $Q>0$，适当维数的矩阵 P，对称矩阵 N、R 以及 $\begin{bmatrix} N & P \\ P^{\mathrm{T}} & R \end{bmatrix}\geqslant 0$ 和 $\gamma>0$，矩阵 $Z_i(i=1,2,\cdots,5)$ 且 $Z_i=Z_i^{\mathrm{T}}(i=1,2,3,4)$，在条件(6.6)～(6.8)下，下列 LMI 条件可行：

$$\begin{bmatrix} Q+\tilde{A}^{\mathrm{T}}Z(0)+Z^{\mathrm{T}}(0)\tilde{A}-N & -P+Z^{\mathrm{T}}(0)A_d & Z^{\mathrm{T}}(0)\tilde{B} & Z^{\mathrm{T}}(0)D_d & 0 \\ * & -(1-\mu)Q-R & 0 & 0 & \gamma E_d^{\mathrm{T}}F^{\mathrm{T}}(t) \\ * & * & 0 & 0 & 0 \\ * & * & * & -\gamma I & 0 \\ * & * & * & * & -\gamma I \end{bmatrix}<0$$

$$(6.45)$$

$$\begin{bmatrix} Q+\tilde{A}^{\mathrm{T}}Z(\bar{\varepsilon})+Z^{\mathrm{T}}(\bar{\varepsilon})\tilde{A}-N & -P+Z^{\mathrm{T}}(\bar{\varepsilon})A_d & Z^{\mathrm{T}}(\bar{\varepsilon})\tilde{B} & Z^{\mathrm{T}}(\bar{\varepsilon})D_d & 0 \\ * & -(1-\mu)Q-R & 0 & 0 & \gamma E_d^{\mathrm{T}}F^{\mathrm{T}}(t) \\ * & * & 0 & 0 & 0 \\ * & * & * & -\gamma I & 0 \\ * & * & * & * & -\gamma I \end{bmatrix}<0$$

$$(6.46)$$

本节对系统(6.1)进行滤波器设计，得到滤波误差动态系统，再选用新的 Lyapunov-Krasovskii 泛函，再综合运用引理 6.2 直接放大法、插项法对 Lyapunov-Krasovskii 泛函的导数项进行交叉项界定，得到的矩阵不等式是非线性化的，将其

线性化后消除稳定性条件中的不确定性,最后推出线性化的时滞相关和时滞无关的稳定性定理,得到保守性更小的稳定性判据,扩大了稳定范围,增大了稳定上界[166]。

6.1.3　推论

控制系统(6.5)去掉不确定性变为如下时滞奇异摄动系统:

$$\begin{cases} E(\varepsilon)\dot{\tilde{x}}(t)=\tilde{A}\tilde{x}(t)+\tilde{B}w(t)+A_d x(t-d(t)), & \tilde{x}_0=0 \\ \tilde{z}(t)=\tilde{C}\tilde{x}(t)+\tilde{D}w(t) \end{cases}$$

其中的系数矩阵条件与系统(6.5)相同。

对于该系统,有推论 6.1 和推论 6.2 成立。

推论 6.1　给定正数 $\bar{\varepsilon}>0$, $\forall \varepsilon \in (0,\bar{\varepsilon}]$,系统是渐近稳定的。若存在对称正定矩阵 $Q>0$、$M>0$,以及矩阵 $Z_i(i=1,2,\cdots,5)$ 且 $Z_i=Z_i^T(i=1,2,3,4)$,在条件(6.6)~(6.8)下,下列 LMI 条件可行:

$$\begin{bmatrix} G_{11}(0) & Z^T(\varepsilon)A_d & Z^T(\varepsilon)\tilde{B} & \tau\tilde{A}^T M \\ A_d^T Z(\varepsilon) & -(1-\mu)Q & 0 & \tau A_d^T M \\ \tilde{B}^T Z(\varepsilon) & 0 & 0 & \tau\tilde{B}^T M \\ \tau M\tilde{A} & \tau MA_d & \tau M\tilde{B} & -\tau M \end{bmatrix}<0$$

其中

$$G_{11}(0)=Q+\tilde{A}^T Z(0)+Z^T(0)\tilde{A}$$

$$\begin{bmatrix} G_{11}(\bar{\varepsilon}) & Z^T(\varepsilon)A_d & Z^T(\varepsilon)\tilde{B} & \tau\tilde{A}^T M \\ A_d^T Z(\varepsilon) & -(1-\mu)Q & 0 & \tau A_d^T M \\ \tilde{B}^T Z(\varepsilon) & 0 & 0 & \tau\tilde{B}^T M \\ \tau M\tilde{A} & \tau MA_d & \tau M\tilde{B} & -\tau M \end{bmatrix}<0$$

其中

$$G_{11}(\bar{\varepsilon})=Q+\tilde{A}^T Z(\bar{\varepsilon})+Z^T(\bar{\varepsilon})\tilde{A}$$

推论 6.2　给定正数 $\bar{\varepsilon}>0$, $\forall \varepsilon \in (0,\bar{\varepsilon}]$,系统是渐近稳定的。若存在对称正定矩阵 $Q>0$,适当维数的矩阵 P,对称矩阵 N、R,以及 $\begin{bmatrix} N & P \\ P^T & R \end{bmatrix}\geqslant 0$,矩阵 $Z_i(i=1,2,\cdots,5)$ 且 $Z_i=Z_i^T(i=1,2,3,4)$,在条件(6.6)~(6.8)下,下列 LMI 条件可行:

$$\begin{bmatrix} Q+\tilde{A}^T Z(0)+Z^T(0)\tilde{A}-N & -P+Z^T(0)A_d & Z^T(0)\tilde{B} \\ * & -(1-\mu)Q-R & 0 \\ * & * & 0 \end{bmatrix}<0$$

$$\begin{bmatrix} Q+\tilde{A}^T Z(\bar{\varepsilon})+Z^T(\bar{\varepsilon})\tilde{A}-N & -P+Z^T(\bar{\varepsilon})A_d & Z^T(\bar{\varepsilon})\tilde{B} \\ * & -(1-\mu)Q-R & 0 \\ * & * & 0 \end{bmatrix}<0$$

在定理 6.5 中,把对称矩阵 N 替换为单位矩阵 I 或任意的适当维数的矩阵 P,分别得到如下结果。

推论 6.3 给定正数 $\varepsilon > 0$, $\forall \varepsilon \in (0, \bar{\varepsilon}]$,系统(6.5)是渐近稳定的。若存在对称正定矩阵 $Q > 0$,适当维数的矩阵 P,对称矩阵 R,以及 $\begin{bmatrix} I & P \\ P^T & R \end{bmatrix} \geq 0$ 和 $\gamma > 0$,矩阵 $Z_i (i=1,2,\cdots,5)$ 且 $Z_i = Z_i^T (i=1,2,3,4)$,在条件(6.6)~(6.8)下,下列 LMI 条件可行:

$$\begin{bmatrix} Q+\tilde{A}^T Z(0)+Z^T(0)\tilde{A}-I & -P+Z^T(0)A_d & Z^T(0)\tilde{B} & Z^T(0)D_d & 0 \\ * & -(1-\mu)Q-R & 0 & 0 & \gamma E_d^T F^T(t) \\ * & * & 0 & 0 & 0 \\ * & * & * & -\gamma I & 0 \\ * & * & * & * & -\gamma I \end{bmatrix} < 0$$

$$\begin{bmatrix} Q+\tilde{A}^T Z(\bar{\varepsilon})+Z^T(\bar{\varepsilon})\tilde{A}-I & -P+Z^T(\bar{\varepsilon})A_d & Z^T(\bar{\varepsilon})\tilde{B} & Z^T(\bar{\varepsilon})D_d & 0 \\ * & -(1-\mu)Q-R & 0 & 0 & \gamma E_d^T F^T(t) \\ * & * & 0 & 0 & 0 \\ * & * & * & -\gamma I & 0 \\ * & * & * & * & -\gamma I \end{bmatrix} < 0$$

推论 6.4 给定正数 $\varepsilon > 0$, $\forall \varepsilon \in (0, \bar{\varepsilon}]$,系统(6.5)是渐近稳定的。若存在对称正定矩阵 $Q > 0$,对称矩阵 N、R,以及 $\begin{bmatrix} N & N \\ N^T & R \end{bmatrix} \geq 0$ 和 $\gamma > 0$,矩阵 $Z_i (i=1,2,\cdots,5)$ 且 $Z_i = Z_i^T (i=1,2,3,4)$,在条件(6.6)~(6.8)下,下列 LMI 条件可行:

$$\begin{bmatrix} Q+\tilde{A}^T Z(0)+Z^T(0)\tilde{A}-N & -N+Z^T(0)A_d & Z^T(0)\tilde{B} & Z^T(0)D_d & 0 \\ * & -(1-\mu)Q-R & 0 & 0 & \gamma E_d^T F^T(t) \\ * & * & 0 & 0 & 0 \\ * & * & * & -\gamma I & 0 \\ * & * & * & * & -\gamma I \end{bmatrix} < 0$$

$$\begin{bmatrix} Q+\tilde{A}^T Z(\varepsilon)+Z^T(\varepsilon)\tilde{A}-N & -N+Z^T(\varepsilon)A_d & Z^T(\varepsilon)\tilde{B} & Z^T(\varepsilon)D_d & 0 \\ * & -(1-\mu)Q-R & 0 & 0 & \gamma E_d^T F^T(t) \\ * & * & 0 & 0 & 0 \\ * & * & * & -\gamma I & 0 \\ * & * & * & * & -\gamma I \end{bmatrix} < 0$$

推论 6.3 和推论 6.4 利用定理 6.4 中的保守性来换取结论中的方便性和可行性。

　　以上推论是在定理 6.3 的基础上进一步简化,得到相应的不含有不确定性的时滞系统,对于本节方法的相应结论,具有一定的理论补充性。若去掉系统(6.5)中的不确定性函数 $F(t)$,则此系统可转变为不含不确定性的时变时滞奇异摄动系统,由得到的时滞相关和时滞无关的稳定性判据分别推出推论 6.1 和推论 6.2。由定理 6.5 得出推论 6.3 和推论 6.4。

6.1.4　算例

　　考虑以下时变时滞奇异摄动系统:

$$\begin{cases} E(\varepsilon)\dot{x}(t)=Ax(t)+Bw(t)+(A_d+D_dF(t)E_d)x(t-d(t)), & x_0=x(0) \\ y(t)=Cx(t)+Dw(t) \\ z(t)=Lx(t) \end{cases}$$

其中

$$E(\varepsilon)=\begin{bmatrix} 1 & 0 \\ 0 & \varepsilon \end{bmatrix}, \quad A=\begin{bmatrix} -5 & 1 \\ 0 & -1 \end{bmatrix}, \quad B=\begin{bmatrix} 1 & 2 \\ 2 & 1 \end{bmatrix}, \quad C=\begin{bmatrix} -1 & 1 \\ 1 & 0 \end{bmatrix}, \quad D=\begin{bmatrix} 0 & 1 \\ -1 & 1 \end{bmatrix}$$

$$x=[x_1 \quad x_2]^T, \quad F(t)=1, \quad d(t)=0.5, \quad \tau=1, \quad \mu=0.5$$

$$A_d=\begin{bmatrix} 0.2 & 0.2 & 0 & -0.1 \\ -0.1 & -0.1 & 0 & 0 \\ 0.1 & -0.2 & 0.1 & 0 \\ 0 & 0 & 0 & 0.1 \end{bmatrix}$$

$$D_d=\begin{bmatrix} 0.1 & 0 & 0 & -0.1 \\ -0.1 & -0.2 & 0 & 0 \\ 0 & -0.1 & 0.1 & 0 \\ 0 & 0 & 0 & 0.1 \end{bmatrix}, \quad E_d=\begin{bmatrix} 0.2 & 0.2 & 0 & -0.1 \\ -0.2 & -0.1 & 0 & 0 \\ 0.1 & 0.2 & 0 & 0 \\ 0 & 0 & 0 & 0.1 \end{bmatrix}, \quad L=[1 \quad 1]$$

初始条件 $x(0)=\begin{bmatrix} 2 \\ -1 \end{bmatrix}$。

　　对给定的常数 $\gamma>0$,要求设计一个渐近稳定的线性滤波器:

$$\begin{cases} E(\varepsilon)\dot{\hat{x}}(t)=A_f\hat{x}(t)+B_fy(t), & \hat{x}_0=0 \\ \hat{z}(t)=C_f\hat{x}(t)+D_fy(t) \end{cases}$$

滤波误差动态方程是

$$\begin{cases} E(\varepsilon)\dot{\tilde{x}}(t)=\tilde{A}\tilde{x}(t)+\tilde{B}w(t)+(A_d+D_dF(t)E_d)\tilde{x}(t-d(t)), & \tilde{x}_0=0 \\ \tilde{z}(t)=\tilde{C}\tilde{x}(t)+\tilde{D}w(t) \end{cases}$$

　　令 $\bar{\varepsilon}=0.01$,求解定理 6.2 中的 LMI,得到

$$Q=\begin{bmatrix} 0.4483 & -0.0130 & -0.3738 & 0.0687 \\ -0.0130 & 0.0231 & 0.0177 & -0.0168 \\ -0.3738 & 0.0177 & 0.6623 & 0.1671 \\ 0.0687 & 0.0168 & -0.1671 & 0.0542 \end{bmatrix}, \quad \gamma=4.1715\times10^5$$

$$Z_1=\begin{bmatrix} 0.1588 & -0.0003 \\ -0.0003 & 0.0081 \end{bmatrix}, \quad Z_2=\begin{bmatrix} 0.2542 & -0.0657 \\ -0.0657 & 0.0228 \end{bmatrix}$$

$$Z_3=\begin{bmatrix} 35.5776 & -9.4367 \\ -9.4367 & 2.0487 \end{bmatrix}, \quad Z_4=\begin{bmatrix} -6.3335 & 0.7647 \\ 0.7647 & -0.1608 \end{bmatrix}$$

$$Z_5=\begin{bmatrix} -0.0415 & 0.0048 \\ -0.0175 & -0.0221 \end{bmatrix}$$

因此,根据定理 6.2,$\forall \varepsilon\in(0,\bar{\varepsilon}]$,滤波误差动态系统(6.5)鲁棒无源滤波器参数矩阵 A_f、B_f、C_f、D_f 有解:

$$A_f=\begin{bmatrix} -4.98 & 1 \\ 0.99 & -1 \end{bmatrix}, \quad B_f=\begin{bmatrix} 1 & 1.98 \\ 2 & 0.99 \end{bmatrix}, \quad C_f=\begin{bmatrix} -0.99 & 1 \\ 1 & 0 \end{bmatrix}, \quad D_f=\begin{bmatrix} 0 & 1 \\ -0.99 & 1 \end{bmatrix}$$

对应的滤波误差动态方程中:

$$\widetilde{A}=\begin{bmatrix} -5 & 1 & 1 & 0 \\ 0 & -1 & 0 & -1 \\ 0.98 & 1 & -4.98 & 1 \\ -1.01 & 2 & 0.99 & -1 \end{bmatrix}, \quad \widetilde{B}=\begin{bmatrix} 1 & 2 \\ 2 & 1 \\ -1.98 & 2.98 \\ -0.99 & 2.99 \end{bmatrix}$$

$$\widetilde{C}=\begin{bmatrix} 0 & 1 & 0.99 & -1 \\ -1.99 & 1.99 & -1 & 0 \end{bmatrix}, \quad \widetilde{D}=\begin{bmatrix} 1 & -1 \\ 1 & -0.01 \end{bmatrix}$$

本例说明,定理条件是可行的,方法有效。

本节对时滞不确定系统设计了滤波器,优越性不太强,但可行性尚好,对得到的滤波误差动态系统,再次构造出新的 Lyapunov-Krasovskii 泛函结构,得到了时滞相关和时滞无关两种情形下较为保守的稳定性结论。但在本节中所用到的方法和得出的结论也存在一定的局限性。对时滞奇异摄动系统的稳定性研究还需作进一步的解决:

(1) 在求解时滞奇异摄动系统的稳定性结论时,运用不同的 Lyapunov-Krasovskii 泛函和不同的交叉项界定法能够得出完全不同的结论,因此如何定义一个新的二次 Lyapunov-Krasovskii 泛函以及如何找到新的交叉项界定方法有待进一步研究。

(2) 若加强难度使时滞系统变为多时滞系统,得出的稳定性结论能在更多的实际工业领域中发挥作用,所以对多时滞系统进行研究是有重要意义的。

(3) 在求得时滞相关和时滞无关稳定性结论的过程中可对其中的某一变量作进一步的限定,减少计算量,使过程和结果简单化,这样才能将理论更好地应用于实际工程中。

（4）对于时滞不确定系统的控制分析问题，现有的一些结论大部分是使闭环系统稳定的充分条件，而使系统稳定的充要条件需要更深层次的研究。

6.2　含有不确定性的时滞奇异摄动 Lurie 系统的绝对稳定性分析与镇定

随着科学技术的飞速发展和人们认知能力的不断提高，在控制领域迅速深入完善发展的今天，研究者不得不对比较复杂的非线性系统进行研究[168-170]。Lurie系统就是一类具有典型结构特点和广泛应用背景，能够更加准确建模反映客观实际的一类非线性系统，它代表非线性系统的许多本质特征。该系统是一种形式上的反馈系统，前馈通道和反馈通道分别是线性定常系统和满足扇形约束的非线性环节。实际上，可以用非线性孤立方法把一些非线性系统的非线性部分分离出来，形成 Lurie 系统[171,172]。因此，研究 Lurie 系统的稳定性问题对于进一步完善系统理论和揭示非线性系统的本质特征都有非常重要的意义。

在实际生活中，由于非线性系统的复杂性，在时变、时滞、摄动和不确定性条件下的 Lurie 系统的分析和综合也一直是控制理论和控制工程领域中研究的一个热点问题。在目前的研究成果中，该类系统文献还很少，对其进行稳定性分析和控制是很有价值的专题方向。

Lurie 系统在航天器控制、通信、机械设计等领域具有十分广泛的用途，由于该系统在实际中的用途广泛，近些年来，国内外相关学者对 Lurie 系统的各种稳定性问题进行了广泛的研究与探讨[173-179]，也取得了很多相关理论成果。

（1）Lurie 系统作为一类非常重要的非线性系统，在实际工程等领域中用途十分广泛，对它的研究就是对非线性控制理论的丰富和发展。

（2）研究 Lurie 系统是对数学理论和控制理论的应用和完善，是使基础理论更加丰富的相关内容的研究。

（3）Lurie 系统的模型能够很容易和实际工程中的许多大系统互相转化，从而更加方便地进行实际系统的稳定性分析和控制。

正因如此，学者对此类控制系统的分析和控制产生了很大的研究热情，他们通过许多方法对该系统进行了全方面的研究，同时分别获得了保证系统绝对稳定的一些充分条件以及在某些特定情形下的充要条件。

非线性奇异摄动系统的稳定性分析主要是基于 Lyapunov-Krasovskii 函数的方法，文献[174]较早研究了复合 Lyapunov-Krasovskii 函数的存在性，其主要思想是将原系统分解为两个低阶系统，即降阶系统和边界层系统。假设它们分别是渐近稳定的，则可以分别建立对应的 Lyapunov-Krasovskii 函数，通过将这两个

Lyapunov-Krasovskii 函数加权和作为原系统的 Lyapunov-Krasovskii 函数（复合 Lyapunov-Krasovskii 函数），就可以得到相对充分小的摄动参数，原系统保持渐近稳定需要满足的条件，这些条件会因为选用不同的假设（主要是光滑性假设）、不同的 Lyapunov-Krasovskii 泛函而不同。

对于 Lurie 系统，一般绝对稳定性的研究方法可以分为以下几个阶段[175]：

第一阶段采用时域方法（即 Lyapunov-Krasovskii 函数方法），该方法对当时稳定性理论的研究起到非常重要的作用，但是，如何构造适当的 Lyapunov-Krasovskii 函数在当时的技术条件下却一直没有定论。

第二阶段是 Popov 频率准则[178]，该准则使 Lurie 控制系统的稳定性研究进入一个新的阶段，并获得了许多研究成果，但是对于具有多非线性执行机构的 Lurie 控制系统，该方法并不适用，因为它采用图解法检验，在实际中会有许多问题难以解决。

文献[179]～[181]采用 Lurie 型的 Lyapunov-Krasovskii 函数法研究了一类 Lurie 控制系统的稳定性问题，得到了一些充要条件，但是这些准则不能用数学方法求得问题的解，而且其稳定性的准则依赖于变量的选取，选择不同的变量，有些会使结果具有局限性，故不是确切的充要条件。

目前，对于含有不确定性的时变时滞奇异摄动 Lurie 系统展开的稳定性研究在理论上虽已取得一些成果，但对于含有不确定性结构的时变时滞奇异摄动 Lurie 系统的研究还较少。

综上，本节在现有成果的理论基础上[177-184]，研究含有时变时滞不确定性奇异摄动 Lurie 系统的绝对稳定性分析以及控制器设计问题。主要对一般的扇形区域内的绝对稳定性进行分析与控制，结合交叉项界定法得到保守性更小的结论。并使所得充分性判据线性化。通过数值算例验证所得结论的可行性。

6.2.1　系统综述

1. 线性系统与非线性系统

线性是指量与量之间按比例、呈直线的关系，在空间和时间上代表规则和光滑的运动；而非线性则是指不按比例、不呈直线的关系，代表不规则运动和突变。线性系统相对局限，但非线性系统则充斥在人们的周围，例如，天体运动存在混沌；电、光与声波的振荡，会陷入混沌；地磁场在 400 万年间方向突变 16 次，也是由于混沌。甚至人类自己都是非线性的，例如，健康人的心电图和脑电图并不是规则的，而是混沌的。所以说非线性系统就在我们身边无处不见。

2. Lurie 系统

1944 年，苏联的控制专家 Lurie 在研究飞机自动驾驶仪时，得出了非线性系统模型。也就是用孤立方法将非线性部分分解出来,作为反馈系统,其实它并不是实际意义上的反馈系统,只是形式上的反馈系统。

Lurie 正常系统一般描述为

$$\begin{cases} \dot{x} = Ax + Bw \\ z = Cx + Dw \\ w = -\phi(t, z) \end{cases}$$

其中,$x \in \mathbf{R}^n$ 是状态向量,$w \in \mathbf{R}^m$ 是输入信号,$z \in \mathbf{R}^m$ 是输出信号,A、B、C、D 都是适当维数的常数矩阵,ϕ 是满足某类扇形约束的非线性环节。

Lurie 广义系统一般描述为

$$\begin{cases} E\dot{x} = Ax + Bw \\ z = Cx + Dw \\ w = -\phi(t, z) \end{cases}$$

其中,E 是适当维数的常数矩阵,其中系数矩阵条件与正常 Lurie 系统相同。

3. 绝对稳定性

绝对稳定性是稳定性理论的一个重要分支,研究对象是 Lurie 系统,通过“非线性孤立方法”,许多实际非线性控制系统的非线性部分都可以被分离出来,形成 Lurie 系统。研究绝对稳定性是讨论非线性控制系统稳定性分析的重要方法之一。

1961 年,Popov 在研究绝对稳定性方面取得了飞跃式的进展,得到了绝对稳定性的频域判据。这项成果大大激发了学者对绝对稳定性的研究兴趣,相应地,人们也研究出了各种各样的频域和时域方面新的判据,其中较为著名的就是圆判据和 Popov 判据。

4. 所用引理

引理 6.4(Schur 补引理)　对于给定的对称矩阵 $S = \begin{bmatrix} S_{11} & S_{12} \\ S_{12}^T & S_{22} \end{bmatrix}$,$S_{11}$ 是 $r \times r$ 维的,$S_{11} = S_{11}^T$,如下三个条件是等价的:

(1) $S < 0$;

(2) $S_{11} < 0, S_{22} - S_{12}^T S_{11}^{-1} S_{12} < 0$;

(3) $S_{22} < 0, S_{11} - S_{12} S_{22}^{-1} S_{12}^T < 0$。

引理 6.5　对任意适当维数的向量 a、b 和矩阵 X、N、P、R,其中 N 和 R_1 是对称的,若 $\begin{bmatrix} N & P \\ P^T & R_1 \end{bmatrix} \geqslant 0$,则

$$-2a^{\mathrm{T}}Xb \leqslant \inf_{N,P,R} \begin{bmatrix} a \\ b \end{bmatrix}^{\mathrm{T}} \begin{bmatrix} N & P-X \\ P^{\mathrm{T}}-X^{\mathrm{T}} & R_1 \end{bmatrix} \begin{bmatrix} a \\ b \end{bmatrix}$$

引理 6.6 给定 $\varepsilon > 0$，对矩阵 S_1、S_2 和 S_3，如果：

(1) $S_1 \geqslant 0$；

(2) $S_1 + \varepsilon S_2 > 0$；

(3) $S_1 + \varepsilon S_2 + \varepsilon^2 S_3 > 0$。

那么

$$S_1 + \varepsilon S_2 + \varepsilon^2 S_3 > 0, \quad \forall \varepsilon \in (0, \bar{\varepsilon}]$$

引理 6.7 如果存在对称矩阵 $Z_i (i=1,2,\cdots,5)$ 且 $Z_i = Z_i^{\mathrm{T}} (i=1,2,3,4)$，满足以下 LMI 条件：

(1) $Z_1 > 0$；

(2) $\begin{bmatrix} Z_1 + \bar{\varepsilon} Z_3 & \bar{\varepsilon} Z_5^{\mathrm{T}} \\ \bar{\varepsilon} Z_5 & \bar{\varepsilon} Z_2 \end{bmatrix} > 0$；

(3) $\begin{bmatrix} Z_1 + \bar{\varepsilon} Z_3 & \bar{\varepsilon} Z_5^{\mathrm{T}} \\ \bar{\varepsilon} Z_5 & \bar{\varepsilon} Z_2 + \bar{\varepsilon}^2 Z_4 \end{bmatrix} > 0$。

则 $E(\varepsilon)Z(\varepsilon) = (E(\varepsilon)Z(\varepsilon))^{\mathrm{T}} = Z^{\mathrm{T}}(\varepsilon)E(\varepsilon) > 0, \forall \varepsilon \in (0, \bar{\varepsilon}]$，其中

$$Z(\varepsilon) = \begin{bmatrix} Z_1 + \varepsilon Z_3 & \varepsilon Z_5^{\mathrm{T}} \\ Z_5 & Z_2 + \varepsilon Z_4 \end{bmatrix}$$

引理 6.8 给定适当维数的矩阵 Y、D 和 E，其中 Y 是对称矩阵，不确定性函数 $F(t)$ 有 $F^{\mathrm{T}}(t)F(t) \leqslant I$，所以

$$Y + EF(t)D + D^{\mathrm{T}}F^{\mathrm{T}}(t)E^{\mathrm{T}} < 0$$

的充要条件是：存在一个常量 $\eta > 0$，使得

$$Y + \eta EE^{\mathrm{T}} + \eta^{-1}D^{\mathrm{T}}D < 0$$

6.2.2 稳定性分析主要结果

考虑以下时变时滞奇异摄动 Lurie 控制系统：

$$\begin{cases} E(\varepsilon)\dot{x}(t) = Ax(t) + (A_d + D_d F(t)E_d)x(t-d(t)) + Dw(t), & x(0) = x_0 \\ z(t) = Cx(t) \\ w(t) = -\varphi(t, z(t)) \end{cases}$$

$$(6.47)$$

其中，摄动参数 $\varepsilon \ll 1$，$E(\varepsilon) = \begin{bmatrix} I & 0 \\ 0 & \varepsilon I \end{bmatrix}$，$Z(\varepsilon) = \begin{bmatrix} Z_1 + \varepsilon Z_3 & \varepsilon Z_5^{\mathrm{T}} \\ Z_5 & Z_2 + \varepsilon Z_4 \end{bmatrix}$；$x(t) \in \mathbf{R}^n$ 是

状态向量；$w(t) \in \mathbf{R}^m$ 是输入信号；$z(t) \in \mathbf{R}^m$ 是输出信号；A、A_d、C、D 是已知的适当维数的实常矩阵，A 渐近稳定；$d(t)$ 为时变时滞可微函数，且

$$0 \leqslant d(t) \leqslant \tau, \quad \dot{d}(t) \leqslant \mu < 1 \tag{6.48}$$

其中, τ、μ 为已知常量; $F(t) \in \mathbf{R}^{i \times j}$ 表示不确定模型的参数矩阵, 满足:

$$F^{\mathrm{T}}(t)F(t) \leqslant I \tag{6.49}$$

系统的反馈关联具有形式:

$$w(t) = -\varphi(t, z(t)) \tag{6.50}$$

非线性函数 $\varphi(t, z(t)) : [0, \infty) \times \mathbf{R}^m \to \mathbf{R}^m$ 属于扇形区域 $[V_1, V_2]$, 即

$$[\varphi(t, z) - V_1 z]^{\mathrm{T}}[\varphi(t, z) - V_2 z] \leqslant 0, \quad \forall t \geqslant 0, \forall z \in \mathbf{R}^m \tag{6.51}$$

V_1 和 V_2 是已知的实矩阵, 且 $V = V_2 - V_1$ 是一个对称正定矩阵。这样一类非线性函数可以用图 6.1 表示。式(6.47)～式(6.51) 实际上是用一个线性系统和一个非线性环节的反馈关联表示一类非线性系统(图 6.2), 其中 $G(s)$ 是线性系统的传递函数矩阵。

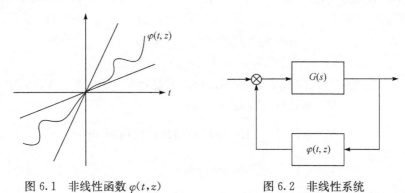

图 6.1　非线性函数 $\varphi(t, z)$　　　　　图 6.2　非线性系统

定义 6.2　如果对所有属于扇形区域 $[V_1, V_2]$ 的非线性函数 $\varphi(t, z)$, Lurie 系统(6.47)是全局渐近稳定的, 则称 Lurie 系统(6.47)在扇形区域 $[V_1, V_2]$ 内绝对稳定。

注 6.1　现有结果, τ 可以取到 ∞。

注 6.2　条件(6.48)在现有一些文献中可以被放宽, 在实际理论中被广泛应用于含有不确定性的时变时滞奇异摄动 Lurie 系统的分析设计中。

1. Lurie 系统在扇形区域 $[0, V]$ 的稳定性分析

1) 时滞相关的稳定性判据

考虑第一类特殊情况:非线性函数 $\varphi(t, z)$ 属于扇形区域 $[0, V]$, 即 $\varphi(t, z)$ 满足:

$$\varphi^{\mathrm{T}}(t, z)[\varphi(t, z) - Vz] \leqslant 0 \tag{6.52}$$

的扇形约束条件;则以下定理以及推论均在满足条件(6.6)～(6.8)下成立。

定理 6.7　给定正数 $\bar{\varepsilon}>0$，$\forall \varepsilon \in (0,\bar{\varepsilon}]$，Lurie 系统(6.47)在扇形区域$[0,V]$内是绝对稳定的。若存在对称正定矩阵 $Q>0$、$M>0$，以及矩阵 $Z_i(i=1,2,\cdots,5)$ 且 $Z_i=Z_i^{\mathrm{T}}(i=1,2,3,4)$，对于满足条件(6.48)、(6.49)和(6.52)所具有的时变时滞可微函数 $d(t)$、不确定性函数 $F(t)$ 和非线性函数 $\varphi(t,z)$，下列矩阵不等式条件可行：

$$
\begin{bmatrix}
A^{\mathrm{T}}Z(0)+Z^{\mathrm{T}}(0)A+Q & Z^{\mathrm{T}}(0)(A_d+D_dF(t)E_d) & Z^{\mathrm{T}}(0)D & \tau A^{\mathrm{T}}M \\
(A_d+D_dF(t)E_d)^{\mathrm{T}}Z(0) & -(1-\mu)Q & 0 & \tau(A_d+D_dF(t)E_d)^{\mathrm{T}}M \\
D^{\mathrm{T}}Z(0)-2VC & 0 & -2I & \tau D^{\mathrm{T}}M \\
\tau MA & \tau M(A_d+D_dF(t)E_d) & \tau MD & -\tau M
\end{bmatrix}<0
$$

$$(6.53)$$

$$
\begin{bmatrix}
A^{\mathrm{T}}Z(\bar{\varepsilon})+Z^{\mathrm{T}}(\bar{\varepsilon})A+Q & Z^{\mathrm{T}}(\bar{\varepsilon})(A_d+D_dF(t)E_d) & Z^{\mathrm{T}}(\bar{\varepsilon})D & \tau A^{\mathrm{T}}M \\
(A_d+D_dF(t)E_d)^{\mathrm{T}}Z(\bar{\varepsilon}) & -(1-\mu)Q & 0 & \tau(A_d+D_dF(t)E_d)^{\mathrm{T}}M \\
D^{\mathrm{T}}Z(\bar{\varepsilon})-2VC & 0 & -2I & \tau D^{\mathrm{T}}M \\
\tau MA & \tau M(A_d+D_dF(t)E_d) & \tau MD & -\tau M
\end{bmatrix}<0
$$

$$(6.54)$$

证明　定义一个二次 Lyapunov-Krasovskii 泛函 $V=V_1+V_2+V_3$，其中

$$V_1 = x^{\mathrm{T}}(t)E(\varepsilon)Z(\varepsilon)x(t)$$

$$V_2 = \int_{-\tau}^{0}\int_{t+\theta}^{t}(E(\varepsilon)\dot{x}(\alpha))^{\mathrm{T}}ME(\varepsilon)\dot{x}(\alpha)\mathrm{d}\alpha\mathrm{d}\theta$$

$$V_3 = \int_{t-d(t)}^{t}x^{\mathrm{T}}(\alpha)Qx(\alpha)\mathrm{d}\alpha$$

其中，Q、M 为对称正定矩阵，即 $Q^{\mathrm{T}}=Q>0$、$M^{\mathrm{T}}=M>0$。

易知

$$E(\varepsilon)Z(\varepsilon)=Z^{\mathrm{T}}(\varepsilon)E(\varepsilon)>0，\quad \forall \varepsilon \in (0,\bar{\varepsilon}] \tag{6.55}$$

这样 V 就为正定的 Lyapunov-Krasovskii 泛函。

沿系统(6.47)的任意轨线进行微分，得

$$
\begin{aligned}
\dot{V}_1 &= \dot{x}^{\mathrm{T}}(t)E(\varepsilon)Z(\varepsilon)x(t)+x^{\mathrm{T}}(t)E(\varepsilon)Z(\varepsilon)\dot{x}(t) \\
&= (E(\varepsilon)\dot{x}(t))^{\mathrm{T}}Z(\varepsilon)x(t)+x^{\mathrm{T}}(t)Z(\varepsilon)E(\varepsilon)\dot{x}(t) \\
&= x^{\mathrm{T}}(t)(A^{\mathrm{T}}Z(\varepsilon)+Z^{\mathrm{T}}(\varepsilon)A)x(t)+x^{\mathrm{T}}(t-d(t))(A_d+D_dF(t)E_d)^{\mathrm{T}}Z(\varepsilon)x(t) \\
&\quad +w^{\mathrm{T}}(t)D^{\mathrm{T}}Z(\varepsilon)x(t)+x^{\mathrm{T}}(t)Z^{\mathrm{T}}(\varepsilon)(A_d+D_dF(t)E_d)x(t-d(t)) \\
&\quad +x^{\mathrm{T}}(t)Z^{\mathrm{T}}(\varepsilon)Dw(t)
\end{aligned}
$$

$$
\begin{aligned}
\dot{V}_2 &= \tau(E(\varepsilon)\dot{x}(t))^{\mathrm{T}}ME(\varepsilon)x(t)-\int_{-\tau}^{0}(E(\varepsilon)\dot{x}(t+\theta))^{\mathrm{T}}ME(\varepsilon)\dot{x}(t+\theta)\mathrm{d}\theta \\
&= \tau(E(\varepsilon)\dot{x}(t))^{\mathrm{T}}ME(\varepsilon)\dot{x}(t)-\int_{t-\tau}^{t}(E(\varepsilon)\dot{x}(\alpha))^{\mathrm{T}}ME(\varepsilon)\dot{x}(\alpha)\mathrm{d}\alpha \\
&\leqslant \tau(E(\varepsilon)\dot{x}(t))^{\mathrm{T}}ME(\varepsilon)\dot{x}(t)-\int_{t-d(t)}^{t}(E(\varepsilon)\dot{x}(\alpha))^{\mathrm{T}}ME(\varepsilon)\dot{x}(\alpha)\mathrm{d}\alpha
\end{aligned}
$$

$$\leqslant \tau x^{\mathrm{T}}(t)A^{\mathrm{T}}MAx(t)+\tau x^{\mathrm{T}}(t)A^{\mathrm{T}}M(A_d+D_dF(t)E_d)x(t-d(t))$$
$$+\tau x^{\mathrm{T}}(t)A^{\mathrm{T}}MDw(t)+\tau x^{\mathrm{T}}(t-d(t))(A_d+D_dF(t)E_d)^{\mathrm{T}}MAx(t)$$
$$+\tau x^{\mathrm{T}}(t-d(t))(A_d+D_dF(t)E_d)^{\mathrm{T}}M(A_d+D_dF(t)E_d)x(t-d(t))$$
$$+\tau x^{\mathrm{T}}(t-d(t))(A_d+D_dF(t)E_d)^{\mathrm{T}}MDw(t)+\tau w^{\mathrm{T}}(t)D^{\mathrm{T}}MAx(t)$$
$$+\tau w^{\mathrm{T}}(t)D^{\mathrm{T}}M(A_d+D_dF(t)E_d)x(t-d(t))+\tau w^{\mathrm{T}}(t)D^{\mathrm{T}}MDw(t)$$
$$-\int_{t-d(t)}^{t}(E(\varepsilon)\dot{x}(\alpha))^{\mathrm{T}}ME(\varepsilon)\dot{x}(\alpha)\mathrm{d}\alpha$$

$$\dot{V}_3=x^{\mathrm{T}}(t)Qx(t)-(1-\dot{d}(t))x^{\mathrm{T}}(t-d(t))Qx(t-d(t))$$
$$\leqslant x^{\mathrm{T}}(t)Qx(t)-(1-\mu)x^{\mathrm{T}}(t-d(t))Qx(t-d(t))$$

利用 $0\leqslant 2w^{\mathrm{T}}(-w-Vz)$，得到

$$\dot{V}\leqslant x^{\mathrm{T}}(t)(A^{\mathrm{T}}Z(\varepsilon)+Z^{\mathrm{T}}(\varepsilon)A)x(t)+x^{\mathrm{T}}(t-d(t))(A_d+D_dF(t)E_d)^{\mathrm{T}}Z(\varepsilon)x(t)$$
$$+w^{\mathrm{T}}(t)D^{\mathrm{T}}Z(\varepsilon)x(t)+x^{\mathrm{T}}(t)Z^{\mathrm{T}}(\varepsilon)(A_d+D_dF(t)E_d)x(t-d(t))$$
$$+x^{\mathrm{T}}(t)Z^{\mathrm{T}}(\varepsilon)Dw(t)+\tau x^{\mathrm{T}}(t)A^{\mathrm{T}}MAx(t)+\tau x^{\mathrm{T}}(t)A^{\mathrm{T}}M(A_d+D_dF(t)E_d)x(t-d(t))$$
$$+\tau x^{\mathrm{T}}(t)A^{\mathrm{T}}MDw(t)+\tau x^{\mathrm{T}}(t-d(t))(A_d+D_dF(t)E_d)^{\mathrm{T}}MAx(t)$$
$$+\tau x^{\mathrm{T}}(t-d(t))(A_d+D_dF(t)E_d)^{\mathrm{T}}M(A_d+D_dF(t)E_d)x(t-d(t))$$
$$+\tau x^{\mathrm{T}}(t-d(t))(A_d+D_dF(t)E_d)^{\mathrm{T}}MDw(t)+\tau w^{\mathrm{T}}(t)D^{\mathrm{T}}MAx(t)$$
$$+\tau w^{\mathrm{T}}(t)D^{\mathrm{T}}M(A_d+D_dF(t)E_d)x(t-d(t))+\tau w^{\mathrm{T}}(t)D^{\mathrm{T}}MDw(t)$$
$$-\int_{t-d(t)}^{t}(E(\varepsilon)\dot{x}(\alpha))^{\mathrm{T}}ME(\varepsilon)\dot{x}(\alpha)\mathrm{d}\alpha+x^{\mathrm{T}}(t)Qx(t)$$
$$-(1-\mu)x^{\mathrm{T}}(t-d(t))Q(t-d(t))-2w^{\mathrm{T}}(t)(w(t)+Vz(t))$$

根据 Lurie 系统(6.47)中 $z(t)=Cx(t)$，整理可得

$$\dot{V}\leqslant x^{\mathrm{T}}(t)(A^{\mathrm{T}}Z(\varepsilon)+Z^{\mathrm{T}}(\varepsilon)A+\tau A^{\mathrm{T}}MA+Q)x(t)$$
$$+x^{\mathrm{T}}(t)[Z^{\mathrm{T}}(\varepsilon)(A_d+D_dF(t)E_d)+\tau A^{\mathrm{T}}M(A_d+D_dF(t)E_d)]x(t-d(t))$$
$$+x^{\mathrm{T}}(t)(Z^{\mathrm{T}}(\varepsilon)D+\tau A^{\mathrm{T}}MD)w(t)$$
$$+x^{\mathrm{T}}(t-d(t))[(A_d+D_dF(t)E_d)^{\mathrm{T}}Z(\varepsilon)+\tau(A_d+D_dF(t)E_d)^{\mathrm{T}}MA]x(t)$$
$$+x^{\mathrm{T}}(t-d(t))[\tau(A_d+D_dF(t)E_d)^{\mathrm{T}}M(A_d+D_dF(t)E_d)-(1-\mu)Q]x(t-d(t))$$
$$+x^{\mathrm{T}}(t-d(t))[\tau(A_d+D_dF(t)E_d)^{\mathrm{T}}MD]w(t)$$
$$+w^{\mathrm{T}}(t)(DZ^{\mathrm{T}}(\varepsilon)+\tau D^{\mathrm{T}}MA-2VC)x(t)$$
$$+w^{\mathrm{T}}(t)[\tau D^{\mathrm{T}}M(A_d+D_dF(t)E_d)]x(t-d(t))$$
$$+w^{\mathrm{T}}(t)(\tau D^{\mathrm{T}}MD-2I)w(t)$$

整理可得

$$\dot{V}\leqslant \begin{bmatrix} x(t) \\ x(t-d(t)) \\ w(t) \end{bmatrix}^{\mathrm{T}} \widetilde{H}(\varepsilon) \begin{bmatrix} x(t) \\ x(t-d(t)) \\ w(t) \end{bmatrix}$$

其中

$$\widetilde{H}(\varepsilon)=\begin{bmatrix} \widetilde{H}_{11}(\varepsilon) & \widetilde{H}_{12}(\varepsilon) & \widetilde{H}_{13}(\varepsilon) \\ \widetilde{H}_{21}(\varepsilon) & \widetilde{H}_{22}(\varepsilon) & \widetilde{H}_{23}(\varepsilon) \\ \widetilde{H}_{31}(\varepsilon) & \widetilde{H}_{32}(\varepsilon) & \widetilde{H}_{33}(\varepsilon) \end{bmatrix}$$

$$\widetilde{H}_{11}(\varepsilon)=A^{\mathrm{T}}Z(\varepsilon)+Z^{\mathrm{T}}(\varepsilon)A+\tau A^{\mathrm{T}}MA+Q$$

$$\widetilde{H}_{12}(\varepsilon)=Z^{\mathrm{T}}(\varepsilon)(A_d+D_dF(t)E_d)+\tau A^{\mathrm{T}}M(A_d+D_dF(t)E_d)$$

$$\widetilde{H}_{13}(\varepsilon)=Z^{\mathrm{T}}(\varepsilon)D+\tau A^{\mathrm{T}}MD$$

$$\widetilde{H}_{21}(\varepsilon)=(A_d+D_dF(t)E_d)^{\mathrm{T}}Z(\varepsilon)+\tau(A_d+D_dF(t)E_d)^{\mathrm{T}}MA$$

$$\widetilde{H}_{22}(\varepsilon)=\tau(A_d+D_dF(t)E_d)^{\mathrm{T}}M(A_d+D_dF(t)E_d)-(1-\mu)Q$$

$$\widetilde{H}_{23}(\varepsilon)=\tau(A_d+D_dF(t)E_d)^{\mathrm{T}}MD$$

$$\widetilde{H}_{31}(\varepsilon)=D^{\mathrm{T}}Z(\varepsilon)+\tau D^{\mathrm{T}}MA-2VC$$

$$\widetilde{H}_{32}(\varepsilon)=\tau D^{\mathrm{T}}M(A_d+D_dF(t)E_d)$$

$$\widetilde{H}_{33}(\varepsilon)=\tau D^{\mathrm{T}}MD-2I$$

由于

$$\widetilde{H}(\varepsilon)=\begin{bmatrix} A^{\mathrm{T}}Z(\varepsilon)+Z^{\mathrm{T}}(\varepsilon)A+Q & Z^{\mathrm{T}}(\varepsilon)(A_d+D_dF(t)E_d) & Z^{\mathrm{T}}(\varepsilon)D \\ (A_d+D_dF(t)E_d)^{\mathrm{T}}Z(\varepsilon) & -(1-\mu)Q & 0 \\ D^{\mathrm{T}}Z(\varepsilon)-2VC & 0 & -2I \end{bmatrix}$$
$$+\tau\begin{bmatrix} A^{\mathrm{T}} \\ (A_d+D_dF(t)E_d)^{\mathrm{T}} \\ D^{\mathrm{T}} \end{bmatrix}M[A \quad A_d+D_dF(t)E_d \quad D]$$

由 Schur 补引理,上式等价于

$$H(\varepsilon)$$
$$=\begin{bmatrix} A^{\mathrm{T}}Z(\varepsilon)+Z^{\mathrm{T}}(\varepsilon)A+Q & Z^{\mathrm{T}}(\varepsilon)(A_d+D_dF(t)E_d) & Z^{\mathrm{T}}(\varepsilon)D & \tau A^{\mathrm{T}}M \\ (A_d+D_dF(t)E_d)^{\mathrm{T}}Z(\varepsilon) & -(1-\mu)Q & 0 & \tau(A_d+D_dF(t)E_d)^{\mathrm{T}}M \\ D^{\mathrm{T}}Z(\varepsilon)-2VC & 0 & -2I & \tau D^{\mathrm{T}}M \\ \tau MA & \tau M(A_d+D_dF(t)E_d) & \tau MD & -\tau M \end{bmatrix}$$

$$(6.56)$$

由式(6.53)和式(6.54)可知 $H(0)<0$, $H(\varepsilon)<0$。进而由引理 6.6 得 $H(\varepsilon)<0$,故可得 $\dot{V}<0$。因此,由 Lyapunov 稳定性定理可知,对所有扇形区域 $[0,V]$ 中的非线性函数 φ,系统(6.47)是全局渐近稳定的,即系统(6.47)在扇形区域 $[0,V]$ 内是绝对稳定的。

证毕。

为消除式(6.56)中的不确定性函数 $F(t)$,由引理 6.8 可知,存在一个正常数 $\eta>0$,使得

$$
\begin{bmatrix}
A^{\mathrm{T}}Z(\varepsilon)+Z^{\mathrm{T}}(\varepsilon)A+Q & Z^{\mathrm{T}}(\varepsilon)A_d & Z^{\mathrm{T}}(\varepsilon)D & \tau A^{\mathrm{T}}M \\
A_d Z(\varepsilon) & -(1-\mu)Q & 0 & \tau A_d^{\mathrm{T}}M \\
D^{\mathrm{T}}Z(\varepsilon)-2VC & 0 & -2I & \tau D^{\mathrm{T}}M \\
\tau MA & \tau MA_d & \tau MD & -\tau M
\end{bmatrix}
$$

$$
+\eta^{-1}\begin{bmatrix} Z^{\mathrm{T}}(\varepsilon)D_d \\ 0 \\ 0 \\ \tau MD_d \end{bmatrix}
\begin{bmatrix} D_d^{\mathrm{T}}Z(\varepsilon) & 0 & 0 & \tau D_d^{\mathrm{T}}M \end{bmatrix}
+\eta\begin{bmatrix} 0 \\ E_d^{\mathrm{T}} \\ 0 \\ 0 \end{bmatrix}
\begin{bmatrix} 0 & E_d & 0 & 0 \end{bmatrix}<0
$$

成立。由 Schur 补引理,得

$$
\begin{bmatrix}
A^{\mathrm{T}}Z(\varepsilon)+Z^{\mathrm{T}}(\varepsilon)A+Q & Z^{\mathrm{T}}(\varepsilon)A_d & Z^{\mathrm{T}}(\varepsilon)D & \tau A^{\mathrm{T}}M & Z^{\mathrm{T}}(\varepsilon)D_d & 0 \\
A_d^{\mathrm{T}}Z(\varepsilon) & -(1-\mu)Q & 0 & \tau A_d^{\mathrm{T}}M & 0 & E_d^{\mathrm{T}} \\
D^{\mathrm{T}}Z(\varepsilon)-2VC & 0 & -2I & \tau D^{\mathrm{T}}M & 0 & 0 \\
\tau MA & \tau MA_d & \tau MD & -\tau M & \tau MD_d & 0 \\
D_d^{\mathrm{T}}Z(\varepsilon) & 0 & 0 & \tau D_d^{\mathrm{T}}M & -\eta I & 0 \\
0 & E_d & 0 & 0 & 0 & -\eta^{-1}I
\end{bmatrix}<0
$$

对上式左、右两边分别乘以对角矩阵 $\mathrm{diag}\{I,I,I,I,I,\eta I\}$,得到

$$
\begin{bmatrix}
A^{\mathrm{T}}Z(\varepsilon)+Z^{\mathrm{T}}(\varepsilon)A+Q & Z^{\mathrm{T}}(\varepsilon)A_d & Z^{\mathrm{T}}(\varepsilon)D & \tau A^{\mathrm{T}}M & Z^{\mathrm{T}}(\varepsilon)D_d & 0 \\
A_d^{\mathrm{T}}Z(\varepsilon) & -(1-\mu)Q & 0 & \tau A_d^{\mathrm{T}}M & 0 & \eta E_d^{\mathrm{T}} \\
D^{\mathrm{T}}Z(\varepsilon)-2VC & 0 & -2I & \tau D^{\mathrm{T}}M & 0 & 0 \\
\tau MA & \tau MA_d & \tau MD & -\tau M & \tau MD_d & 0 \\
D_d^{\mathrm{T}}Z(\varepsilon) & 0 & 0 & \tau D_d^{\mathrm{T}}M & -\eta I & 0 \\
0 & \eta E_d & 0 & 0 & 0 & -\eta I
\end{bmatrix}<0
$$

$$(6.57)$$

矩阵不等式(6.57)对于变量 η、Q、M 和 $Z(\varepsilon)$ 是线性的,故得到如下定理。

定理 6.8 给定正数 $\bar{\varepsilon}>0$,$\forall\varepsilon\in(0,\bar{\varepsilon}]$,Lurie 系统(6.47)在扇形区域 $[0,V]$ 内是绝对稳定的。若存在对称正定矩阵 $Q>0$、$M>0$,常数 $\eta>0$,以及矩阵 $Z_i(i=1,2,\cdots,5)$ 且 $Z_i=Z_i^{\mathrm{T}}(i=1,2,3,4)$,对于满足条件(6.48)和(6.52)所具有的时变时滞可微函数 $d(t)$ 和非线性函数 $\varphi(t,z)$,下列 LMI 条件可行:

$$
\begin{bmatrix}
A^{\mathrm{T}}Z(0)+Z^{\mathrm{T}}(0)A+Q & Z^{\mathrm{T}}(0)A_d & Z^{\mathrm{T}}(0)D & \tau A^{\mathrm{T}}M & Z^{\mathrm{T}}(0)D_d & 0 \\
A_d^{\mathrm{T}}Z(0) & -(1-\mu)Q & 0 & \tau A_d^{\mathrm{T}}M & 0 & \eta E_d^{\mathrm{T}} \\
D^{\mathrm{T}}Z(0)-2VC & 0 & -2I & \tau D^{\mathrm{T}}M & 0 & 0 \\
\tau MA & \tau MA_d & \tau MD & -\tau M & \tau MD_d & 0 \\
D_d^{\mathrm{T}}Z(0) & 0 & 0 & \tau D_d^{\mathrm{T}}M & -\eta I & 0 \\
0 & \eta E_d & 0 & 0 & 0 & -\eta I
\end{bmatrix}<0
$$

$$(6.58)$$

$$
\begin{bmatrix}
A^\mathrm{T}Z(\bar{\varepsilon})+Z^\mathrm{T}(\bar{\varepsilon})A+Q & Z^\mathrm{T}(\bar{\varepsilon})A_d & Z^\mathrm{T}(\bar{\varepsilon})D & \tau A^\mathrm{T}M & Z^\mathrm{T}(\bar{\varepsilon})D_d & 0 \\
A_d^\mathrm{T}Z(\bar{\varepsilon}) & -(1-\mu)Q & 0 & \tau A_d^\mathrm{T}M & 0 & \eta E_d^\mathrm{T} \\
D^\mathrm{T}Z(\bar{\varepsilon})-2VC & 0 & -2I & \tau D^\mathrm{T}M & 0 & 0 \\
\tau MA & \tau MA_d & \tau MD & -\tau M & \tau MD_d & 0 \\
D_d^\mathrm{T}Z(\bar{\varepsilon}) & 0 & 0 & \tau D_d^\mathrm{T}M & -\eta I & 0 \\
0 & \eta E_d & 0 & 0 & 0 & -\eta I
\end{bmatrix} < 0
$$

$$(6.59)$$

2) 时滞无关的稳定性判据

首先考虑第一类特殊情况:非线性函数 $\varphi(t,z)$ 属于扇形区域 $[0,V]$,即 $\varphi(t,z)$ 满足:

$$
\varphi^\mathrm{T}(t,z)(\varphi(t,z)-Vz)\leqslant 0
$$

的扇形约束条件。

定理 6.9　给定正数 $\bar{\varepsilon}>0$, $\forall \varepsilon \in (0,\bar{\varepsilon}]$, Lurie 系统 (6.47) 在扇形区域 $[0,V]$ 内是绝对稳定的。若存在对称正定矩阵 $Q>0$,以及矩阵 $Z_i(i=1,2,\cdots,5)$ 且 $Z_i=Z_i^\mathrm{T}$ $(i=1,2,3,4)$,对于满足条件 (6.8) 及 (6.49),以及时变时滞可微函数 $d(t)$、不确定性函数 $F(t)$ 和非线性函数 $\varphi(t,z)$,下列矩阵不等式条件可行:

$$
\begin{bmatrix}
A^\mathrm{T}Z(0)+Z^\mathrm{T}(0)A+Q & Z^\mathrm{T}(0)(A_d+D_dF(t)E_d) & Z^\mathrm{T}(0)D \\
(A_d+D_dF(t)E_d)^\mathrm{T}Z(0) & -(1-\mu)Q & 0 \\
D^\mathrm{T}Z(0)-2VC & 0 & -2I
\end{bmatrix} < 0 \quad (6.60)
$$

$$
\begin{bmatrix}
A^\mathrm{T}Z(\bar{\varepsilon})+Z^\mathrm{T}(\bar{\varepsilon})A+Q & Z^\mathrm{T}(\bar{\varepsilon})(A_d+D_dF(t)E_d) & Z^\mathrm{T}(\bar{\varepsilon})D \\
(A_d+D_dF(t)E_d)^\mathrm{T}Z(\bar{\varepsilon}) & -(1-\mu)Q & 0 \\
D^\mathrm{T}Z(\bar{\varepsilon})-2VC & 0 & -2I
\end{bmatrix} < 0 \quad (6.61)
$$

证明　定义一个二次 Lyapunov-Krasovskii 泛函 $V=V_1+V_2$,其中

$$
V_1 = x^\mathrm{T}(t)E(\varepsilon)Z(\varepsilon)x(t)
$$

$$
V_2 = \int_{t-d(t)}^{t} x^\mathrm{T}(\alpha)Qx(\alpha)\mathrm{d}\alpha
$$

沿系统 (6.47) 的任意轨线,V_1 关于时间的导数是

$$
\begin{aligned}
\dot{V}_1 &= \dot{x}^\mathrm{T}(t)E(\varepsilon)Z(\varepsilon)x(t)+x^\mathrm{T}(t)E(\varepsilon)Z(\varepsilon)\dot{x}(t) \\
&= (E(\varepsilon)\dot{x}(t))^\mathrm{T}Z(\varepsilon)x(t)+x^\mathrm{T}(t)Z(\varepsilon)E(\varepsilon)\dot{x}(t) \\
&= x^\mathrm{T}(t)(A^\mathrm{T}Z(\varepsilon)+Z^\mathrm{T}(\varepsilon)A)x(t)+x^\mathrm{T}(t-d(t))(A_d+D_dF(t)E_d)^\mathrm{T}Z(\varepsilon)x(t) \\
&\quad +w^\mathrm{T}(t)D^\mathrm{T}Z(\varepsilon)x(t)+x^\mathrm{T}(t)Z^\mathrm{T}(\varepsilon)(A_d+D_dF(t)E_d)x(t-d(t)) \\
&\quad +x^\mathrm{T}(t)Z^\mathrm{T}(\varepsilon)Dw(t)
\end{aligned}
$$

$$
\begin{aligned}
\dot{V}_2 &= x^\mathrm{T}(t)Qx(t)-(1-\dot{d}(t))x^\mathrm{T}(t-d(t))Qx(t-d(t)) \\
&\leqslant x^\mathrm{T}(t)Qx(t)-(1-\mu)x^\mathrm{T}(t-d(t))Qx(t-d(t))
\end{aligned}
$$

再由 $0 \leqslant 2w^{\mathrm{T}}(-w-Vz)$，根据系统中 $z(t)=Cx(t)$，得

$$\dot{V} \leqslant x^{\mathrm{T}}(t)(A^{\mathrm{T}}Z(\varepsilon)+Z^{\mathrm{T}}(\varepsilon)A)x(t)+x^{\mathrm{T}}(t-d(t))(A_d+D_dF(t)E_d)^{\mathrm{T}}Z(\varepsilon)x(t)$$
$$+w^{\mathrm{T}}(t)D^{\mathrm{T}}Z(\varepsilon)x(t)+x^{\mathrm{T}}(t)Z^{\mathrm{T}}(\varepsilon)(A_d+D_dF(t)E_d)x(t-d(t))+x^{\mathrm{T}}(t)Z^{\mathrm{T}}(\varepsilon)Dw(t)$$
$$+x^{\mathrm{T}}(t)Qx(t)-(1-\mu)x^{\mathrm{T}}(t-d(t))Q(t-d(t))-2w^{\mathrm{T}}(t)(w(t)+Vz(t))$$

$$\leqslant \begin{bmatrix} x(t) \\ x(t-d(t)) \\ w(t) \end{bmatrix}^{\mathrm{T}} L(\varepsilon) \begin{bmatrix} x(t) \\ x(t-d(t)) \\ w(t) \end{bmatrix}$$

其中

$$L(\varepsilon)=\begin{bmatrix} A^{\mathrm{T}}Z(\varepsilon)+Z^{\mathrm{T}}(\varepsilon)A+Q & Z^{\mathrm{T}}(\varepsilon)(A_d+D_dF(t)E_d) & Z^{\mathrm{T}}(\varepsilon)D \\ (A_d+D_dF(t)E_d)^{\mathrm{T}}Z(\varepsilon) & -(1-\mu)Q & 0 \\ D^{\mathrm{T}}Z(\varepsilon)-2VC & 0 & -2I \end{bmatrix}$$

$$\tag{6.62}$$

由式(6.60)和式(6.61)可知，$L(0)<0$，$L(\varepsilon)<0$。使用引理 6.6 得 $L(\varepsilon)<0$，故 $\dot{V}<0$。因此，由 Lyapunov 稳定性定理可知，对所有扇形区域 $[0,V]$ 中的非线性函数 φ，Lurie 系统(6.47)是全局渐近稳定的，即在扇形区域 $[0,V]$ 内是绝对稳定的。

为求解参数变量，消除式(6.62)中的不确定性函数 $F(t)$，由引理 4.1，存在一个正常数 $\gamma>0$，使得

$$\begin{bmatrix} A^{\mathrm{T}}Z(\varepsilon)+Z^{\mathrm{T}}(\varepsilon)A+Q & Z^{\mathrm{T}}(\varepsilon)A_d & Z^{\mathrm{T}}(\varepsilon)D \\ A_d^{\mathrm{T}}Z(\varepsilon) & -(1-\mu)Q & 0 \\ D^{\mathrm{T}}Z(\varepsilon)-2VC & 0 & -2I \end{bmatrix}$$
$$+\gamma^{-1}\begin{bmatrix} 0 \\ Z^{\mathrm{T}}(\varepsilon)D_d \\ 0 \end{bmatrix}\begin{bmatrix} 0 & D_d^{\mathrm{T}}Z(\varepsilon) & 0 \end{bmatrix}+\gamma\begin{bmatrix} E_d^{\mathrm{T}} \\ 0 \\ 0 \end{bmatrix}\begin{bmatrix} E_d & 0 & 0 \end{bmatrix}<0$$

成立。

由 Schur 补引理，得

$$\begin{bmatrix} A^{\mathrm{T}}Z(\varepsilon)+Z^{\mathrm{T}}(\varepsilon)A+Q & Z^{\mathrm{T}}(\varepsilon)A_d & Z^{\mathrm{T}}(\varepsilon)D & 0 & E_d^{\mathrm{T}} \\ A_d^{\mathrm{T}}Z(\varepsilon) & -(1-\mu)Q & 0 & Z^{\mathrm{T}}(\varepsilon)D_d & 0 \\ D^{\mathrm{T}}Z(\varepsilon)-2VC & 0 & -2I & 0 & 0 \\ 0 & D_d^{\mathrm{T}}Z(\varepsilon) & 0 & -\gamma I & 0 \\ E_d & 0 & 0 & 0 & -\gamma^{-1}I \end{bmatrix}<0$$

对上式左、右两边分别乘以对角矩阵 $\mathrm{diag}\{I,I,I,I,\gamma I\}$，得到

$$\begin{bmatrix} A^T Z(\varepsilon)+Z^T(\varepsilon)A+Q & Z^T(\varepsilon)A_d & Z^T(\varepsilon)D & 0 & \gamma E_d^T \\ A_d^T Z(\varepsilon) & -(1-\mu)Q & 0 & Z^T(\varepsilon)D_d & 0 \\ D^T Z(\varepsilon)-2VC & 0 & -2I & 0 & 0 \\ 0 & D_d^T Z(\varepsilon) & 0 & -\gamma I & 0 \\ \gamma E_d & 0 & 0 & 0 & -\gamma I \end{bmatrix}<0$$

$$(6.63)$$

矩阵不等式(6.63)对于变量 γ、Q 和 $Z(\varepsilon)$ 是线性的,得到如下定理。

定理 6.10　给定正数 $\bar{\varepsilon}>0$,$\forall \varepsilon \in (0,\bar{\varepsilon}]$,Lurie 系统(6.47)在扇形区域 $[0,V]$ 内是绝对稳定的。若存在对称正定矩阵 $Q>0$,常数 $\gamma>0$,以及矩阵 Z_i($i=1,2,\cdots,5$)且 $Z_i=Z_i^T$($i=1,2,3,4$),对于满足条件(6.48)、时变时滞可微函数 $d(t)$ 和非线性函数 $\varphi(t,z)$,下列 LMI 条件可行:

$$\begin{bmatrix} A^T Z(0)+Z^T(0)A+Q & Z^T(0)A_d & Z^T(0)D & 0 & \gamma E_d^T \\ A_d^T Z(0) & -(1-\mu)Q & 0 & Z^T(0)D_d & 0 \\ D^T Z(0)-2VC & 0 & -2I & 0 & 0 \\ 0 & D_d^T Z(0) & 0 & -\gamma I & 0 \\ \gamma E_d & 0 & 0 & 0 & -\gamma I \end{bmatrix}<0$$

$$(6.64)$$

$$\begin{bmatrix} A^T Z(\bar{\varepsilon})+Z^T(\bar{\varepsilon})A+Q & Z^T(\bar{\varepsilon})A_d & Z^T(\bar{\varepsilon})D & 0 & \gamma E_d^T \\ A_d^T Z(\bar{\varepsilon}) & -(1-\mu)Q & 0 & Z^T(\bar{\varepsilon})D_d & 0 \\ D^T Z(\bar{\varepsilon})-2VC & 0 & -2I & 0 & 0 \\ 0 & D_d^T Z(\bar{\varepsilon}) & 0 & -\gamma I & 0 \\ \gamma E_d & 0 & 0 & 0 & -\gamma I \end{bmatrix}<0$$

$$(6.65)$$

2. Lurie 系统在扇形区域 $[V_1,V_2]$ 的稳定性分析

对非线性函数在一般扇形区域 $[V_1,V_2]$ 中的情形,通过应用反馈环的变换(loop transformation,见图 6.3),可以得到系统(6.47)在扇形区域 $[V_1,V_2]$ 内的绝对稳定性等价于如下系统:

$$\begin{cases} E(\varepsilon)\dot{x}(t)=(A-DV_1C)x(t)+(A_d+D_dF(t)E_d)x(t-d(t))+Dw(t) \\ z(t)=Cx(t) \\ w(t)=-\varphi(t,z(t)) \end{cases}$$

$$(6.66)$$

在扇形区域 $[0,V_2-V_1]$ 内的绝对稳定性。其中,扇形区域 $[0,V_2-V_1]$ 是指非线性

函数 $\varphi(t,z)$ 属于扇形区域 $[0,V_2-V_1]$，即 $\varphi(t,z)$ 满足：

$$\varphi^{\mathrm{T}}(t,z)[\varphi(t,z)-(V_2-V_1)z]\leqslant 0,\quad \forall t\geqslant 0, \forall z\in \mathbf{R}^m$$

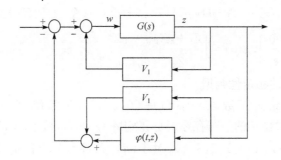

图 6.3　反馈环的变换

在这种条件下,得到稳定性判据如下。

1) 时滞相关的稳定性判据

定理 6.11　给定正数 $\varepsilon>0$，$\forall\varepsilon\in(0,\bar\varepsilon]$，Lurie 系统 (6.47) 在扇形区域 $[V_1,V_2]$ 内是绝对稳定的。若存在对称正定矩阵 $Q>0$、$M>0$，常数 $\eta>0$，以及矩阵 $Z_i(i=1,2,\cdots,5)$ 且 $Z_i=Z_i^{\mathrm{T}}(i=1,2,3,4)$，对于满足条件所具有的时变时滞可微函数 $d(t)$ 和非线性函数 $\varphi(t,z)$，下列矩阵不等式条件可行：

$$Z_1>0$$

$$\begin{bmatrix} Z_1+\bar\varepsilon Z_3 & \bar\varepsilon Z_5^{\mathrm{T}} \\ \bar\varepsilon Z_5 & \bar\varepsilon Z_2 \end{bmatrix}>0$$

$$\begin{bmatrix} Z_1+\bar\varepsilon Z_3 & \bar\varepsilon Z_5^{\mathrm{T}} \\ \bar\varepsilon Z_5 & \bar\varepsilon Z_2+\bar\varepsilon^2 Z_4 \end{bmatrix}>0$$

$$\begin{bmatrix} L_{11}(0) & Z^{\mathrm{T}}(0)A_d & Z^{\mathrm{T}}(0)D & \tau(A-DV_1C)^{\mathrm{T}}M & Z^{\mathrm{T}}(0)D_d & 0 \\ A_d^{\mathrm{T}}Z(0) & -(1-\mu)Q & 0 & \tau A_d^{\mathrm{T}}M & 0 & \eta E_d^{\mathrm{T}} \\ D^{\mathrm{T}}Z(0)-2(V_2-V_1)C & 0 & -2I & \tau D^{\mathrm{T}}M & 0 & 0 \\ \tau M(A-DV_1C) & \tau MA_d & \tau MD & -\tau M & \tau MD_d & 0 \\ D_d^{\mathrm{T}}Z(0) & 0 & 0 & \tau D_d^{\mathrm{T}}M & -\eta I & 0 \\ 0 & \eta E_d & 0 & 0 & 0 & -\eta I \end{bmatrix}<0$$

$$\begin{bmatrix} L_{11}(\bar\varepsilon) & Z^{\mathrm{T}}(\bar\varepsilon)A_d & Z^{\mathrm{T}}(\bar\varepsilon)D & \tau(A-DV_1C)^{\mathrm{T}}M & Z^{\mathrm{T}}(\bar\varepsilon)D_d & 0 \\ A_d^{\mathrm{T}}Z(\bar\varepsilon) & -(1-\mu)Q & 0 & \tau A_d^{\mathrm{T}}M & 0 & \eta E_d^{\mathrm{T}} \\ D^{\mathrm{T}}Z(\bar\varepsilon)-2(V_2-V_1)C & 0 & -2I & \tau D^{\mathrm{T}}M & 0 & 0 \\ \tau M(A-DV_1C) & \tau MA_d & \tau MD & -\tau M & \tau MD_d & 0 \\ D_d^{\mathrm{T}}Z(\bar\varepsilon) & 0 & 0 & \tau D_d^{\mathrm{T}}M & -\eta I & 0 \\ 0 & \eta E_d & 0 & 0 & 0 & -\eta I \end{bmatrix}<0$$

其中

$$L_{11}(0)=(A-DV_1C)^{\mathrm{T}}Z(0)+Z^{\mathrm{T}}(0)(A-DV_1C)+Q$$

$$L_{11}(\bar{\varepsilon})=(A-DV_1C)^{\mathrm{T}}Z(\bar{\varepsilon})+Z^{\mathrm{T}}(\bar{\varepsilon})(A-DV_1C)+Q$$

这里，$E(\varepsilon)=\begin{bmatrix}I & 0\\ 0 & \varepsilon I\end{bmatrix}$，$Z(\varepsilon)=\begin{bmatrix}Z_1+\varepsilon Z_3 & \varepsilon Z_5^{\mathrm{T}}\\ Z_5 & Z_2+\varepsilon Z_4\end{bmatrix}$。

2）时滞无关的稳定性判据

定理 6.12 给定正数 $\bar{\varepsilon}>0$，$\forall \varepsilon\in(0,\bar{\varepsilon}]$，Lurie 系统（6.47）在扇形区域 $[V_1,V_2]$ 内是绝对稳定的。若存在对称正定阵 $Q>0$，常数 $\gamma>0$，以及矩阵 $Z_i(i=1,2,\cdots,5)$ 且 $Z_i=Z_i^{\mathrm{T}}(i=1,2,3,4)$，对于满足条件所具有的时变时滞可微函数 $d(t)$ 和非线性函数 $\varphi(t,z)$，下列矩阵不等式条件可行：

$$Z_1>0$$

$$\begin{bmatrix}Z_1+\bar{\varepsilon}Z_3 & \bar{\varepsilon}Z_5^{\mathrm{T}}\\ \bar{\varepsilon}Z_5 & \bar{\varepsilon}Z_2\end{bmatrix}>0$$

$$\begin{bmatrix}Z_1+\bar{\varepsilon}Z_3 & \bar{\varepsilon}Z_5^{\mathrm{T}}\\ \bar{\varepsilon}Z_5 & \bar{\varepsilon}Z_2+\bar{\varepsilon}^2 Z_4\end{bmatrix}>0$$

$$\begin{bmatrix}(A-DV_1C)^{\mathrm{T}}Z(0)+Z^{\mathrm{T}}(0)(A-DV_1C)+Q & Z^{\mathrm{T}}(0)A_d & Z^{\mathrm{T}}(0)D & Z^{\mathrm{T}}(0)D_d & 0\\ A_d^{\mathrm{T}}Z(0) & -(1-\mu)Q & 0 & 0 & \gamma E_d^{\mathrm{T}}\\ D^{\mathrm{T}}Z(0)-2(V_2-V_1)C & 0 & -2I & 0 & 0\\ D_d^{\mathrm{T}}Z(0) & 0 & 0 & -\gamma I & 0\\ 0 & \gamma E_d & 0 & 0 & -\gamma I\end{bmatrix}<0$$

$$\begin{bmatrix}(A-DV_1C)^{\mathrm{T}}Z(\bar{\varepsilon})+Z^{\mathrm{T}}(\bar{\varepsilon})(A-DV_1C)+Q & Z^{\mathrm{T}}(\bar{\varepsilon})A_d & Z^{\mathrm{T}}(\bar{\varepsilon})D & Z^{\mathrm{T}}(\bar{\varepsilon})D_d & 0\\ A_d^{\mathrm{T}}Z(\bar{\varepsilon}) & -(1-\mu)Q & 0 & 0 & \gamma E_d^{\mathrm{T}}\\ D^{\mathrm{T}}Z(\bar{\varepsilon})-2(V_2-V_1)C & 0 & -2I & 0 & 0\\ D_d^{\mathrm{T}}Z(\bar{\varepsilon}) & 0 & 0 & -\gamma I & 0\\ 0 & \gamma E_d & 0 & 0 & -\gamma I\end{bmatrix}<0$$

这里，$E(\varepsilon)$、$Z(\varepsilon)$ 的定义同上。

注 6.3 对非线性函数在一般扇形区域 $[V_1,V_2]$ 中的情形，通过反馈环的不同变换，可以得到系统（6.47）在扇形区域 $[V_1,V_2]$ 内的绝对稳定性等价于下面系统：

$$\begin{cases}E(\varepsilon)\dot{x}(t)=(A-DV_1C)x(t)+(A_d-DV_1C+D_dF(t)E_d)x(t-d(t))+Dw(t)\\ z(t)=Cx(t)\\ w(t)=-\varphi(t,z(t))\end{cases}$$

$$(6.67)$$

在扇形区域 $[0,V_2-V_1]$ 内的绝对稳定性。

对此,可得相应的时滞相关的稳定性判据如下。

定理 6.13　给定正数 $\varepsilon > 0$，$\forall \varepsilon \in (0, \bar{\varepsilon}]$，Lurie 系统 (6.47) 在扇形区域 $[V_1, V_2]$ 内是绝对稳定的。若存在对称正定矩阵 $Q > 0$、$M > 0$，常数 $\eta > 0$，以及矩阵 $Z_i (i = 1, 2, 3, 4, 5)$ 且 $Z_i = Z_i^{\mathrm{T}} (i = 1, 2, 3, 4)$，对于满足条件 (6.48) 和 (6.51) 所具有的时变时滞可微函数 $d(t)$ 和非线性函数 $\varphi(t, z)$，下列 LMI 条件可行：

$$
\begin{bmatrix}
L_{11}(0) & Z^{\mathrm{T}}(0)(A_d - DV_1C) & Z^{\mathrm{T}}(0)D \\
(A_d - DV_1C)^{\mathrm{T}}Z(0) & -(1-\mu)Q & 0 \\
D^{\mathrm{T}}Z(0) - 2(V_2 - V_1)C & 0 & -2I \\
\tau M(A - DV_1C) & \tau M(A_d - DV_1C) & \tau MD \\
D_d^{\mathrm{T}}Z(0) & 0 & 0 \\
0 & \eta E_d & 0
\end{bmatrix}
$$

$$
\left.
\begin{matrix}
\tau(A - DV_1C)^{\mathrm{T}}M & Z^{\mathrm{T}}(0)D_d & 0 \\
\tau(A_d - DV_1C)^{\mathrm{T}}M & 0 & \eta E_d^{\mathrm{T}} \\
\tau D^{\mathrm{T}}M & 0 & 0 \\
-\tau M & \tau MD_d & 0 \\
\tau D_d^{\mathrm{T}}M & -\eta I & 0 \\
0 & 0 & -\eta I
\end{matrix}
\right] < 0
$$

$$
\begin{bmatrix}
L_{11}(\bar{\varepsilon}) & Z^{\mathrm{T}}(\bar{\varepsilon})(A_d - DV_1C) & Z^{\mathrm{T}}(\bar{\varepsilon})D \\
(A_d - DV_1C)^{\mathrm{T}}Z(\bar{\varepsilon}) & -(1-\mu)Q & 0 \\
D^{\mathrm{T}}Z(\bar{\varepsilon}) - 2(V_2 - V_1)C & 0 & -2I \\
\tau M(A - DV_1C) & \tau M(A_d - DV_1C) & \tau MD \\
D_d^{\mathrm{T}}Z(\bar{\varepsilon}) & 0 & 0 \\
0 & \eta E_d & 0
\end{bmatrix}
$$

$$
\left.
\begin{matrix}
\tau(A - DV_1C)^{\mathrm{T}}M & Z^{\mathrm{T}}(\bar{\varepsilon})D_d & 0 \\
\tau(A_d - DV_1C)^{\mathrm{T}}M & 0 & \eta E_d^{\mathrm{T}} \\
\tau D^{\mathrm{T}}M & 0 & 0 \\
-\tau M & \tau MD_d & 0 \\
\tau D_d^{\mathrm{T}}M & -\eta I & 0 \\
0 & 0 & -\eta I
\end{matrix}
\right] < 0
$$

其中

$$L_{11}(0) = (A - DV_1C)^{\mathrm{T}}Z(0) + Z^{\mathrm{T}}(0)(A - DV_1C) + Q$$

$$L_{11}(\bar{\varepsilon}) = (A - DV_1C)^{\mathrm{T}}Z(\bar{\varepsilon}) + Z^{\mathrm{T}}(\bar{\varepsilon})(A - DV_1C) + Q$$

时滞无关的稳定性判据如下。

定理 6.14　给定正数 $\varepsilon > 0$，$\forall \varepsilon \in (0, \bar{\varepsilon}]$，Lurie 系统 (6.47) 在扇形区域 $[V_1, V_2]$ 内是绝对稳定的。若存在对称正定阵 $Q > 0$，常数 $\gamma > 0$，以及矩阵 $Z_i (i = 1, 2, \cdots, 5)$ 且 $Z_i = Z_i^{\mathrm{T}} (i = 1, 2, 3, 4)$，对于满足条件 (6.48) 和 (6.51) 所具有的时变时滞可微函数 $d(t)$ 和非线性函数 $\varphi(t, z)$，下列 LMI 条件可行：

$$
\begin{bmatrix}
(A - DV_1C)^{\mathrm{T}}Z(0) + Z^{\mathrm{T}}(0)(A - DV_1C) + Q & Z^{\mathrm{T}}(0)(A_d - DV_1C) \\
(A_d - DV_1C)^{\mathrm{T}}Z(0) & -(1-\mu)Q \\
D^{\mathrm{T}}Z(0) - 2(V_2 - V_1)C & 0 \\
0 & D_d^{\mathrm{T}}Z(0) \\
\gamma E_d & 0
\end{bmatrix}
$$

$$
\begin{matrix}
Z^{\mathrm{T}}(0)D & 0 & \gamma E_d^{\mathrm{T}} \\
0 & Z^{\mathrm{T}}(0)D_d & 0 \\
-2I & 0 & 0 \\
0 & -\gamma I & 0 \\
0 & 0 & -\gamma I
\end{matrix} < 0
$$

$$
\begin{bmatrix}
(A - DV_1C)^{\mathrm{T}}Z(\bar{\varepsilon}) + Z^{\mathrm{T}}(\bar{\varepsilon})(A - DV_1C) + Q & Z^{\mathrm{T}}(\bar{\varepsilon})(A_d - DV_1C) \\
(A_d - DV_1C)^{\mathrm{T}}Z(\bar{\varepsilon}) & -(1-\mu)Q \\
D^{\mathrm{T}}Z(\bar{\varepsilon}) - 2(V_2 - V_1)C & 0 \\
0 & D_d^{\mathrm{T}}Z(\bar{\varepsilon}) \\
\gamma E_d & 0
\end{bmatrix}
$$

$$
\begin{matrix}
Z^{\mathrm{T}}(\bar{\varepsilon})D & 0 & \gamma E_d^{\mathrm{T}} \\
0 & Z^{\mathrm{T}}(\bar{\varepsilon})D_d & 0 \\
-2I & 0 & 0 \\
0 & -\gamma I & 0 \\
0 & 0 & -\gamma I
\end{matrix} < 0
$$

3. 理论的进一步深化和推广

在前面定理基础上，用一种交叉项界定法，得到保守性更小的稳定性判据。
考虑如下时变时滞奇异摄动 Lurie 控制系统：

$$
\begin{cases}
E(\varepsilon)\dot{x}(t) = Ax(t) + (A_d + D_dF(t)E_d)x(t - d(t)) + Dw(t) \\
z(t) = Cx(t) \\
w(t) = -\varphi(t, z(t))
\end{cases}
\tag{6.68}
$$

其中的系数矩阵条件与系统 (6.47) 相同。

定理 6.7′　给定正数 $\varepsilon > 0$，$\forall \varepsilon \in (0, \bar{\varepsilon}]$，Lurie 系统 (6.68) 在扇形区域 $[0, V]$ 内是绝对稳定的。若存在对称正定矩阵 $Q > 0$、$M > 0$，适当维数的矩阵 N_1、P_1、R_1、

N_2、P_2、R_2，其中 N_1、N_2、R_1 和 R_2 是对称的，且 $\begin{bmatrix} N_1 & P_1 \\ P_1^{\mathrm{T}} & R_1 \end{bmatrix} \geqslant 0$，$\begin{bmatrix} N_2 & P_2 \\ P_2^{\mathrm{T}} & R_2 \end{bmatrix} \geqslant 0$，以

及矩阵 $Z_i(i=1,2,\cdots,5)$ 且 $Z_i=Z_i^{\mathrm{T}}(i=1,2,3,4)$，对于满足条件所具有的时变时滞可微函数 $d(t)$、不确定性函数 $F(t)$ 和非线性函数 $\varphi(t,z)$，下列矩阵不等式条件可行：

$$\begin{bmatrix} T_{11}(0) & T_{12}(0) & Z^{\mathrm{T}}(0)D-P_2 & \tau A^{\mathrm{T}}M \\ T_{21}(0) & -(1-\mu)Q-R_1 & 0 & \tau(A_d+D_dF(t)E_d)^{\mathrm{T}}M \\ D^{\mathrm{T}}Z(0)-P_2-2VC & 0 & -R_2-2I & \tau D^{\mathrm{T}}M \\ \tau MA & \tau M(A_d+D_dF(t)E_d) & \tau MD & -\tau M \end{bmatrix} < 0$$

$$\tag{6.69}$$

$$\begin{bmatrix} T_{11}(\bar{\varepsilon}) & T_{12}(\bar{\varepsilon}) & Z^{\mathrm{T}}(\bar{\varepsilon})D-P_2 & \tau A^{\mathrm{T}}M \\ T_{21}(\bar{\varepsilon}) & -(1-\mu)Q-R_1 & 0 & \tau(A_d+D_dF(t)E_d)^{\mathrm{T}}M \\ D^{\mathrm{T}}Z(\bar{\varepsilon})-P_2-2VC & 0 & -R_2-2I & \tau D^{\mathrm{T}}M \\ \tau MA & \tau M(A_d+D_dF(t)E_d) & \tau MD & -\tau M \end{bmatrix} < 0$$

$$\tag{6.70}$$

其中

$$T_{11}(0)=A^{\mathrm{T}}Z(0)+Z^{\mathrm{T}}(0)A-N_2-N_2+Q$$
$$T_{12}(0)=Z^{\mathrm{T}}(0)(A_d+D_dF(t)E_d)-P_1$$
$$T_{21}(0)=(A_d+D_dF(t)E_d)^{\mathrm{T}}Z(0)-P_1$$
$$T_{11}(\bar{\varepsilon})=A^{\mathrm{T}}Z(\bar{\varepsilon})+Z^{\mathrm{T}}(\bar{\varepsilon})A-N_2-N_2+Q$$
$$T_{12}(\bar{\varepsilon})=Z^{\mathrm{T}}(\bar{\varepsilon})(A_d+D_dF(t)E_d)-P_1$$
$$T_{21}(\bar{\varepsilon})=(A_d+D_dF(t)E_d)^{\mathrm{T}}Z(\bar{\varepsilon})-P_1$$

证明　定义一个二次 Lyapunov-Krasovskii 泛函 $V=V_1+V_2+V_3$，其中

$$V_1 = x^{\mathrm{T}}(t)E(\varepsilon)Z(\varepsilon)x(t)$$
$$V_2 = \int_{-\tau}^{0}\int_{t+\theta}^{t}(E(\varepsilon)\dot{x}(\alpha))^{\mathrm{T}}ME(\varepsilon)\dot{x}(\alpha)\,\mathrm{d}\alpha\mathrm{d}\theta$$
$$V_3 = \int_{t-d(t)}^{t}x^{\mathrm{T}}(\alpha)Qx(\alpha)\,\mathrm{d}\alpha$$

沿系统 (6.47) 的任意轨线，V_1 关于时间的导数是

$$\begin{aligned}
\dot{V}_1 &= \dot{x}^{\mathrm{T}}(t)E(\varepsilon)Z(\varepsilon)x(t)+x^{\mathrm{T}}(t)E(\varepsilon)Z(\varepsilon)\dot{x}(t) \\
&= (E(\varepsilon)\dot{x}(t))^{\mathrm{T}}Z(\varepsilon)x(t)+x^{\mathrm{T}}(t)Z(\varepsilon)E(\varepsilon)\dot{x}(t) \\
&= x^{\mathrm{T}}(t)(A^{\mathrm{T}}Z(\varepsilon)+Z^{\mathrm{T}}(\varepsilon)A)x(t)+x^{\mathrm{T}}(t-d(t))(A_d+D_dF(t)E_d)^{\mathrm{T}}Z(\varepsilon)x(t) \\
&\quad +w^{\mathrm{T}}(t)D^{\mathrm{T}}Z(\varepsilon)x(t)+x^{\mathrm{T}}(t)Z^{\mathrm{T}}(\varepsilon)(A_d+D_dF(t)E_d)x(t-d(t)) \\
&\quad +x^{\mathrm{T}}(t)Z^{\mathrm{T}}(\varepsilon)Dw(t) \\
&\leqslant x^{\mathrm{T}}(t)(A^{\mathrm{T}}Z(\varepsilon)+Z^{\mathrm{T}}(\varepsilon)A)x(t)-[-2x^{\mathrm{T}}(t)Z^{\mathrm{T}}(\varepsilon)(A_d+D_dF(t)E_d)x(t-d(t))] \\
&\quad -(-x^{\mathrm{T}}(t)Z^{\mathrm{T}}(\varepsilon)Dw(t))
\end{aligned}$$

利用引理 6.8，可知存在适当维数的矩阵 N_1、P_1、R_1、N_2、P_2、R_2，其中 N_1、N_2、R_1 和 R_2 是对称的，若 $\begin{bmatrix} N_1 & P_1 \\ P_1^T & R_1 \end{bmatrix} \geqslant 0$，$\begin{bmatrix} N_2 & P_2 \\ P_2^T & R_2 \end{bmatrix} \geqslant 0$，则

$$-2x^T(t)Z^T(\varepsilon)(A_d+D_dF(t)E_d)x(t-d(t))$$

$$\leqslant \begin{bmatrix} x^T(t) \\ x^T(t-d(t)) \end{bmatrix} \begin{bmatrix} N_1 & P_1-Z^T(\varepsilon)(A_d+D_dF(t)E_d) \\ P_1^T-(A_d+D_dF(t)E_d)^TZ(\varepsilon) & R_1 \end{bmatrix}$$

$$\times \begin{bmatrix} x(t) & x(t-d(t)) \end{bmatrix}$$

$$-2x^T(t)Z^T(\varepsilon)Dw(t) \leqslant \begin{bmatrix} x^T(t) \\ w^T(t) \end{bmatrix} \begin{bmatrix} N_2 & P_2-Z^T(\varepsilon)D \\ P_2^T-D^TZ(\varepsilon) & R_2 \end{bmatrix} \begin{bmatrix} x(t) & w(t) \end{bmatrix}$$

整理可得

$$\dot{V}_1 \leqslant x^T(t)(A^TZ(\varepsilon)+Z^T(\varepsilon)A-N_1-N_2)x(t)$$
$$+2x^T(t)[Z^T(\varepsilon)(A_d+D_dF(t)E_d)-P_1]x(t-d(t))$$
$$+2x^T(t)(Z^T(\varepsilon)D-P_2)w(t)-x^T(t-d(t))R_1x(t-d(t))-w^T(t)R_2w(t)$$

同理，V_2 和 V_3 关于时间的导数与定理 6.7 中的证明相同。

因此，利用 $0 \leqslant 2w^T(-w-Vz)$，得到

$$\dot{V} \leqslant x^T(t)(A^TZ(\varepsilon)+Z^T(\varepsilon)A-N_1-N_2)x(t)$$
$$+2x^T(t)[Z^T(\varepsilon)(A_d+D_dF(t)E_d)-P_1]x(t-d(t))$$
$$+2x^T(t)(Z^T(\varepsilon)D-P_2)w(t)-x^T(t-d(t))R_1x(t-d(t))-w^T(t)R_2w(t)$$
$$+\tau x^T(t)A^TMAx(t)+\tau x^T(t)A^TM(A_d+D_dF(t)E_d)x(t-d(t))$$
$$+\tau x^T(t)A^TMDw(t)+\tau x^T(t-d(t))(A_d+D_dF(t)E_d)^TMAx(t)$$
$$+\tau x^T(t-d(t))(A_d+D_dF(t)E_d)^TM(A_d+D_dF(t)E_d)x(t-d(t))$$
$$+\tau x^T(t-d(t))(A_d+D_dF(t)E_d)^TMDw(t)+\tau w^T(t)D^TMAx(t)$$
$$+\tau w^T(t)D^TM(A_d+D_dF(t)E_d)x(t-d(t))+\tau w^T(t)D^TMDw(t)$$
$$-\int_{t-d(t)}^t (E(\varepsilon)\dot{x}(\alpha))^TME(\varepsilon)\dot{x}(\alpha)d\alpha+x^T(t)Qx(t)$$
$$-(1-\mu)x^T(t-d(t))Q(t-d(t))-2w^T(t)(w(t)+Vz(t))$$

根据系统中 $z(t)=Cx(t)$，整理可得

$$\dot{V} \leqslant x^T(t)(A^TZ(\varepsilon)+Z^T(\varepsilon)A-N_1-N_2+\tau A^TMA+Q)x(t)$$
$$+x^T(t)[Z^T(\varepsilon)(A_d+D_dF(t)E_d)-P_1+\tau A^TM(A_d+D_dF(t)E_d)]x(t-d(t))$$
$$+x^T(t)(Z^T(\varepsilon)D-P_2+\tau A^TMD)w(t)$$
$$+x^T(t-d(t))[(A_d+D_dF(t)E_d)^TZ(\varepsilon)-P_1+\tau(A_d+D_dF(t)E_d)^TMA]x(t)$$
$$+x^T(t-d(t))[\tau(A_d+D_dF(t)E_d)^TM(A_d+D_dF(t)E_d)$$
$$-(1-\mu)Q-R_1]x(t-d(t))+x^T(t-d(t))[\tau(A_d+D_dF(t)E_d)^TMD]w(t)$$

$$+w^{\mathrm{T}}(t)(DZ^{\mathrm{T}}(\varepsilon)-P_2+\tau D^{\mathrm{T}}MA-2VC)x(t)$$
$$+w^{\mathrm{T}}(t)[\tau D^{\mathrm{T}}M(A_d+D_dF(t)E_d)]x(t-d(t))$$
$$+w^{\mathrm{T}}(t)[\tau D^{\mathrm{T}}MD-R_2-2I]w(t)$$

$$\dot{V}\leqslant\begin{bmatrix}x(t)\\x(t-d(t))\\w(t)\end{bmatrix}^{\mathrm{T}}\widetilde{T}(\varepsilon)\begin{bmatrix}x(t)\\x(t-d(t))\\w(t)\end{bmatrix}$$

其中

$$\widetilde{T}(\varepsilon)=\begin{bmatrix}\widetilde{T}_{11}(\varepsilon)&\widetilde{T}_{12}(\varepsilon)&\widetilde{T}_{13}(\varepsilon)\\\widetilde{T}_{21}(\varepsilon)&\widetilde{T}_{22}(\varepsilon)&\widetilde{T}_{23}(\varepsilon)\\\widetilde{T}_{31}(\varepsilon)&\widetilde{T}_{32}(\varepsilon)&\widetilde{T}_{33}(\varepsilon)\end{bmatrix}$$

$$\widetilde{T}_{11}(\varepsilon)=A^{\mathrm{T}}Z(\varepsilon)+Z^{\mathrm{T}}(\varepsilon)A-N_1-N_2+\tau A^{\mathrm{T}}MA+Q$$
$$\widetilde{T}_{12}(\varepsilon)=Z^{\mathrm{T}}(\varepsilon)(A_d+D_dF(t)E_d)-P_1+\tau A^{\mathrm{T}}M(A_d+D_dF(t)E_d)$$
$$\widetilde{T}_{13}(\varepsilon)=Z^{\mathrm{T}}(\varepsilon)D-P_2+\tau A^{\mathrm{T}}MD$$
$$\widetilde{T}_{21}(\varepsilon)=(A_d+D_dF(t)E_d)^{\mathrm{T}}Z(\varepsilon)-P_1+\tau(A_d+D_dF(t)E_d)^{\mathrm{T}}MA$$
$$\widetilde{T}_{22}(\varepsilon)=\tau(A_d+D_dF(t)E_d)^{\mathrm{T}}M(A_d+D_dF(t)E_d)-(1-\mu)Q-R_1$$
$$\widetilde{T}_{23}(\varepsilon)=\tau(A_d+D_dF(t)E_d)^{\mathrm{T}}MD$$
$$\widetilde{T}_{31}(\varepsilon)=D^{\mathrm{T}}Z(\varepsilon)-P_2+\tau D^{\mathrm{T}}MA-2VC$$
$$\widetilde{T}_{32}(\varepsilon)=\tau D^{\mathrm{T}}M(A_d+D_dF(t)E_d)$$
$$\widetilde{T}_{33}(\varepsilon)=\tau D^{\mathrm{T}}MD-R_2-2I$$

由于

$$\widetilde{T}(\varepsilon)=\begin{bmatrix}A^{\mathrm{T}}Z(\varepsilon)+Z^{\mathrm{T}}(\varepsilon)A\\+Q-N_1-N_2&Z^{\mathrm{T}}(\varepsilon)(A_d+D_dF(t)E_d)-P_1&Z^{\mathrm{T}}(\varepsilon)D-P_2\\(A_d+D_dF(t)E_d)^{\mathrm{T}}Z(\varepsilon)-P_1&-(1-\mu)Q-R_1&0\\D^{\mathrm{T}}Z(\varepsilon)-P_2-2VC&0&-R_2-2I\end{bmatrix}$$
$$+\tau\begin{bmatrix}A^{\mathrm{T}}\\(A_d+D_dF(t)E_d)^{\mathrm{T}}\\D^{\mathrm{T}}\end{bmatrix}M[A\quad A_d+D_dF(t)E_d\quad D]$$

由 Schur 补引理可知,上式等价于
$$T(\varepsilon)=$$

$$\begin{bmatrix}T_{11}(\varepsilon)&T_{12}(\varepsilon)&Z^{\mathrm{T}}(\varepsilon)D-P_2&\tau A^{\mathrm{T}}M\\T_{21}(\varepsilon)&-(1-\mu)Q-R_1&0&\tau(A_d+D_dF(t)E_d)^{\mathrm{T}}M\\D^{\mathrm{T}}Z(\varepsilon)-P_2-2VC&0&-R_2-2I&\tau D^{\mathrm{T}}M\\\tau MA&\tau M(A_d+D_dF(t)E_d)&\tau MD&-\tau M\end{bmatrix}$$

$$(6.71)$$

其中

$$T_{11}(\varepsilon)=A^{\mathrm{T}}Z(\varepsilon)+Z^{\mathrm{T}}(\varepsilon)A-N_1-N_2+Q$$
$$T_{12}(\varepsilon)=Z^{\mathrm{T}}(\varepsilon)(A_d+D_dF(t)E_d)-P_1$$
$$T_{21}(\varepsilon)=(A_d+D_dF(t)E_d)^{\mathrm{T}}Z(\varepsilon)-P_1$$

由式(6.69)和式(6.70)可知,$T(0)<0$,$T(\varepsilon)<0$。使用引理 6.6,得 $T(\varepsilon)<0$,故可得到 $\dot{V}<0$。因此,由 Lyapunov 稳定性定理可知,对所有扇形区域$[0,V]$中的非线性函数 φ,Lurie 系统(6.68)是全局渐近稳定的,即 Lurie 系统(6.68)在扇形区域$[0,V]$内是绝对稳定的。

证毕。

用类似的方法,消除式(6.70)中的不确定性函数 $F(t)$。存在正常数 $\eta>0$,使得

$$
\begin{bmatrix}
T_{11}(\varepsilon) & Z^{\mathrm{T}}(\varepsilon)A_d-P_1 & Z^{\mathrm{T}}(\varepsilon)D-P_2 & \tau A^{\mathrm{T}}M \\
A_dZ(\varepsilon)-P_1 & -(1-\mu)Q-R_1 & 0 & \tau A_d^{\mathrm{T}}M \\
D^{\mathrm{T}}Z(\varepsilon)-P_2-2VC & 0 & -R_2-2I & \tau D^{\mathrm{T}}M \\
\tau MA & \tau MA_d & \tau MD & -\tau M
\end{bmatrix}
$$
$$
+\eta^{-1}
\begin{bmatrix}
Z^{\mathrm{T}}(\varepsilon)D_d \\
0 \\
0 \\
\tau MD_d
\end{bmatrix}
\begin{bmatrix} D_d^{\mathrm{T}}Z(\varepsilon) & 0 & 0 & \tau D_d^{\mathrm{T}}M \end{bmatrix}
+\eta
\begin{bmatrix}
0 \\
E_d^{\mathrm{T}} \\
0 \\
0
\end{bmatrix}
\begin{bmatrix} 0 & E_d & 0 & 0 \end{bmatrix}<0
$$

由 Schur 补引理,可得

$$
\begin{bmatrix}
T_{11}(\varepsilon) & Z^{\mathrm{T}}(\varepsilon)A_d-P_1 & Z^{\mathrm{T}}(\varepsilon)D-P_2 & \tau A^{\mathrm{T}}M & Z^{\mathrm{T}}(\varepsilon)D_d & 0 \\
A_d^{\mathrm{T}}Z(\varepsilon)-P_1 & -(1-\mu)Q-R_1 & 0 & \tau A_d^{\mathrm{T}}M & 0 & E_d^{\mathrm{T}} \\
D^{\mathrm{T}}Z(\varepsilon)-P_2-2VC & 0 & -R_2-2I & \tau D^{\mathrm{T}}M & 0 & 0 \\
\tau MA & \tau MA_d & \tau MD & -\tau M & \tau MD_d & 0 \\
D_d^{\mathrm{T}}Z(\varepsilon) & 0 & 0 & \tau D_d^{\mathrm{T}}M & -\eta I & 0 \\
0 & E_d & 0 & 0 & 0 & -\eta^{-1}I
\end{bmatrix}<0
$$

对上式左、右两边分别乘以对角矩阵 $\mathrm{diag}\{I,I,I,I,I,\eta I\}$,得到

$$
\begin{bmatrix}
T_{11}(\varepsilon) & Z^{\mathrm{T}}(\varepsilon)A_d-P_1 & Z^{\mathrm{T}}(\varepsilon)D-P_2 & \tau A^{\mathrm{T}}M & Z^{\mathrm{T}}(\varepsilon)D_d & 0 \\
A_d^{\mathrm{T}}Z(\varepsilon)-P_1 & -(1-\mu)Q-R_1 & 0 & \tau A_d^{\mathrm{T}}M & 0 & \eta E_d^{\mathrm{T}} \\
D^{\mathrm{T}}Z(\varepsilon)-P_2-2VC & 0 & -R_2-2I & \tau D^{\mathrm{T}}M & 0 & 0 \\
\tau MA & \tau MA_d & \tau MD & -\tau M & \tau MD_d & 0 \\
D_d^{\mathrm{T}}Z(\varepsilon) & 0 & 0 & \tau D_d^{\mathrm{T}}M & -\eta I & 0 \\
0 & \eta E_d & 0 & 0 & 0 & -\eta I
\end{bmatrix}<0
$$

该矩阵不等式对于变量 η、Q、M 和 $Z(\varepsilon)$ 是线性的,于是得到如下定理。

定理 6.8′　给定正数 $\varepsilon > 0$，$\forall \varepsilon \in (0, \bar{\varepsilon}]$，Lurie 系统 (6.68) 在扇形区域 $[0, V]$ 内是绝对稳定的。若存在对称正定阵 $Q > 0$、$M > 0$，常数 $\eta > 0$，适当维数的矩阵 N_1、P_1、R_1、N_2、P_2、R_2，其中 N_1、N_2、R_1 和 R_2 是对称的，且 $\begin{bmatrix} N_1 & P_1 \\ P_1^{\mathrm{T}} & R_1 \end{bmatrix} \geqslant 0$，

$\begin{bmatrix} N_2 & P_2 \\ P_2^{\mathrm{T}} & R_2 \end{bmatrix} \geqslant 0$，以及矩阵 $Z_i (i = 1, 2, 3, 4, 5)$ 且 $Z_i = Z_i^{\mathrm{T}} (i = 1, 2, 3, 4)$，对于满足条件所具有的时滞 $d(t)$ 和非线性函数 $\varphi(t, z)$，下列 LMI 条件可行：

$$\begin{bmatrix} T_{11}(0) & Z^{\mathrm{T}}(0)A_d - P_1 & Z^{\mathrm{T}}(0)D - P_2 & \tau A^{\mathrm{T}}M & Z^{\mathrm{T}}(0)D_d & 0 \\ A_d^{\mathrm{T}}Z(0) - P_1 & -(1-\mu)Q - R_1 & 0 & \tau A_d^{\mathrm{T}}M & 0 & \eta E_d^{\mathrm{T}} \\ D^{\mathrm{T}}Z(0) - P_2 - 2VC & 0 & -R_2 - 2I & \tau D^{\mathrm{T}}M & 0 & 0 \\ \tau MA & \tau MA_d & \tau MD & -\tau M & \tau MD_d & \\ D_d^{\mathrm{T}}Z(0) & 0 & 0 & \tau D_d^{\mathrm{T}}M & -\eta I & 0 \\ 0 & \eta E_d & 0 & 0 & 0 & -\eta I \end{bmatrix} < 0$$

$$\begin{bmatrix} T_{11}(\bar{\varepsilon}) & Z^{\mathrm{T}}(\bar{\varepsilon})A_d - P_1 & Z^{\mathrm{T}}(\bar{\varepsilon})D - P_2 & \tau A^{\mathrm{T}}M & Z^{\mathrm{T}}(\bar{\varepsilon})D_d & 0 \\ A_d^{\mathrm{T}}Z(\bar{\varepsilon}) - P_1 & -(1-\mu)Q - R_1 & 0 & \tau A_d^{\mathrm{T}}M & 0 & \eta E_d^{\mathrm{T}} \\ D^{\mathrm{T}}Z(\bar{\varepsilon}) - P_2 - 2VC & 0 & -R_2 - 2I & \tau D^{\mathrm{T}}M & 0 & 0 \\ \tau MA & \tau MA_d & \tau MD & -\tau M & \tau MD_d & \\ D_d^{\mathrm{T}}Z(\bar{\varepsilon}) & 0 & 0 & \tau D_d^{\mathrm{T}}M & -\eta I & 0 \\ 0 & \eta E_d & 0 & 0 & 0 & -\eta I \end{bmatrix} < 0$$

其中

$$T_{11}(0) = A^{\mathrm{T}}Z(\bar{\varepsilon}) + Z^{\mathrm{T}}(\bar{\varepsilon})A - N_1 - N_2 + Q$$
$$T_{11}(\bar{\varepsilon}) = A^{\mathrm{T}}Z(\bar{\varepsilon}) + Z^{\mathrm{T}}(\bar{\varepsilon})A - N_1 - N_2 + Q$$

定理 6.9′　在定理 6.8′ 条件下，下列矩阵不等式条件可行：

$$\begin{bmatrix} A^{\mathrm{T}}Z(0) + Z^{\mathrm{T}}(0)A - N_1 - N_2 + Q & Z^{\mathrm{T}}(0)(A_d + D_d F(t)E_d) - P_1 & Z^{\mathrm{T}}(0)D - P_2 \\ (A_d + D_d F(t)E_d)^{\mathrm{T}}Z(0) - P_1 & -(1-\mu)Q - R_1 & 0 \\ D^{\mathrm{T}}Z(0) - P_2 - 2VC & 0 & -R_2 - 2I \end{bmatrix} < 0$$

$$(6.72)$$

$$\begin{bmatrix} A^{\mathrm{T}}Z(\bar{\varepsilon}) + Z^{\mathrm{T}}(\bar{\varepsilon})A - N_1 - N_2 + Q & Z^{\mathrm{T}}(\bar{\varepsilon})(A_d + D_d F(t)E_d) - P_1 & Z^{\mathrm{T}}(\bar{\varepsilon})D - P_2 \\ (A_d + D_d F(t)E_d)^{\mathrm{T}}Z(\bar{\varepsilon}) - P_1 & -(1-\mu)Q - R_1 & 0 \\ D^{\mathrm{T}}Z(\bar{\varepsilon}) - P_2 - 2VC & 0 & -R_2 - 2I \end{bmatrix} < 0$$

$$(6.73)$$

证明提示，定义二次 Lyapunov-Krasovskii 泛函 $V = V_1 + V_2$，其中

$$V_1 = x^{\mathrm{T}}(t)E(\bar{\varepsilon})Z(\bar{\varepsilon})x(t)$$

$$V_2 = \int_{t-d(t)}^{t} x^{\mathrm{T}}(\alpha) Q x(\alpha) \mathrm{d}\alpha$$

V_1 关于时间的导数与定理 6.7′ 中的证明相同，V_2 关于时间的导数与定理 6.9 中的证明相同。

定理 6.10′　给定正数 $\varepsilon > 0$，$\forall \varepsilon \in (0, \bar{\varepsilon}]$，Lurie 系统(6.68)在扇形区域 $[0, V]$ 内是绝对稳定的。若存在对称正定矩阵 $Q > 0$，常数 $\gamma > 0$，适当维数的矩阵 N_1、P_1、R_1、N_2、P_2、R_2，其中 N_1、N_2、R_1 和 R_2 是对称的，且 $\begin{bmatrix} N_1 & P_1 \\ P_1^{\mathrm{T}} & R_1 \end{bmatrix} \geqslant 0$，$\begin{bmatrix} N_2 & P_2 \\ P_2^{\mathrm{T}} & R_2 \end{bmatrix} \geqslant 0$，以及矩阵 $Z_i (i=1, 2, \cdots, 5)$ 且 $Z_i = Z_i^{\mathrm{T}} (i=1, 2, 3, 4)$，对于满足条件所具有的时变时滞可微函数 $d(t)$ 和非线性函数 $\varphi(t, z)$，下列 LMI 条件可行：

$$\begin{bmatrix} \begin{array}{c} A^{\mathrm{T}}Z(0) + Z^{\mathrm{T}}(0)A \\ -N_1 - N_2 + Q \end{array} & Z^{\mathrm{T}}(0)A_d - P_1 & Z^{\mathrm{T}}(0)D - P_2 & 0 & \gamma E_d^{\mathrm{T}} \\ A_d^{\mathrm{T}}Z(0) - P_1 & -(1-\mu)Q - R_1 & 0 & Z^{\mathrm{T}}(0)D_d & 0 \\ D^{\mathrm{T}}Z(0) - P_2 - 2VC & 0 & -R_2 - 2I & 0 & 0 \\ 0 & D_d^{\mathrm{T}}Z(0) & 0 & -\gamma I & 0 \\ \gamma E_d & 0 & 0 & 0 & -\gamma I \end{bmatrix} < 0$$

$$\begin{bmatrix} \begin{array}{c} A^{\mathrm{T}}Z(\bar{\varepsilon}) + Z^{\mathrm{T}}(\bar{\varepsilon})A \\ -N_1 - N_2 + Q \end{array} & Z^{\mathrm{T}}(\bar{\varepsilon})A_d - P_1 & Z^{\mathrm{T}}(\bar{\varepsilon})D - P_2 & 0 & \gamma E_d^{\mathrm{T}} \\ A_d^{\mathrm{T}}Z(\bar{\varepsilon}) - P_1 & -(1-\mu)Q - R_1 & 0 & Z^{\mathrm{T}}(\bar{\varepsilon})D_d & 0 \\ D^{\mathrm{T}}Z(\bar{\varepsilon}) - P_2 - 2VC & 0 & -R_2 - 2I & 0 & 0 \\ 0 & D_d^{\mathrm{T}}Z(\bar{\varepsilon}) & 0 & -\gamma I & 0 \\ \gamma E_d & 0 & 0 & 0 & -\gamma I \end{bmatrix} < 0$$

定理 6.11′　给定正数 $\bar{\varepsilon} > 0$，$\forall \varepsilon \in (0, \bar{\varepsilon}]$，Lurie 系统(6.68)在扇形区域 $[V_1, V_2]$ 内是绝对稳定的。若存在对称正定阵 $Q > 0$、$M > 0$，常数 $\eta > 0$，适当维数的矩阵 N_1、P_1、R_1、N_2、P_2、R_2，其中 N_1、N_2、R_1 和 R_2 是对称的，且 $\begin{bmatrix} N_1 & P_1 \\ P_1^{\mathrm{T}} & R_1 \end{bmatrix} \geqslant 0$，$\begin{bmatrix} N_2 & P_2 \\ P_2^{\mathrm{T}} & R_2 \end{bmatrix} \geqslant 0$，以及矩阵 $Z_i (i=1, 2, 3, 4, 5)$ 且 $Z_i = Z_i^{\mathrm{T}} (i=1, 2, 3, 4)$，对于满足条件所具有的时变时滞可微函数 $d(t)$ 和非线性函数 $\varphi(t, z)$，下列 LMI 条件可行：

$$
\begin{bmatrix}
\Xi_{11}(0) & \Xi_{12}(0) & Z^{\mathrm{T}}(0)D-P_2 & \tau(A-DV_1C)^{\mathrm{T}}M & Z^{\mathrm{T}}(0)D_d & 0 \\
\Xi_{21}(0) & -(1-\mu)Q-R_1 & 0 & \tau(A_d-DV_1C)^{\mathrm{T}}M & 0 & \eta E_d^{\mathrm{T}} \\
\Xi_{31}(0) & 0 & -R_2-2I & \tau D^{\mathrm{T}}M & 0 & 0 \\
\tau M(A-DV_1C) & \tau M(A_d-DV_1C) & \tau MD & -\tau M & \tau MD_d & 0 \\
D_d^{\mathrm{T}}Z(0) & 0 & 0 & \tau D_d^{\mathrm{T}}M & -\eta I & 0 \\
0 & \eta E_d & 0 & 0 & 0 & -\eta I
\end{bmatrix}<0
$$

$$
\begin{bmatrix}
\Xi_{11}(\bar\varepsilon) & \Xi_{12}(\bar\varepsilon) & Z^{\mathrm{T}}(\bar\varepsilon)D-P_2 & \tau(A-DV_1C)^{\mathrm{T}}M & Z^{\mathrm{T}}(\bar\varepsilon)D_d & 0 \\
\Xi_{21}(\bar\varepsilon) & -(1-\mu)Q-R_1 & 0 & \tau(A_d-DV_1C)^{\mathrm{T}}M & 0 & \eta E_d^{\mathrm{T}} \\
\Xi_{31}(\bar\varepsilon) & 0 & -R_2-2I & \tau D^{\mathrm{T}}M & 0 & 0 \\
\tau M(A-DV_1C) & \tau M(A_d-DV_1C) & \tau MD & -\tau M & \tau MD_d & 0 \\
D_d^{\mathrm{T}}Z(\bar\varepsilon) & 0 & 0 & \tau D_d^{\mathrm{T}}M & -\eta I & 0 \\
0 & \eta E_d & 0 & 0 & 0 & -\eta I
\end{bmatrix}<0
$$

其中

$$\Xi_{11}(0)=(A-DV_1C)^{\mathrm{T}}Z(0)+Z^{\mathrm{T}}(0)(A-DV_1C)-N_1-N_2+Q$$

$$\Xi_{12}(0)=Z^{\mathrm{T}}(\varepsilon)(A_d-DV_1C)-P_1$$

$$\Xi_{21}(0)=(A_d-DV_1C)^{\mathrm{T}}Z(\varepsilon)-P_1$$

$$\Xi_{31}(0)=D^{\mathrm{T}}Z(0)-P_2-2(V_2-V_1)C$$

$$\Xi_{11}(\varepsilon)=(A-DV_1C)^{\mathrm{T}}Z(\varepsilon)+Z^{\mathrm{T}}(\varepsilon)(A-DV_1C)-N_1-N_2+Q$$

$$\Xi_{12}(\varepsilon)=Z^{\mathrm{T}}(\varepsilon)(A_d-DV_1C)-P_1$$

$$\Xi_{21}(\varepsilon)=(A_d-DV_1C)^{\mathrm{T}}Z(\varepsilon)-P_1$$

$$\Xi_{31}(\varepsilon)=D^{\mathrm{T}}Z(\varepsilon)-P_2-2(V_2-V_1)C$$

定理 6.12′　给定正数 $\bar{\varepsilon}>0$，$\forall \varepsilon \in (0,\bar{\varepsilon}]$，Lurie 系统(6.68)在扇形区域$[V_1,V_2]$内是绝对稳定的。若存在对称正定阵 $Q>0$，常数 $\gamma>0$，适当维数的矩阵 N_1、P_1、R_1、N_2、P_2、R_2，其中 N_1、N_2、R_1 和 R_2 是对称的，且$\begin{bmatrix} N_1 & P_1 \\ P_1^{\mathrm{T}} & R_1 \end{bmatrix} \geqslant 0$，$\begin{bmatrix} N_2 & P_2 \\ P_2^{\mathrm{T}} & R_2 \end{bmatrix} \geqslant 0$，以及矩阵 $Z_i(i=1,2,\cdots,5)$ 且 $Z_i=Z_i^{\mathrm{T}}(i=1,2,3,4)$，对于满足条件所具有的时变时滞可微函数 $d(t)$ 和非线性函数 $\varphi(t,z)$，下列 LMI 条件可行：

$$
\begin{bmatrix}
\Xi_{11}(0) & Z^{\mathrm{T}}(0)(A_d-DV_1C)-P_1 & Z^{\mathrm{T}}(\varepsilon)D-P_2 & 0 & \gamma E_d^{\mathrm{T}} \\
(A_d-DV_1C)^{\mathrm{T}}Z(0)-P_1 & -(1-\mu)Q-R_1 & 0 & Z^{\mathrm{T}}(0)D_d & 0 \\
D^{\mathrm{T}}Z(0)-P_2-2(V_2-V_1)C & 0 & -R_2-2I & 0 & 0 \\
0 & D_d^{\mathrm{T}}Z(0) & 0 & -\gamma I & 0 \\
\gamma E_d & 0 & 0 & 0 & -\gamma I
\end{bmatrix}<0
$$

$$
\begin{bmatrix}
\Xi_{11}(\bar{\varepsilon}) & Z^{\mathrm{T}}(\bar{\varepsilon})(A_d-DV_1C)-P_1 & Z^{\mathrm{T}}(\bar{\varepsilon})D-P_2 & 0 & \gamma E_d^{\mathrm{T}} \\
(A_d-DV_1C)^{\mathrm{T}}Z(\bar{\varepsilon})-P_1 & -(1-\mu)Q-R_1 & 0 & Z^{\mathrm{T}}(\bar{\varepsilon})D_d & 0 \\
D^{\mathrm{T}}Z(\bar{\varepsilon})-P_2-2(V_2-V_1)C & 0 & -R_2-2I & 0 & 0 \\
0 & D_d^{\mathrm{T}}Z(\bar{\varepsilon}) & 0 & -\gamma I & 0 \\
\gamma E_d & 0 & 0 & 0 & -\gamma I
\end{bmatrix}<0
$$

其中

$$\Xi_{11}(0)=(A-DV_1C)^{\mathrm{T}}Z(0)+Z^{\mathrm{T}}(0)(A-DV_1C)-N_1-N_2+Q$$

$$\Xi_{11}(\varepsilon)=(A-DV_1C)^{\mathrm{T}}Z(\varepsilon)+Z^{\mathrm{T}}(\varepsilon)(A-DV_1C)-N_1-N_2+Q$$

4. 推论

若去掉系统(6.47)中的不确定性矩阵 $F(t)$，则系统成为

$$\begin{cases} E(\varepsilon)\dot{x}(t) = Ax(t) + A_d x(t-d(t)) + Dw(t) \\ z(t) = Cx(t) \\ w(t) = -\varphi(t, z(t)) \end{cases} \tag{6.74}$$

其中的系数矩阵条件均与上述系统相同。

由定理 6.11 的稳定性判据,有如下推论。

推论 6.5 给定正数 $\bar{\varepsilon} > 0$,$\forall \varepsilon \in (0, \bar{\varepsilon}]$,系统(6.74)在扇形区域$[V_1, V_2]$内是绝对稳定的。若存在对称正定矩阵 $Q > 0$、$M > 0$,以及矩阵 $Z_i (i=1,2,\cdots,5)$ 且 $Z_i = Z_i^{\mathrm{T}} (i=1,2,3,4)$,对于满足条件(6.48)和(6.51)所具有的时变时滞可微函数 $d(t)$ 和非线性函数 $\varphi(t,z)$,下列 LMI 条件可行:

$$\begin{bmatrix} A^{\mathrm{T}}Z(0) + Z^{\mathrm{T}}(0)A + Q & Z^{\mathrm{T}}(0)A_d & Z^{\mathrm{T}}(0)D & \tau A^{\mathrm{T}}M \\ A_d^{\mathrm{T}}Z(0) & -(1-\mu)Q & 0 & \tau A_d^{\mathrm{T}}M \\ D^{\mathrm{T}}Z(0) - 2VC & 0 & -2I & \tau D^{\mathrm{T}}M \\ \tau MA & \tau MA_d & \tau MD & -\tau M \end{bmatrix} < 0$$

$$\begin{bmatrix} A^{\mathrm{T}}Z(\bar{\varepsilon}) + Z^{\mathrm{T}}(\bar{\varepsilon})A + Q & Z^{\mathrm{T}}(\bar{\varepsilon})A_d & Z^{\mathrm{T}}(\bar{\varepsilon})D & \tau A^{\mathrm{T}}M \\ A_d^{\mathrm{T}}Z(\bar{\varepsilon}) & -(1-\mu)Q & 0 & \tau A_d^{\mathrm{T}}M \\ D^{\mathrm{T}}Z(\bar{\varepsilon}) - 2VC & 0 & -2I & \tau D^{\mathrm{T}}M \\ \tau MA & \tau MA_d & \tau MD & -\tau M \end{bmatrix} < 0$$

由定理 6.12 的稳定性判据,有如下推论。

推论 6.6 给定正数 $\bar{\varepsilon} > 0$,$\forall \varepsilon \in (0, \bar{\varepsilon}]$,Lurie 系统(6.74)在扇形区域$[V_1, V_2]$内是绝对稳定的。若存在对称正定阵 $Q > 0$,以及矩阵 $Z_i (i=1,2,\cdots,5)$ 且 $Z_i = Z_i^{\mathrm{T}}$ $(i=1,2,3,4)$,对于满足条件(6.48)和(6.51)所具有的时变时滞可微函数 $d(t)$ 和非线性函数 $\varphi(t,z)$,下列 LMI 条件可行:

$$\begin{bmatrix} (A-DV_1C)^{\mathrm{T}}Z(0) + Z^{\mathrm{T}}(0)(A-DV_1C) + Q & Z^{\mathrm{T}}(0)A_d^{\mathrm{T}} & Z^{\mathrm{T}}(0)D \\ A_d^{\mathrm{T}}Z(0) & -(1-\mu)Q & 0 \\ D^{\mathrm{T}}Z(0) - 2(V_2-V_1)C & 0 & -2I \end{bmatrix} < 0$$

$$\begin{bmatrix} (A-DV_1C)^{\mathrm{T}}Z(0) + Z^{\mathrm{T}}(0)(A-DV_1C) + Q & Z^{\mathrm{T}}(0)A_d^{\mathrm{T}} & Z^{\mathrm{T}}(0)D \\ A_d^{\mathrm{T}}Z(0) & -(1-\mu)Q & 0 \\ D^{\mathrm{T}}Z(0) - 2(V_2-V_1)C & 0 & -2I \end{bmatrix} < 0$$

证明略。

5. 算例

考虑以下时变时滞奇异摄动 Lurie 控制系统(6.47):

$$\begin{cases} E(\varepsilon)\dot{x}(t)=Ax(t)+(A_d+D_dF(t)E_d)x(t-d(t))+Dw(t) \\ z(t)=Cx(t) \\ w(t)=-\varphi(t,z(t)) \end{cases}$$

其中

$$E(\varepsilon)=\begin{bmatrix} 1 & 0 \\ 0 & \varepsilon \end{bmatrix}, \quad x=\begin{bmatrix} x_1 & x_2 \end{bmatrix}^T, \quad F(t)=1, \quad D=\begin{bmatrix} 0.5 \\ 0.5 \end{bmatrix}, \quad C=\begin{bmatrix} 1 & 1 \end{bmatrix}$$

$$\varphi(t,z)=0.25z+0.5\sin z, \quad d(t)=0.5, \quad \tau=1, \quad \mu=0.8$$

$$A=\begin{bmatrix} -100 & 50 \\ 0 & -100 \end{bmatrix}, \quad A_d=\begin{bmatrix} 1 & 1 \\ -1 & -1 \end{bmatrix}, \quad D_d=\begin{bmatrix} -2 & -1 \\ 1 & 1 \end{bmatrix}$$

$$E_d=\begin{bmatrix} 2 & -2 \\ -1 & 2 \end{bmatrix}, \quad V=1$$

初始条件 $x(0)=\begin{bmatrix} 2 \\ -1 \end{bmatrix}$。

令 $\varepsilon=0.3$，由定理 6.7，求解 LMI，得到

$$Q=\begin{bmatrix} 633.6904 & -253.6798 \\ -253.6798 & 811.2414 \end{bmatrix}, \quad M=\begin{bmatrix} 0.0042 & 0.0030 \\ 0.0030 & 0.0056 \end{bmatrix}, \quad \eta=3.3313$$

$Z_1=4.9405, \quad Z_2=5.3853, \quad Z_3=0.4192, \quad Z_4=-0.1270, \quad Z_5=-0.2522$

因此，$\forall\varepsilon\in(0,0.3]$，系统在扇形区域$(0,1]$内是绝对稳定的。

图 6.4 为 $\varepsilon=0.3$ 时系统的状态响应曲线。

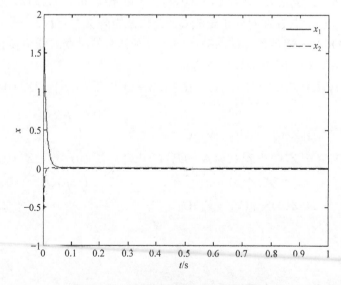

图 6.4　$\varepsilon=0.3$ 时系统的状态响应曲线

本节针对时变时滞奇异摄动 Lurie 系统，研究其绝对稳定性分析，直接分析系

统,使用了新的 Lyapunov-Krasovskii 泛函,降低了保守性,建立基于线性矩阵不等式的稳定性分析方法,又采用一种交叉项界定法,对 Lyapunov-Krasovskii 泛函微分后矩阵不等式进行放大,得到了保守性更小的条件,再进行线性化处理,得出相应结论。均以线性矩阵不等式进行描述。

所采用的方法可以借鉴到其他 Lurie 系统的稳定性以及 H_∞ 控制等领域的研究之中。和相关系统文献相比,本章方法有较小的保守性,选取算例充分说明了所得方法具有很好的可行性。不同的交叉项界定方法,会带来不同的保守性。所以,下一步的工作将考虑在已有成果的基础上,研究如何进一步得出使得上述问题保守性更小的方法。

6.2.3　控制器设计主要结果

1. 状态反馈控制器设计

在 Lurie 系统(6.47)的基础上,加入控制输入 $u(t)$,来进行状态反馈控制器设计,求出状态反馈控制律 K。

考虑如下含有不确定性的时变时滞奇异摄动 Lurie 系统:

$$\begin{cases} E(\varepsilon)\dot{x}(t)=Ax(t)+(A_d+D_dF(t)E_d)x(t-d(t))+Bu(t)+Dw(t), & x(0)=x_0 \\ z(t)=Cx(t) \\ w(t)=-\varphi(t,z(t)) \end{cases}$$

$$(6.75)$$

其中,摄动参数 $\varepsilon \ll 1$,$E(\varepsilon)=\begin{bmatrix} I & 0 \\ 0 & \varepsilon I \end{bmatrix}$,$Z(\varepsilon)=\begin{bmatrix} Z_1+\varepsilon Z_3 & \varepsilon Z_5^T \\ Z_5 & Z_2+\varepsilon Z_4 \end{bmatrix}$;$x(t) \in \mathbf{R}^n$ 是状态向量;$u(t) \in \mathbf{R}^p$ 是控制输入;$w(t) \in \mathbf{R}^m$ 是输入信号;$z(t) \in \mathbf{R}^m$ 是输出信号;A、A_d、C、D 是已知的适当维数的实常矩阵,A 渐近稳定;$d(t)$ 为时变时滞可微函数,且

$$0 \leqslant d(t) \leqslant \tau, \quad \dot{d}(t) \leqslant \mu < 1$$

其中,τ、μ 为已知常量;$F(t) \in \mathbf{R}^{i \times j}$ 表示不确定模型的参数矩阵,满足:

$$F^T(t)F(t) \leqslant I$$

系统的反馈关联具有形式:

$$w(t)=-\varphi(t,z(t)) \tag{6.76}$$

非线性函数 $\varphi(t,z):[0,\infty) \times \mathbf{R}^m \to \mathbf{R}^m$ 属于扇形区域 $[V_1,V_2]$,即

$$(\varphi(t,z)-V_1z)^T(\varphi(t,z)-V_2z) \leqslant 0, \quad \forall t \geqslant 0, \forall z \in \mathbf{R}^m \tag{6.77}$$

设计线性状态反馈控制律 $u(t)=Kx(t)$,使得闭环系统:

$$E(\varepsilon)\dot{x}(t)=(A+BK)x(t)+(A_d+D_dF(t)E_d)x(t-d(t))+Dw(t) \quad (6.78)$$

是绝对稳定的。具有这样性质的控制律称为系统(6.74)的绝对稳定化控制律。

因此,根据定理 6.9,要使得系统(6.74)在扇形区域$[V_1,V_2]$内是绝对稳定的,即证明闭环系统(6.77)在扇形区域$[V_1,V_2]$内是绝对稳定的。

通过应用反馈环的变换,可得闭环系统在扇形区域$[V_1,V_2]$内的绝对稳定性等价于系统

$$E(\varepsilon)\dot{x}(t)=(A+BK-DV_1C)x(t)+(A_d-DV_1C+D_dF(t)E_d)x(t-d(t))+Dw(t)$$
$$(6.79)$$

在扇形区域$[0,V_2-V_1]$内的绝对稳定性。

1) 时滞相关情形

定理 6.15　给定正数 $\varepsilon>0$,若存在对称正定矩阵 $Q>0$,$\widetilde{M}>0$,矩阵 $\widetilde{K}$,常数 $\eta>0$,以及矩阵 $Z_i(i=1,2,3,4,5)$且 $Z_i=Z_i^T(i=1,2,3,4)$,对于满足条件(6.76)所具有的时变时滞可微函数 $d(t)$ 和非线性函数 $\varphi(t,z)$,下列矩阵不等式条件可行:

$$\begin{bmatrix} \widetilde{W}_{11}(0) & A_d-DV_1C & D & \widetilde{W}_{41}(0) & D_d & 0 \\ (A_d-DV_1C)^T & -(1-\mu)Q & 0 & \tau(A_d-DV_1C)^T & 0 & \eta E_d^T \\ D^T-2(V_2-V_1)C\widetilde{Z}(0) & 0 & -2I & \tau D^T & 0 & 0 \\ \tau(A-DV_1C)\widetilde{Z}(0)+B\widetilde{K} & \tau(A_d-DV_1C) & \tau D & -\tau\widetilde{M} & \tau D_d & 0 \\ D_d^T & 0 & 0 & \tau D_d^T & -\eta I & 0 \\ 0 & \eta E_d & 0 & 0 & 0 & -\eta I \end{bmatrix}<0$$
$$(6.80)$$

$$\begin{bmatrix} \widetilde{W}_{11}(\varepsilon) & A_d-DV_1C & D & \widetilde{W}_{41}(\varepsilon) & D_d & 0 \\ (A_d-DV_1C)^T & -(1-\mu)Q & 0 & \tau(A_d-DV_1C)^T & 0 & \eta E_d^T \\ D^T-2(V_2-V_1)C\widetilde{Z}(\varepsilon) & 0 & -2I & \tau D^T & 0 & 0 \\ \tau(A-DV_1C)\widetilde{Z}(\varepsilon)+B\widetilde{K} & \tau(A_d-DV_1C) & \tau D & -\tau\widetilde{M} & \tau D_d & 0 \\ D_d^T & 0 & 0 & \tau D_d^T & -\eta I & 0 \\ 0 & \eta E_d & 0 & 0 & 0 & -\eta I \end{bmatrix}<0$$
$$(6.81)$$

其中

$$\widetilde{W}_{11}(0)=\widetilde{Z}^T(0)(A-DV_1C)^T+(B\widetilde{K})^T+(A-DV_1C)\widetilde{Z}(0)+B\widetilde{K}+Q$$
$$\widetilde{W}_{13}(0)=\tau\widetilde{Z}^T(0)(A+BK-DV_1C)^T+\tau(B\widetilde{K})^T$$
$$\widetilde{W}_{11}(\varepsilon)=\widetilde{Z}^T(\varepsilon)(A-DV_1C)^T+(B\widetilde{K})^T+(A-DV_1C)\widetilde{Z}(\varepsilon)+B\widetilde{K}+Q$$
$$\widetilde{W}_{13}(\varepsilon)=\tau\widetilde{Z}^T(\varepsilon)(A+BK-DV_1C)^T+\tau(B\widetilde{K})^T$$

则 $u(t)=Kx(t)$ 为系统(6.74)在扇形区域$[V_1,V_2]$内的状态反馈控制律,其中 $K=\widetilde{K}Z(\varepsilon)$, $\forall\varepsilon\in(0,\bar{\varepsilon}]$,$Z^{-1}(\varepsilon)=\widetilde{Z}(\varepsilon)$。

证明　根据定理 6.9,可知

$$
W(\varepsilon) =
\begin{bmatrix}
W_{11}(\varepsilon) & Z^{\mathrm{T}}(\varepsilon)(A_d - DV_1 C) & Z^{\mathrm{T}}(\varepsilon)D \\
(A_d - DV_1 C)^{\mathrm{T}} Z(\varepsilon) & -(1-\mu)Q & 0 \\
W_{31}(\varepsilon) & 0 & -2I \\
W_{41}(\varepsilon) & \tau M(A_d - DV_1 C) & \tau MD \\
D_d^{\mathrm{T}} Z(\varepsilon) & 0 & 0 \\
0 & \eta E_d & 0
\end{bmatrix}
$$

$$
\begin{matrix}
W_{14}(\varepsilon) & Z^{\mathrm{T}}(\varepsilon)D_d & 0 \\
\tau(A_d - DV_1 C)^{\mathrm{T}} M & 0 & \eta E_d^{\mathrm{T}} \\
\tau D^{\mathrm{T}} M & 0 & 0 \\
-\tau M & \tau MD_d & 0 \\
\tau D_d^{\mathrm{T}} M & -\eta I & 0 \\
0 & 0 & -\eta I
\end{matrix} \bigg] < 0 \qquad (6.82)
$$

其中

$$W_{11}(\varepsilon) = (A + BK - DV_1 C)^{\mathrm{T}} Z(\varepsilon) + Z^{\mathrm{T}}(\varepsilon)(A + BK - DV_1 C) + Q$$

$$W_{14}(\varepsilon) = \tau(A + BK - DV_1 C)^{\mathrm{T}} M$$

$$W_{31}(\varepsilon) = D^{\mathrm{T}} Z(\varepsilon) - 2(V_2 - V_1)C$$

$$W_{41}(\varepsilon) = \tau M(A + BK - DV_1 C)$$

成立时,闭环系统(6.77)在扇形区域$[V_1, V_2]$内绝对稳定。

对矩阵(6.82)左乘和右乘对角矩阵 $\mathrm{diag}\{Z^{-1}(\varepsilon), I, I, I, I, I\}$ 进行线性化,得到

$$
\begin{bmatrix}
\Psi_{11}(\varepsilon) & A_d - DV_1 C & D & \Psi_{14}(\varepsilon) & D_d & 0 \\
(A_d - DV_1 C)^{\mathrm{T}} & -(1-\mu)Q & 0 & \tau(A_d - DV_1 C)^{\mathrm{T}} M & 0 & \eta E_d^{\mathrm{T}} \\
\Psi_{31}(\varepsilon) & 0 & -2I & \tau D^{\mathrm{T}} M & 0 & 0 \\
\Psi_{41}(\varepsilon) & \tau M(A_d - DV_1 C) & \tau MD & -\tau M & \tau MD_d & 0 \\
D_d^{\mathrm{T}} & 0 & 0 & \tau D_d^{\mathrm{T}} M & -\eta I & 0 \\
0 & \eta E_d & 0 & 0 & 0 & -\eta I
\end{bmatrix} < 0
$$

$$(6.83)$$

其中

$$\Psi_{11}(\varepsilon) = Z^{-\mathrm{T}}(\varepsilon)(A + BK - DV_1 C)^{\mathrm{T}} + (A + BK - DV_1 C)Z^{-1}(\varepsilon) + Q$$

$$\Psi_{14}(\varepsilon) = \tau Z^{-\mathrm{T}}(\varepsilon)(A + BK - DV_1 C)^{\mathrm{T}} M$$

$$\Psi_{31}(\varepsilon) = D^{\mathrm{T}} - 2(V_2 - V_1)CZ^{-1}(\varepsilon)$$

$$\Psi_{41}(\varepsilon) = \tau M(A + BK - DV_1 C)Z^{-1}(\varepsilon)$$

再对矩阵(6.83)左乘和右乘对角矩阵 $\mathrm{diag}\{I,I,I,M^{-1},I,I\}$,得到

$$
\begin{bmatrix}
P_{11}(\varepsilon) & A_d-DV_1C & D & P_{14}(\varepsilon) & D_d & 0 \\
(A_d-DV_1C)^{\mathrm{T}} & -(1-\mu)Q & 0 & \tau(A_d-DV_1C)^{\mathrm{T}} & 0 & \eta E_d^{\mathrm{T}} \\
P_{31}(\varepsilon) & 0 & -2I & \tau D^{\mathrm{T}} & 0 & 0 \\
P_{41}(\varepsilon) & \tau(A_d-DV_1C) & \tau D & -\tau M^{-1} & \tau D_d & 0 \\
D_d^{\mathrm{T}} & 0 & 0 & \tau D_d^{\mathrm{T}} & -\eta I & 0 \\
0 & \eta E_d & 0 & 0 & 0 & -\eta I
\end{bmatrix}<0
$$

$$(6.84)$$

其中

$$P_{11}(\varepsilon)=Z^{-\mathrm{T}}(\varepsilon)(A+BK-DV_1C)^{\mathrm{T}}+(A+BK-DV_1C)Z^{-1}(\varepsilon)+Q$$
$$P_{14}(\varepsilon)=\tau Z^{-\mathrm{T}}(\varepsilon)(A+BK-DV_1C)^{\mathrm{T}}$$
$$P_{31}(\varepsilon)=D^{\mathrm{T}}-2(V_2-V_1)CZ^{-1}(\varepsilon)$$
$$P_{41}(\varepsilon)=\tau(A+BK-DV_1C)Z^{-1}(\varepsilon)$$

定义

$$KZ^{-1}(\varepsilon)=\widetilde{K},\quad M^{-1}=\widetilde{M},\quad Z^{-1}(\varepsilon)=\widetilde{Z}(\varepsilon)$$

则得

$$
\widetilde{W}(\varepsilon)=
\begin{bmatrix}
\widetilde{W}_{11}(\varepsilon) & A_d-DV_1C & D & \widetilde{W}_{14}(\varepsilon) & D_d & 0 \\
(A_d-DV_1C)^{\mathrm{T}} & -(1-\mu)Q & 0 & \tau(A_d-DV_1C)^{\mathrm{T}} & 0 & \eta E_d^{\mathrm{T}} \\
\widetilde{W}_{31}(\varepsilon) & 0 & -2I & \tau D^{\mathrm{T}} & 0 & 0 \\
\widetilde{W}_{41}(\varepsilon) & \tau(A_d-DV_1C) & \tau D & -\tau\widetilde{M} & \tau D_d & 0 \\
D_d^{\mathrm{T}} & 0 & 0 & \tau D_d^{\mathrm{T}} & -\eta I & 0 \\
0 & \eta E_d & 0 & 0 & 0 & -\eta I
\end{bmatrix}
$$

$$(6.85)$$

其中

$$\widetilde{W}_{11}(\varepsilon)=\widetilde{Z}^{\mathrm{T}}(\varepsilon)(A-DV_1C)^{\mathrm{T}}+(B\widetilde{K})^{\mathrm{T}}+(A-DV_1C)\widetilde{Z}(\varepsilon)+B\widetilde{K}+Q$$
$$\widetilde{W}_{14}(\varepsilon)=\tau\widetilde{Z}^{\mathrm{T}}(\varepsilon)(A+BK-DV_1C)^{\mathrm{T}}+\tau(B\widetilde{K})^{\mathrm{T}}$$
$$\widetilde{W}_{31}(\varepsilon)=D^{\mathrm{T}}-2(V_2-V_1)C\widetilde{Z}(\varepsilon)$$
$$\widetilde{W}_{41}(\varepsilon)=\tau(A-DV_1C)\widetilde{Z}(\varepsilon)+B\widetilde{K}$$

式(6.85)对于变量 $\widetilde{K}$、$\widetilde{M}$、Q、η 和 $\widetilde{Z}(\varepsilon)$ 是线性的。

于是,由式(6.80)和式(6.81)可知,$\widetilde{W}(0)<0$、$\widetilde{W}(\varepsilon)<0$。由引理6.6得

$$\widetilde{W}(\varepsilon)<0$$

等价于

$$W(\varepsilon)<0$$

故可知 $u(t)=Kx(t)=\widetilde{K}Z(\varepsilon)$ 为系统(6.75)在扇形区域 $[V_1,V_2]$ 内的状态反馈控制律，$K=\widetilde{K}Z(\varepsilon)$，$\forall\varepsilon\in(0,\bar{\varepsilon}]$。

证毕。

2) 时滞无关情形

定理 6.16　给定正数 $\bar{\varepsilon}>0$，若存在对称正定矩阵 $Q>0$，矩阵 $\widetilde{K}$，常数 $\eta>0$，以及矩阵 $Z_i(i=1,2,3,4,5)$ 且 $Z_i=Z_i^{\mathrm{T}}(i=1,2,3,4)$，对于满足条件所具有的时变时滞可微函数 $d(t)$ 和非线性函数 $\varphi(t,z)$，下列 LMI 条件可行：

$$\begin{bmatrix} \widetilde{\Pi}_{11}(0) & A_d-DV_1C & D & 0 & \gamma\widetilde{Z}^{\mathrm{T}}(0)E_d^{\mathrm{T}} \\ (A_d-DV_1C)^{\mathrm{T}} & -(1-\mu)Q & 0 & Z^{\mathrm{T}}(0)D_d & 0 \\ D^{\mathrm{T}}-2(V_2-V_1)C\widetilde{Z}(0) & 0 & -2I & 0 & 0 \\ 0 & D_d^{\mathrm{T}}Z(0) & 0 & -\gamma I & 0 \\ \gamma E_d\widetilde{Z}(0) & 0 & 0 & 0 & -\gamma I \end{bmatrix}<0$$

$$\begin{bmatrix} \widetilde{\Pi}_{11}(\bar{\varepsilon}) & A_d-DV_1C & D & 0 & \gamma\widetilde{Z}^{\mathrm{T}}(\bar{\varepsilon})E_d^{\mathrm{T}} \\ (A_d-DV_1C)^{\mathrm{T}} & -(1-\mu)Q & 0 & Z^{\mathrm{T}}(\bar{\varepsilon})D_d & 0 \\ D^{\mathrm{T}}-2(V_2-V_1)C\widetilde{Z}(\bar{\varepsilon}) & 0 & -2I & 0 & 0 \\ 0 & D_d^{\mathrm{T}}Z(\bar{\varepsilon}) & 0 & -\gamma I & 0 \\ \gamma E_d\widetilde{Z}(\bar{\varepsilon}) & 0 & 0 & 0 & -\gamma I \end{bmatrix}<0$$

其中

$$\widetilde{\Pi}_{11}(0)=\widetilde{Z}^{\mathrm{T}}(0)(A-DV_1C)^{\mathrm{T}}+(B\widetilde{K})^{\mathrm{T}}+(A-DV_1C)\widetilde{Z}(0)+B\widetilde{K}+Q$$

$$\widetilde{\Pi}_{11}(\bar{\varepsilon})=\widetilde{Z}^{\mathrm{T}}(\bar{\varepsilon})(A-DV_1C)^{\mathrm{T}}+(B\widetilde{K})^{\mathrm{T}}+(A-DV_1C)\widetilde{Z}(\bar{\varepsilon})+B\widetilde{K}+Q$$

则 $u(t)=Kx(t)$ 为系统(6.75)在扇形区域 $[V_1,V_2]$ 内的状态反馈控制律，其中 $K=\widetilde{K}Z(\varepsilon)$，$\forall\varepsilon\in(0,\bar{\varepsilon}]$。

证明　根据定理 6.12，可得

$$\Pi(\varepsilon)=\begin{bmatrix} \Pi_{11}(\varepsilon) & Z^{\mathrm{T}}(\varepsilon)(A_d-DV_1C) & Z^{\mathrm{T}}(\varepsilon)D & 0 & \gamma E_d^{\mathrm{T}} \\ (A_d-DV_1C)^{\mathrm{T}}Z(\varepsilon) & -(1-\mu)Q & 0 & Z^{\mathrm{T}}(\varepsilon)D_d & 0 \\ D^{\mathrm{T}}Z(\varepsilon)-2(V_2-V_1)C & 0 & -2I & 0 & 0 \\ 0 & D_d^{\mathrm{T}}Z(\varepsilon) & 0 & -\gamma I & 0 \\ \gamma E_d & 0 & 0 & 0 & -\gamma I \end{bmatrix}<0$$

其中

$$\Pi_{11}(\varepsilon)=(A+BK-DV_1C)^{\mathrm{T}}Z(\varepsilon)+Z^{\mathrm{T}}(\varepsilon)(A+BK-DV_1C)+Q$$

成立时，闭环系统(6.78)在扇形区域 $[V_1,V_2]$ 内绝对稳定。

对上式左乘和右乘对角矩阵 $\mathrm{diag}\{Z^{-1}(\varepsilon),I,I,I,I\}$ 进行线性化，得到

$$\begin{bmatrix} \Gamma_{11}(\varepsilon) & A_d-DV_1C & D & 0 & \gamma Z^{-\mathrm{T}}(\varepsilon)E_d^{\mathrm{T}} \\ (A_d-DV_1C)^{\mathrm{T}} & -(1-\mu)Q & 0 & Z^{\mathrm{T}}(\varepsilon)D_d & 0 \\ D^{\mathrm{T}}-2(V_2-V_1)CZ^{-1}(\varepsilon) & 0 & -2I & 0 & 0 \\ 0 & D_d^{\mathrm{T}}Z(\varepsilon) & 0 & -\gamma I & 0 \\ \gamma E_dZ^{-1}(\varepsilon) & 0 & 0 & 0 & -\gamma I \end{bmatrix}<0$$

其中

$$\Gamma_{11}(\varepsilon)=Z^{-\mathrm{T}}(\varepsilon)(A+BK-DV_1C)^{\mathrm{T}}+(A+BK-DV_1C)Z^{-1}(\varepsilon)+Q$$

定义

$$KZ^{-1}(\varepsilon)=\widetilde{K}, \quad Z^{-1}(\varepsilon)=\widetilde{Z}(\varepsilon) \tag{6.86}$$

则得

$$\widetilde{\Pi}(\varepsilon)=\begin{bmatrix} \widetilde{\Pi}_{11}(\varepsilon) & A_d-DV_1C & D & 0 & \gamma\widetilde{Z}^{\mathrm{T}}(\varepsilon)E_d^{\mathrm{T}} \\ (A_d-DV_1C)^{\mathrm{T}} & -(1-\mu)Q & 0 & Z^{\mathrm{T}}(\varepsilon)D_d & 0 \\ D^{\mathrm{T}}-2(V_2-V_1)C\widetilde{Z}(\varepsilon) & 0 & -2I & 0 & 0 \\ 0 & D_d^{\mathrm{T}}Z(\varepsilon) & 0 & -\gamma I & 0 \\ \gamma E_d\widetilde{Z}(\varepsilon) & 0 & 0 & 0 & -\gamma I \end{bmatrix}$$

其中

$$\widetilde{\Pi}_{11}(\varepsilon)=\widetilde{Z}^{\mathrm{T}}(\varepsilon)(A-DV_1C)^{\mathrm{T}}+(B\widetilde{K})^{\mathrm{T}}+(A-DV_1C)\widetilde{Z}(\varepsilon)+B\widetilde{K}+Q$$

该式对于变量 $\widetilde{K}$、Q、η、$\widetilde{Z}(\varepsilon)$ 和 $Z(\varepsilon)$ 是线性的。

于是,由已知条件和引理 6.6 得

$$\widetilde{\Pi}(\varepsilon)<0$$

等价于

$$\Pi(\varepsilon)<0$$

故可知 $u(t)=Kx(t)=\widetilde{K}Z(\varepsilon)$ 为系统(6.74)在扇形区域$[V_1,V_2]$内的状态反馈控制律,又从条件(6.86),得到 $K=\widetilde{K}Z(\varepsilon)$, $\forall\varepsilon\in(0,\bar{\varepsilon}]$。

证毕。

2. 推论

系统(6.75)去掉不确定性矩阵 $F(t)$,则成为如下时滞摄动系统:

$$\begin{cases} E(\varepsilon)\dot{x}(t)=Ax(t)+A_dx(t-d(t))+Bu(t)+Dw(t) \\ z(t)=Cx(t) \\ w(t)=-\varphi(t,z(t)) \end{cases} \tag{6.87}$$

其中的系数矩阵条件均与上述 Lurie 系统相同。

闭环系统为

$$E(\varepsilon)\dot{x}(t)=(A+BK)x(t)+(A_d+D_dF(t)E_d)x(t-d(t))+Dw(t)$$

由定理 6.7 和定理 6.8 可得如下推论。

推论 6.7 给定正数 $\varepsilon > 0$，若存在对称正定矩阵 $Q > 0$、$\widetilde{M} > 0$，矩阵 $\widetilde{K}$，常数 $\eta > 0$，以及矩阵 $Z_i(i=1,2,3,4,5)$ 且 $Z_i = Z_i^{\mathrm{T}}(i=1,2,3,4)$，对于满足条件的时变时滞可微函数 $d(t)$ 和非线性函数 $\varphi(t,z)$，下列 LMI 条件可行：

$$\begin{bmatrix} \Theta_{11}(0) & A_d & D & \tau\widetilde{Z}^{\mathrm{T}}(0)(A-DV_1C)^{\mathrm{T}}+\tau(B\widetilde{K})^{\mathrm{T}} \\ A_d^{\mathrm{T}} & -(1-\mu)Q & 0 & \tau A_d^{\mathrm{T}} \\ D^{\mathrm{T}}-2(V_2-V_1)C\widetilde{Z}(0) & 0 & -2I & \tau D^{\mathrm{T}} \\ \tau(A-DV_1C)\widetilde{Z}(0)+B\widetilde{K} & \tau A_d & \tau D & -\tau\widetilde{M} \end{bmatrix} < 0$$

$$\begin{bmatrix} \Theta_{11}(\bar{\varepsilon}) & A_d & D & \tau\widetilde{Z}^{\mathrm{T}}(\bar{\varepsilon})(A-DV_1C)^{\mathrm{T}}+\tau(B\widetilde{K})^{\mathrm{T}} \\ A_d^{\mathrm{T}} & -(1-\mu)Q & 0 & \tau A_d^{\mathrm{T}} \\ D^{\mathrm{T}}-2(V_2-V_1)C\widetilde{Z}(\bar{\varepsilon}) & 0 & -2I & \tau D^{\mathrm{T}} \\ \tau(A-DV_1C)\widetilde{Z}(\bar{\varepsilon})+B\widetilde{K} & \tau A_d & \tau D & -\tau\widetilde{M} \end{bmatrix} < 0$$

其中

$$\Theta_{11}(0) = \widetilde{Z}^{\mathrm{T}}(0)(A-DV_1C)^{\mathrm{T}}+(B\widetilde{K})^{\mathrm{T}}+(A-DV_1C)\widetilde{Z}(0)+B\widetilde{K}+Q$$

$$\Theta_{11}(\bar{\varepsilon}) = \widetilde{Z}^{\mathrm{T}}(\bar{\varepsilon})(A-DV_1C)^{\mathrm{T}}+(B\widetilde{K})^{\mathrm{T}}+(A-DV_1C)\widetilde{Z}(\bar{\varepsilon})+B\widetilde{K}+Q$$

则 $u(t)=Kx(t)$ 为系统 (6.87) 在扇形区域 $[V_1,V_2]$ 内的状态反馈控制律，其中 $K = \widetilde{K}Z(\varepsilon)$，$\forall \varepsilon \in (0,\bar{\varepsilon}]$。

推论 6.8 给定正数 $\varepsilon > 0$，若存在对称正定矩阵 $Q > 0$，矩阵 $\widetilde{K}$，常数 $\eta > 0$，以及矩阵 $Z_i(i=1,2,\cdots,5)$ 且 $Z_i = Z_i^{\mathrm{T}}(i=1,2,3,4)$，对于满足条件时变时滞可微函数 $d(t)$ 和非线性函数 $\varphi(t,z)$，下列 LMI 条件可行：

$$\begin{bmatrix} \Omega_{11}(0) & A_d & D \\ A_d^{\mathrm{T}} & -(1-\mu)Q & 0 \\ D^{\mathrm{T}}-2(V_2-V_1)C\widetilde{Z}(0) & 0 & -2I \end{bmatrix} < 0$$

$$\begin{bmatrix} \Omega_{11}(\bar{\varepsilon}) & A_d & D \\ A_d^{\mathrm{T}} & -(1-\mu)Q & 0 \\ D^{\mathrm{T}}-2(V_2-V_1)C\widetilde{Z}(\bar{\varepsilon}) & 0 & -2I \end{bmatrix} < 0$$

其中

$$\Omega_{11}(0) = \widetilde{Z}^{\mathrm{T}}(0)(A-DV_1C)^{\mathrm{T}}+(B\widetilde{K})^{\mathrm{T}}+(A-DV_1C)\widetilde{Z}(0)+B\widetilde{K}+Q$$

$$\Omega_{11}(\bar{\varepsilon}) = \widetilde{Z}^{\mathrm{T}}(\bar{\varepsilon})(A-DV_1C)^{\mathrm{T}}+(B\widetilde{K})^{\mathrm{T}}+(A-DV_1C)\widetilde{Z}(\bar{\varepsilon})+B\widetilde{K}+Q$$

则 $u(t)=Kx(t)$ 为系统 (6.86) 在扇形区域 $[V_1,V_2]$ 内的状态反馈控制律，其中 $K = \widetilde{K}Z(\varepsilon)$，$\forall \varepsilon \in (0,\bar{\varepsilon}]$。

注 6.4 该状态反馈控制器可以设计为记忆的，以上情况均同。

3. 算例

考虑以下时变时滞奇异摄动 Lurie 控制系统：

$$\begin{cases} E(\varepsilon)\dot{x}(t) = Ax(t) + (A_d + D_d F(t)E_d)x(t-d(t)) + Bu(t) + Dw(t) \\ z(t) = Cx(t) \\ w(t) = -\varphi(t, z(t)) \end{cases}$$

设 $V_1 = 1, V_2 = 2, B = \begin{bmatrix} 2 & -2 \\ 2 & 1 \end{bmatrix}$，初始条件 $x(0) = \begin{bmatrix} 2 \\ -1 \end{bmatrix}$。

令 $\varepsilon = 0.3$，由定理 6.15，求解 LMI，得到

$$Q = \begin{bmatrix} 241.3988 & -51.0754 \\ -51.0754 & 193.3063 \end{bmatrix}, \quad M = \begin{bmatrix} 85.2168 & 0 \\ 0 & 81.2168 \end{bmatrix}, \quad \eta = 1$$

$$Z_1 = 1.0436, \quad Z_2 = 1.8486, \quad Z_3 = 1.4146, \quad Z_4 = 0.5760, \quad Z_5 = 0.8612$$

$$\widetilde{K} = \begin{bmatrix} -7.9330 & -47.2700 \\ 71.4019 & -40.0834 \end{bmatrix}$$

根据定理 6.15，$u(t) = Kx(t)$ 是系统在扇形区域 $[V_1, V_2]$ 内的状态反馈控制率，其中

$$K = \begin{bmatrix} -7.9330 & -42.2700 \\ 71.4019 & -40.0834 \end{bmatrix} Z(\varepsilon), \quad \forall \varepsilon \in (0, 0.3]$$

本例说明，本章定理矩阵不等式条件是可行的，方法有效，可以进行推广。

6.3　交叉项界定法

对于 Lyapunov-Krasovskii 泛函，沿系统的任意轨迹进行微分的时间导数项（一般含有两大部分："纯项"和交叉项）中的交叉项 $x(t)x(t-d(t))$，采用矩阵不等式对其进行不同程度的放大，使得导出的稳定性条件具有不同的保守性，这一方法称为交叉项界定法。简言之，交叉项的放大方法就是交叉项界定法。

不同的界定方法所推得的矩阵不等式条件将直接决定充分性判据的保守性程度。所以，选取哪种具体的 Lyapunov-Krasovskii 泛函形式、采用什么样的放大方法，将决定最终结果的优越性和可行性。

引理 6.9[184,185]　设 X、Y 为适当维数的实定常矩阵，则

$$X^{\mathrm{T}}Y + Y^{\mathrm{T}}X \leqslant X^{\mathrm{T}}Q^{-1}X + Y^{\mathrm{T}}QY$$

其中，$Q > 0$ 为对称正定矩阵。

引理 6.10　若 X、Y 是向量，则

$$2X^{\mathrm{T}}Y \leqslant X^{\mathrm{T}}Q^{-1}X + Y^{\mathrm{T}}QY$$

当 $Q = \varepsilon$ 时，得

$$2X^{\mathrm{T}}Y \leqslant \varepsilon^{-1}X^{\mathrm{T}}X + \varepsilon Y^{\mathrm{T}}Y$$

Wirtinger 不等式　记 $z(t) \in W[a,b]$，且 $z(a)=0$。对于任意矩阵 $W>0$，有

$$\int_a^b z\,(s)^{\mathrm{T}} W z(s)\,\mathrm{d}s \leqslant \frac{4\,(b-a)^2}{\pi^2} \int_a^b \dot{z}\,(s)^{\mathrm{T}} W \dot{z}(s)\,\mathrm{d}s$$

Jensen 不等式　对于任意矩阵 $W>0$，标量 d_2、d_1 满足 $d_2>d_1$，向量函数 $\omega(t):[d_1,d_2] \rightarrow \mathbf{R}^n$，有下面不等式成立：

$$\int_{d_1}^{d_2} \omega\,(s)^{\mathrm{T}} W \omega(s)\,\mathrm{d}s \geqslant \frac{\left(\int_{d_1}^{d_2} \omega(s)\,\mathrm{d}s\right)^{\mathrm{T}} W \left(\int_{d_1}^{d_2} \omega(s)\,\mathrm{d}s\right)}{d_2 - d_1}$$

1. 交叉项中矩阵放大方法：直接法和间接法

方法 1　直接放大、插项法或去掉负定项。

假如在已经选取某种形式 Lyapunov-Krasovskii 泛函情况下，沿着某个系统轨迹进行微分后得到的是

$$
\begin{aligned}
\dot{V}(x_t)\big|_{()} &= 2x^{\mathrm{T}}(t)Z^{\mathrm{T}}(\varepsilon)(Ax(t)+Dx(t-d)) + x^{\mathrm{T}}(t)Qx(t) - x^{\mathrm{T}}(t-d)Qx(t-d) \\
&\quad + d(E(\varepsilon)\dot{x}(t))^{\mathrm{T}} M(E(\varepsilon)\dot{x}(t)) - \int_{t-d}^t (E(\varepsilon)\dot{x}(\omega))^{\mathrm{T}} M(E(\varepsilon)\dot{x}(\omega))\,\mathrm{d}\omega \\
&\leqslant 2x^{\mathrm{T}}(t)Z^{\mathrm{T}}(\varepsilon)(Ax(t)+Dx(t-d)) + x^{\mathrm{T}}(t)Qx(t) - x^{\mathrm{T}}(t-d)Qx(t-d) \\
&\quad + d(E(\varepsilon)\dot{x}(t))^{\mathrm{T}} M(E(\varepsilon)\dot{x}(t)) - \int_{t-d}^t (E(\varepsilon)\dot{x}(\omega))^{\mathrm{T}} M(E(\varepsilon)\dot{x}(\omega))\,\mathrm{d}\omega \\
&\quad + \left[2x^{\mathrm{T}}(t)Y\left(E(\varepsilon)x(t) - \int_{t-d}^t E(\varepsilon)\dot{x}(s)\,\mathrm{d}s - E(\varepsilon)x(t-d)\right) \right. \\
&\quad + 2x^{\mathrm{T}}(t-d)N\left(E(\varepsilon)x(t) - \int_{t-d}^t E(\varepsilon)\dot{x}(s)\,\mathrm{d}s - E(\varepsilon)x(t-d)\right) \\
&\quad \left. + d\xi^{\mathrm{T}}(t)X\xi(t) - \int_{t-d}^t \xi^{\mathrm{T}}(t)X\xi(t)\,\mathrm{d}s \right] \\
&\stackrel{\mathrm{def}}{=\!=} \xi^{\mathrm{T}}(t)\hat{\Phi}(\varepsilon)\xi(t) - \int_{t-d}^t \eta^{\mathrm{T}}(t,s)\psi\eta(t,s)\,\mathrm{d}s
\end{aligned}
$$

其中

$$\xi(t) = [x^{\mathrm{T}}(t)\quad x^{\mathrm{T}}(t-d)]^{\mathrm{T}}, \quad \eta(t,s) = [x^{\mathrm{T}}(t)\quad x^{\mathrm{T}}(t-d)\quad (E(\varepsilon)\dot{x}(s))^{\mathrm{T}}]^{\mathrm{T}}$$

$$\hat{\Phi}(\varepsilon) = \begin{bmatrix} \Phi_{11}(\varepsilon)+dA^{\mathrm{T}}MA & \Phi_{12}(\varepsilon)+dA^{\mathrm{T}}MD \\ * & \Phi_{22}(\varepsilon)+dD^{\mathrm{T}}MD \end{bmatrix}$$

$$\Phi_{11}(\varepsilon) = Z^{\mathrm{T}}(\varepsilon)A + A^{\mathrm{T}}Z(\varepsilon) + Q + YE(\varepsilon) + E(\varepsilon)Y^{\mathrm{T}} + dX_1$$

$$\Phi_{12}(\varepsilon) = Z^{\mathrm{T}}(\varepsilon)D - YE(\varepsilon) + E(\varepsilon)N^{\mathrm{T}} + dX_2$$

$$\Phi_{22}(\varepsilon) = -Q - NE(\varepsilon) - E(\varepsilon)N^{\mathrm{T}} + dX_3$$

又如，Lyapunov-Krasovskii 泛函中某一个二次型积分项，沿特定系统轨迹进行微分，得到

$$\frac{\mathrm{d}}{\mathrm{d}t}\left(\int_{-\tau}^{0}\int_{t-d(t)+\theta}^{t}(E(\varepsilon)\dot{x}(s))^{\mathrm{T}}ME(\varepsilon)\dot{x}(s)\mathrm{d}s\mathrm{d}\theta\right)$$

$$=\tau(E(\varepsilon)\dot{x}(t))^{\mathrm{T}}ME(\varepsilon)\dot{x}(t)$$

$$-(1-\dot{d}(t))\int_{-\tau}^{0}(E(\varepsilon)\dot{x}(t-d(t)+\theta))^{\mathrm{T}}ME(\varepsilon)\dot{x}(t-d(t)+\theta)\mathrm{d}\theta$$

$$\leqslant\tau(E(\varepsilon)\dot{x}(t))^{\mathrm{T}}ME(\varepsilon)\dot{x}(t)$$

$$-(1-\mu)\int_{-\tau}^{0}(E(\varepsilon)\dot{x}(t-d(t)+\theta))^{\mathrm{T}}ME(\varepsilon)\dot{x}(t-d(t)+\theta)\mathrm{d}\theta$$

去掉负定项

$$-(1-\mu)\int_{-\tau}^{0}(E(\varepsilon)\dot{x}(t-d(t)+\theta))^{\mathrm{T}}ME(\varepsilon)\dot{x}(t-d(t)+\theta)\mathrm{d}\theta$$

便得下面的这种放大结果:

$$\frac{\mathrm{d}}{\mathrm{d}t}\left(\int_{-\tau}^{0}\int_{t-d(t)+\theta}^{t}(E(\varepsilon)\dot{x}(s))^{\mathrm{T}}ME(\varepsilon)\dot{x}(s)\mathrm{d}s\mathrm{d}\theta\right)$$

$$\leqslant\tau(E(\varepsilon)\dot{x}(t))^{\mathrm{T}}ME(\varepsilon)\dot{x}(t)$$

$$=\tau[(A+BK)x(t)+Dx(t-d(t))]^{\mathrm{T}}M[(A+BK)x(t)+Dx(t-d(t))]$$

$$=\tau x^{\mathrm{T}}(t)(A+BK)^{\mathrm{T}}M(A+BK)x(t)+2\tau x^{\mathrm{T}}(t)(A+BK)^{\mathrm{T}}MDx^{\mathrm{T}}(t-d(t))$$

$$+\tau x^{\mathrm{T}}(t-d(t))D^{\mathrm{T}}MDx(t-d(t))$$

方法 2 离散时滞转变为连续分布时滞。

考虑下面系统:

$$\begin{cases}\dot{x}(t)=(A+DFE_{1})x(t)+(A_{d}+DFE_{d})x(t-d(t)), & t>0\\ x(t)=\phi(t), & t\in[-\tau,0)\end{cases}$$

代入 $x(t-d(t))=x(t)-\displaystyle\int_{t-d(t)}^{t}\dot{x}(s)\mathrm{d}s$ 后

$$\dot{x}(t)=(A+DFE_{1})x(t)+(A_{d}+DFE_{d})\left(x(t)-\int_{t-d(t)}^{t}\dot{x}(s)\mathrm{d}s\right)$$

$$=(A+DFE_{1}+A_{d}+DFE_{d})x(t)$$

$$-(A_{d}+DFE_{d})\int_{t-d(t)}^{t}[(A+DFE_{1})x(s)+(A_{d}+DFE_{d})x(s-d(s))]\mathrm{d}s,$$

$$t>0$$

定义 Lyapunov-Krasovskii 泛函如下:

$$V(x_{t})=x^{\mathrm{T}}(t)Px(t)+\int_{t-d(t)}^{t}x^{\mathrm{T}}(s)Qx(s)\mathrm{d}s+\int_{-\tau}^{0}\int_{t+\theta}^{t}x^{\mathrm{T}}(s)P_{1}x(s)\mathrm{d}s\mathrm{d}\theta$$

$$+\int_{-\tau}^{0}\int_{t-d(t)+\theta}^{t}x^{\mathrm{T}}(s)P_{2}x(s)\mathrm{d}s\mathrm{d}\theta$$

其中,$P>0$、$Q>0$、$P_{1}>0$、$P_{2}>0$ 是适当维数正定矩阵。

$$\dot{V}(x_t) = \frac{\mathrm{d}}{\mathrm{d}t}(x^{\mathrm{T}}(t)Px(t)) + \frac{\mathrm{d}}{\mathrm{d}t}\left(\int_{t-d(t)}^{t} x^{\mathrm{T}}(s)Qx(s)\,\mathrm{d}s\right)$$

$$+ \frac{\mathrm{d}}{\mathrm{d}t}\left(\int_{-\tau}^{0}\int_{t+\theta}^{t} x^{\mathrm{T}}(s)P_1x(s)\,\mathrm{d}s\mathrm{d}\theta\right) + \frac{\mathrm{d}}{\mathrm{d}t}\left(\int_{-\tau}^{0}\int_{t-d(t)+\theta}^{t} x^{\mathrm{T}}(s)P_2x(s)\,\mathrm{d}s\mathrm{d}\theta\right)$$

其中

$$\frac{\mathrm{d}}{\mathrm{d}t}(x^{\mathrm{T}}(t)Px(t)) = 2x^{\mathrm{T}}(t)P\big[(A+DFE_1+A_d+DFE_d)x(t)$$

$$-(A_d+DFE_d)\int_{t-d(t)}^{t}\big[(A+DFE_1)x(s)$$

$$+(A_d+DFE_d)x(s-d(s))\big]\mathrm{d}s\big]$$

$$= 2x^{\mathrm{T}}(t)P(A+DFE_1+A_d+DFE_d)x(t)$$

$$-2x^{\mathrm{T}}(t)P(A_d+DFE_d)\int_{t-d(t)}^{t}(A+DFE_1)x(s)\,\mathrm{d}s$$

$$-2x^{\mathrm{T}}(t)P(A_d+DFE_d)\int_{t-d(t)}^{t}(A_d+DFE_d)x(s-d(s))\,\mathrm{d}s$$

方法 3　应用引理。

接方法 2，由引理 6.10，存在常量 $\lambda_1>0$、$\lambda_2>0$，满足：

$$-2x^{\mathrm{T}}(t)P(A_d+DFE_d)\int_{t-d(t)}^{t}(A+DFE_1)x(s)\,\mathrm{d}s$$

$$\leqslant \lambda_1^{-1}x^{\mathrm{T}}(t)P(A_d+DFE_d)(A_d+DFE_d)^{\mathrm{T}}Px(t)$$

$$+\lambda_1\Big[-\int_{t-d(t)}^{t}(A+DFE_1)x(s)\,\mathrm{d}s\Big]^{\mathrm{T}}\Big[-\int_{t-d(t)}^{t}(A+DFE_1)x(s)\,\mathrm{d}s\Big]$$

$$= \lambda_1^{-1}x^{\mathrm{T}}(t)P(A_d+DFE_d)(A_d+DFE_d)^{\mathrm{T}}Px(t)$$

$$+\lambda_1\int_{t-d(t)}^{t}x^{\mathrm{T}}(s)(A+DFE_1)^{\mathrm{T}}\mathrm{d}s\int_{t-d(t)}^{t}(A+DFE_1)x(s)\,\mathrm{d}s$$

$$\leqslant \lambda_1^{-1}x^{\mathrm{T}}(t)P(A_d+DFE_d)(A_d+DFE_d)^{\mathrm{T}}Px(t)$$

$$+\lambda_1\int_{t-d(t)}^{t}x^{\mathrm{T}}(s)(A+DFE_1)^{\mathrm{T}}(A+DFE_1)x(s)\,\mathrm{d}s$$

$$-2x^{\mathrm{T}}(t)P(A_d+DFE_d)\int_{t-d(t)}^{t}(A_d+DFE_d)x(s-d(s))\,\mathrm{d}s$$

$$\leqslant \lambda_2^{-1}x^{\mathrm{T}}(t)P(A_d+DFE_d)(A_d+DFE_d)^{\mathrm{T}}Px(t)$$

$$+\lambda_2\Big[-\int_{t-d(t)}^{t}(A_d+DFE_d)x(s-d(s))\,\mathrm{d}s\Big]^{\mathrm{T}}$$

$$\times\Big[-\int_{t-d(t)}^{t}(A_d+DFE_d)x(s-d(s))\,\mathrm{d}s\Big]$$

$$= \lambda_2^{-1}x^{\mathrm{T}}(t)P(A_d+DFE_d)(A_d+DFE_d)^{\mathrm{T}}Px(t)$$

$$+\lambda_2\int_{t-d(t)}^{t}x^{\mathrm{T}}(s-d(s))(A_d+DFE_d)^{\mathrm{T}}\mathrm{d}s\int_{t-d(t)}^{t}(A_d+DFE_d)x(s-d(s))\,\mathrm{d}s$$

$$\leqslant \lambda_2^{-1} x^{\mathrm{T}}(t) P(A_d + DFE_d)(A_d + DFE_d)^{\mathrm{T}} P x(t)$$

$$+ \lambda_2 \int_{t-d(t)}^{t} x^{\mathrm{T}}(s-d(s))(A_d + DFE_d)^{\mathrm{T}}(A_d + DFE_d) x(s-d(s)) \mathrm{d}s$$

$$\frac{\mathrm{d}}{\mathrm{d}t} \left(\int_{t-d(t)}^{t} x^{\mathrm{T}}(s) Q x(s) \mathrm{d}s \right) = x^{\mathrm{T}}(t) Q x(t) - (1-\dot{d}(t)) x^{\mathrm{T}}(t-d(t)) Q x(t-d(t))$$

$$\leqslant x^{\mathrm{T}}(t) Q x(t) - (1-\mu) x^{\mathrm{T}}(t-d(t)) Q x(t-d(t))$$

$$\frac{\mathrm{d}}{\mathrm{d}t} \left(\int_{-\tau}^{0} \int_{t-d(t)+\theta}^{t} x^{\mathrm{T}}(s) P_2 x(s) \mathrm{d}s \mathrm{d}\theta \right)$$

$$= \tau x^{\mathrm{T}}(t) P_2 x(t) - (1-\dot{d}(t)) \int_{-\tau}^{0} x^{\mathrm{T}}(t-d(t)+\theta) P_2 x(t-d(t)+\theta) \mathrm{d}\theta$$

$$\leqslant \tau x^{\mathrm{T}}(t) P_2 x(t) - (1-\mu) \int_{-\tau}^{0} x^{\mathrm{T}}(t-d(t)+\theta) P_2 x(t-d(t)+\theta) \mathrm{d}\theta$$

所以

$$\dot{V}(x_t) \leqslant 2 x^{\mathrm{T}}(t) P(A + DFE_1 + A_d + DFE_d) + x^{\mathrm{T}}(t) Q x(t)$$
$$- (1-\mu) x^{\mathrm{T}}(t-d(t)) Q x(t-d(t))$$
$$+ \tau x^{\mathrm{T}}(t)(P_1 + P_2) x(t)$$
$$+ \lambda_1^{-1} x^{\mathrm{T}}(t) P(A_d + DFE_d)(A_d + DFE_d)^{\mathrm{T}} P x(t)$$
$$+ \lambda_2^{-1} x^{\mathrm{T}}(t) P(A_d + DFE_d)(A_d + DFE_d)^{\mathrm{T}} P x(t)$$
$$+ \lambda_1 \int_{t-d(t)}^{t} x^{\mathrm{T}}(s)(A + DFE_1)^{\mathrm{T}}(A + DFE_1) x(s) \mathrm{d}s$$
$$+ \lambda_2 \int_{t-d(t)}^{t} x^{\mathrm{T}}(s-d(s))(A_d + DFE_d)^{\mathrm{T}}(A_d + DFE_d) x(s-d(s)) \mathrm{d}s$$
$$- \int_{-\tau}^{0} x^{\mathrm{T}}(t+\theta) P_1 x(t+\theta) \mathrm{d}\theta$$
$$- (1-\mu) \int_{-\tau}^{0} x^{\mathrm{T}}(t-d(t)+\theta) P_2 x(t-d(t)+\theta) \mathrm{d}\theta$$

因为

$$x^{\mathrm{T}}(s)(A+DFE_1)^{\mathrm{T}}(A+DFE_1) x(s) \leqslant \alpha x^{\mathrm{T}}(s) x(s)$$

$$x^{\mathrm{T}}(s-d(s))(A_d+DFE_d)^{\mathrm{T}}(A_d+DFE_d) x(s-d(s)) \leqslant \beta x^{\mathrm{T}}(s-d(s)) x(s-d(s))$$

则

$$\dot{V}(x_t) \leqslant 2 x^{\mathrm{T}}(t) P(A + DFE_1 + A_d + DFE_d) + x^{\mathrm{T}}(t) Q x(t)$$
$$- (1-\mu) x^{\mathrm{T}}(t-d(t)) Q x(t-d(t))$$
$$+ \tau x^{\mathrm{T}}(t)(P_1 + P_2) x(t) + \lambda_1^{-1} x^{\mathrm{T}}(t) P(A_d + DFE_d)(A_d + DFE_d)^{\mathrm{T}} P x(t)$$
$$+ \lambda_2^{-1} x^{\mathrm{T}}(t) P(A_d + DFE_d)(A_d + DFE_d)^{\mathrm{T}} P x(t) + \lambda_1 \int_{t-d(t)}^{t} x^{\mathrm{T}}(s) \alpha x(s) \mathrm{d}s$$
$$+ \lambda_2 \int_{t-d(t)}^{t} x^{\mathrm{T}}(s-d(s)) \beta x(s-d(s)) \mathrm{d}s - \int_{-\tau}^{0} x^{\mathrm{T}}(s) P_1 x(s) \mathrm{d}s$$
$$- (1-\mu) \int_{-\tau}^{0} x^{\mathrm{T}}(s-d(s)) P_2 x(s-d(s)) \mathrm{d}s$$

令 $t+\theta=s, \mathrm{d}s=\mathrm{d}(t+\theta)=\mathrm{d}\theta, \mathrm{d}s=\mathrm{d}(t+\theta)=\mathrm{d}t, t$、$\theta$ 为常量,有

$$
\begin{aligned}
-\int_{-\tau}^{0} x^{\mathrm{T}}(t+\theta) P_1 x(t+\theta) \mathrm{d}\theta = & -\int_{t-\tau}^{t} x^{\mathrm{T}}(s) P_1 x(s) \mathrm{d}s \\
& -(1-\mu)\int_{-\tau}^{0} x^{\mathrm{T}}(t-d(t)+\theta) P_2 x(t-d(t)+\theta) \mathrm{d}\theta \\
= & -(1-\mu)\int_{t-\tau}^{t} x^{\mathrm{T}}(s-d(s)) P_2 x(s-d(s)) \mathrm{d}s
\end{aligned}
$$

由 $0 \leqslant d(t) \leqslant \tau$,得

$$
\begin{aligned}
-\int_{t-\tau}^{t} x^{\mathrm{T}}(s) P_1 x(s) \mathrm{d}s = & -\Big(\int_{t-\tau}^{t-d(t)} x^{\mathrm{T}}(s) P_1 x(s) \mathrm{d}s + \int_{t-d(t)}^{t} x^{\mathrm{T}}(s) P_1 x(s) \mathrm{d}s\Big) \\
& -(1-\mu)\int_{t-\tau}^{t} x^{\mathrm{T}}(s-d(s)) P_2 x(s-d(s)) \mathrm{d}s \\
= & -(1-\mu)\Big[\int_{t-\tau}^{t-d(t)} x^{\mathrm{T}}(s-d(s)) P_2 x(s-d(s)) \mathrm{d}s \\
& +(1-\mu)\int_{t-d(t)}^{t} x^{\mathrm{T}}(s-d(s)) P_2 x(s-d(s)) \mathrm{d}s\Big]
\end{aligned}
$$

方法 4　适当变形,限定二次型加权矩阵。

接方法 3,选取

$$
P_1 = \lambda_1 \alpha I, \quad P_2 = \lambda_2 \beta I
$$

那么

$$
\begin{aligned}
\dot{V}(x_t) \leqslant & \, 2x^{\mathrm{T}}(t) P(A+DFE_1+A_d+DFE_d) + x^{\mathrm{T}}(t) Q x(t) \\
& -(1-\mu)x^{\mathrm{T}}(t-d(t)) Q x(t-d(t)) \\
& +\tau x^{\mathrm{T}}(t)(P_1+P_2)x(t) + \lambda_1^{-1} x^{\mathrm{T}}(t) P(A_d+DFE_d)(A_d+DFE_d)^{\mathrm{T}} P x(t) \\
& +\lambda_2^{-1} x^{\mathrm{T}}(t) P(A_d+DFE_d)(A_d+DFE_d)^{\mathrm{T}} P x(t) - \int_{t-\tau}^{t-d(t)} x^{\mathrm{T}}(s) P_1 x(s) \mathrm{d}s \\
& -(1-\mu)\int_{t-\tau}^{t-d(t)} x^{\mathrm{T}}(s-d(s)) P_2 x(s-d(s)) \mathrm{d}s \\
\leqslant & \, 2x^{\mathrm{T}}(t) P(A+DFE_1+A_d+DFE_d) + x^{\mathrm{T}}(t) Q x(t) + \tau x^{\mathrm{T}}(t)(P_1+P_2)x(t) \\
& +\lambda_1^{-1} x^{\mathrm{T}}(t) P(A_d+DFE_d)(A_d+DFE_d)^{\mathrm{T}} P x(t) \\
& +\lambda_2^{-1} x^{\mathrm{T}}(t) P(A_d+DFE_d)(A_d+DFE_d)^{\mathrm{T}} P x(t) \\
& -(1-\mu)x^{\mathrm{T}}(t-d(t)) Q x(t-d(t)) \\
\overset{\text{def}}{=} & \, x^{\mathrm{T}}(t) M(\varepsilon) x(t) - x^{\mathrm{T}}(t-d(t))(1-\mu) Q x(t-d(t))
\end{aligned}
$$

其中

$$
M = \begin{bmatrix}
\begin{array}{l} P(A+DFE_1+A_d+DFE_d) \\ +(A+DFE_1+A_d+DFE_d)^{\mathrm{T}}P+Q \\ +\tau(\lambda_1\alpha+\lambda_2\beta)I \end{array} & P(A_d+DFE_d) & P(A_d+DFE_d) \\
(A_d+DFE_d)^{\mathrm{T}}P & -\lambda_1 & 0 \\
(A_d+DFE_d)^{\mathrm{T}}P & 0 & -\lambda_2
\end{bmatrix}
$$

$$
=\begin{bmatrix} P(A+A_d)+(A+A_d)^{\mathrm{T}}P+Q+\tau(\lambda_1\alpha+\lambda_2\beta)I & PA_d & PA_d \\ A_d^{\mathrm{T}}P & -\lambda_1 & 0 \\ A_d^{\mathrm{T}}P & 0 & -\lambda_2 \end{bmatrix}
$$

$$
+\begin{bmatrix} P(DFE_1+DFE_d)+(DFE_1+DFE_d)^{\mathrm{T}}P & P(DFE_d) & P(DFE_d) \\ (DFE_d)^{\mathrm{T}}P & -\lambda_1 & 0 \\ (DFE_d)^{\mathrm{T}}P & 0 & -\lambda_2 \end{bmatrix}
$$

$$
=\begin{bmatrix} P(A+A_d)+(A+A_d)^{\mathrm{T}}P+Q+\tau(\lambda_1\alpha+\lambda_2\beta)I & PA_d & PA_d \\ A_d^{\mathrm{T}}P & -\lambda_1 & 0 \\ A_d^{\mathrm{T}}P & 0 & -\lambda_2 \end{bmatrix}
$$

$$
+\begin{bmatrix} P(DFE_1+DFE_d)+(DFE_1+DFE_d)^{\mathrm{T}}P & P(DFE_d) & P(DFE_d) \\ (DFE_d)^{\mathrm{T}}P & 0 & 0 \\ (DFE_d)^{\mathrm{T}}P & 0 & 0 \end{bmatrix}
$$

$$
=\begin{bmatrix} P(A+A_d)+(A+A_d)^{\mathrm{T}}P+Q+\tau(\lambda_1\alpha+\lambda_2\beta)I & PA_d & PA_d \\ A_d^{\mathrm{T}}P & -\lambda_1 & 0 \\ A_d^{\mathrm{T}}P & 0 & -\lambda_2 \end{bmatrix}
$$

$$
+\begin{bmatrix} PD \\ 0 \\ 0 \end{bmatrix}F[E_1+E_d \quad E_d \quad E_d]+[E_1+E_d \quad E_d \quad E_d]^{\mathrm{T}}F^{\mathrm{T}}\begin{bmatrix} PD \\ 0 \\ 0 \end{bmatrix}^{\mathrm{T}}
$$

由引理 4.1 可知,存在 $\eta>0$,使得 $M<0$,即

$$
\begin{bmatrix} P(A+A_d)+(A+A_d)^{\mathrm{T}}P+Q+\tau(\lambda_1\alpha+\lambda_2\beta)I & PA_d & PA_d \\ A_d^{\mathrm{T}}P & -\lambda_1 & 0 \\ A_d^{\mathrm{T}}P & 0 & -\lambda_2 \end{bmatrix}
$$

$$
+\eta\begin{bmatrix} PD \\ 0 \\ 0 \end{bmatrix}[D^{\mathrm{T}}P \quad 0 \quad 0]+\eta^{-1}\begin{bmatrix} (E_1+E_d)^{\mathrm{T}} \\ E_d^{\mathrm{T}} \\ E_d^{\mathrm{T}} \end{bmatrix}[E_1+E_d \quad E_d \quad E_d]<0
$$

$$
\begin{bmatrix}
P(A+A_d)+(A+A_d)^{\mathrm{T}}P+Q+\tau(\lambda_1\alpha+\lambda_2\beta)I+\eta^{-1}(E_1+E_d)^{\mathrm{T}}(E_1+E_d) \\
A_d^{\mathrm{T}}P+\eta^{-1}E_d^{\mathrm{T}}(E_1+E_d) \\
A_d^{\mathrm{T}}P+\eta^{-1}E_d^{\mathrm{T}}(E_1+E_d) \\
D^{\mathrm{T}}P
\end{bmatrix}
$$

$$
\left.\begin{matrix}
PA_d+\eta^{-1}(E_1+E_d)^{\mathrm{T}}E_d & PA_d+\eta^{-1}(E_1+E_d)^{\mathrm{T}}E_d & PD \\
-\lambda_1+\eta^{-1}E_d^{\mathrm{T}}E_d & \eta^{-1}E_d^{\mathrm{T}}E_d & 0 \\
\eta^{-1}E_d^{\mathrm{T}}E_d & -\lambda_2+\eta^{-1}E_d^{\mathrm{T}}E_d & 0 \\
0 & 0 & -\eta^{-1}
\end{matrix}\right]<0
$$

定义 $\eta^{-1}=\tilde{\eta}$,则可得

$$
\begin{bmatrix}
P(A+A_d)+(A+A_d)^{\mathrm{T}}P+Q+\tau(\lambda_1\alpha+\lambda_2\beta)I+\tilde{\eta}(E_1+E_d)^{\mathrm{T}}(E_1+E_d) \\
A_d^{\mathrm{T}}P+\tilde{\eta}E_d^{\mathrm{T}}(E_1+E_d) \\
A_d^{\mathrm{T}}P+\tilde{\eta}E_d^{\mathrm{T}}(E_1+E_d) \\
D^{\mathrm{T}}P
\end{bmatrix}
$$

$$
\left.\begin{matrix}
PA_d+\tilde{\eta}(E_1+E_d)^{\mathrm{T}}E_d & PA_d+\tilde{\eta}(E_1+E_d)^{\mathrm{T}}E_d & PD \\
-\lambda_1+\tilde{\eta}E_d^{\mathrm{T}}E_d & \tilde{\eta}E_d^{\mathrm{T}}E_d & 0 \\
\tilde{\eta}E_d^{\mathrm{T}}E_d & -\lambda_2+\tilde{\eta}E_d^{\mathrm{T}}E_d & 0 \\
0 & 0 & -\tilde{\eta}
\end{matrix}\right]<0
$$

该矩阵不等式关于变量 P、Q、$\tilde{\eta}$、λ_1 和 λ_2 是线性的。

证毕。

再选择另外加权项限定如下：

$$
P_1=\lambda_1\alpha I, \quad P_2=\lambda_2\beta I
$$

$$
\begin{aligned}
\dot{V}(x_t) &= \frac{\mathrm{d}}{\mathrm{d}t}(x^{\mathrm{T}}(t)Px(t))+\frac{\mathrm{d}}{\mathrm{d}t}\left(\int_{t-d(t)}^{t}x^{\mathrm{T}}(s)Qx(s)\mathrm{d}s\right) \\
&\quad +\frac{\mathrm{d}}{\mathrm{d}t}\left(\int_{-\tau}^{0}\int_{t+\theta}^{t}x^{\mathrm{T}}(s)P_1x(s)\mathrm{d}s\mathrm{d}\theta\right)+\frac{\mathrm{d}}{\mathrm{d}t}\left(\int_{-\tau}^{0}\int_{t-d(t)+\theta}^{t}x^{\mathrm{T}}(s)P_2x(s)\mathrm{d}s\mathrm{d}\theta\right) \\
&\leqslant 2x^{\mathrm{T}}(t)P(A+DFE_1+A_d+DFE_d)+x^{\mathrm{T}}(t)Qx(t) \\
&\quad -(1-\mu)x^{\mathrm{T}}(t-d(t))Qx(t-d(t)) \\
&\quad +\tau x^{\mathrm{T}}(t)(P_1+P_2)x(t)+\lambda_1^{-1}x^{\mathrm{T}}(t)P(A_d+DFE_d)(A_d+DFE_d)^{\mathrm{T}}Px(t) \\
&\quad +\lambda_2^{-1}x^{\mathrm{T}}(t)P(A_d+DFE_d)(A_d+DFE_d)^{\mathrm{T}}Px(t) \\
&\quad +\lambda_1\int_{t-d(t)}^{t}x^{\mathrm{T}}(s)(A+DFE_1)^{\mathrm{T}}(A+DFE_1)x(s)\mathrm{d}s
\end{aligned}
$$

$$+\lambda_2 \int_{t-d(t)}^{t} x^{\mathrm{T}}(s-d(s))(A_d+DFE_d)^{\mathrm{T}}(A_d+DFE_d)x(s-d(s))\mathrm{d}s$$

$$-\int_{-\tau}^{0} x^{\mathrm{T}}(t+\theta)P_1 x(t+\theta)\mathrm{d}\theta$$

$$-(1-\mu)\int_{-\tau}^{0} x^{\mathrm{T}}(t-d(t)+\theta)P_2 x(t-d(t)+\theta)\mathrm{d}\theta$$

因为

$$x^{\mathrm{T}}(s)(A+DFE_1)^{\mathrm{T}}(A+DFE_1)x(s)\leqslant\alpha x^{\mathrm{T}}(s)x(s)$$

$$x^{\mathrm{T}}(s-d(s))(A_d+DFE_d)^{\mathrm{T}}(A_d+DFE_d)x(s-d(s))\leqslant\beta x^{\mathrm{T}}(s-d(s))x(s-d(s))$$

$$\dot{V}(x_t)\leqslant 2x^{\mathrm{T}}(t)P(A+DFE_1+A_d+DFE_d)+x^{\mathrm{T}}(t)Qx(t)$$

$$-(1-\mu)x^{\mathrm{T}}(t-d(t))Qx(t-d(t))$$

$$+\tau x^{\mathrm{T}}(t)(P_1+P_2)x(t)+\lambda_1^{-1}x^{\mathrm{T}}(t)P(A_d+DFE_d)(A_d+DFE_d)^{\mathrm{T}}Px(t)$$

$$+\lambda_2^{-1}x^{\mathrm{T}}(t)P(A_d+DFE_d)(A_d+DFE_d)^{\mathrm{T}}Px(t)+\lambda_1\int_{t-d(t)}^{t} x^{\mathrm{T}}(s)\alpha x(s)\mathrm{d}s$$

$$+\lambda_2\int_{t-d(t)}^{t} x^{\mathrm{T}}(s-d(s))\beta x(s-d(s))\mathrm{d}s-\int_{-\tau}^{0} x^{\mathrm{T}}(s)P_1 x(s)\mathrm{d}s$$

$$-(1-\mu)\int_{-\tau}^{0} x^{\mathrm{T}}(s-d(s))P_2 x(s-d(s))\mathrm{d}s$$

则

$$-\int_{-\tau}^{0} x^{\mathrm{T}}(t+\theta)P_1 x(t+\theta)\mathrm{d}\theta =-\int_{t-\tau}^{t} x^{\mathrm{T}}(s)P_1 x(s)\mathrm{d}s$$

$$-(1-\mu)\int_{-\tau}^{0} x^{\mathrm{T}}(t-d(t)+\theta)P_2 x(t-d(t)+\theta)\mathrm{d}\theta$$

$$=-(1-\mu)\int_{t-\tau}^{t} x^{\mathrm{T}}(s-d(s))P_2 x(s-d(s))\mathrm{d}s,$$

$$0\leqslant d(t)\leqslant\tau$$

则

$$-\int_{t-\tau}^{t} x^{\mathrm{T}}(s)P_1 x(s)\mathrm{d}s =-\left[\int_{t-\tau}^{t-d(t)} x^{\mathrm{T}}(s)P_1 x(s)\mathrm{d}s+\int_{t-d(t)}^{t} x^{\mathrm{T}}(s)P_1 x(s)\mathrm{d}s\right]$$

$$-(1-\mu)\int_{t-\tau}^{t} x^{\mathrm{T}}(s-d(s))P_2 x(s-d(s))\mathrm{d}s$$

$$=-(1-\mu)\left[\int_{t-\tau}^{t-d(t)} x^{\mathrm{T}}(s-d(s))P_2 x(s-d(s))\mathrm{d}s\right.$$

$$\left.+(1-\mu)\int_{t-d(t)}^{t} x^{\mathrm{T}}(s-d(s))P_2 x(s-d(s))\mathrm{d}s\right]$$

选取

$$P_1=\lambda_1\alpha I,\quad P_2=\lambda_2\beta I$$

则得

$$\dot{V}(x_t) \leqslant 2x^{\mathrm{T}}(t)P(A + DFE_1 + A_d + DFE_d) + x^{\mathrm{T}}(t)Qx(t)$$
$$- (1-\mu)x^{\mathrm{T}}(t-d(t))Qx(t-d(t))$$
$$+ \tau x^{\mathrm{T}}(t)(P_1 + P_2)x(t) + \lambda_1^{-1}x^{\mathrm{T}}(t)P(A_d + DFE_d)(A_d + DFE_d)^{\mathrm{T}}Px(t)$$
$$+ \lambda_2^{-1}x^{\mathrm{T}}(t)P(A_d + DFE_d)(A_d + DFE_d)^{\mathrm{T}}Px(t) - \int_{t-\tau}^{t-d(t)} x^{\mathrm{T}}(s)P_1 x(s)\mathrm{d}s$$
$$- (1-\mu)\int_{t-\tau}^{t-d(t)} x^{\mathrm{T}}(s-d(s))P_2 x(s-d(s))\mathrm{d}s$$
$$\leqslant 2x^{\mathrm{T}}(t)P(A + DFE_1 + A_d + DFE_d) + x^{\mathrm{T}}(t)Qx(t) + \tau x^{\mathrm{T}}(t)(P_1 + P_2)x(t)$$
$$+ \lambda_1^{-1}x^{\mathrm{T}}(t)P(A_d + DFE_d)(A_d + DFE_d)^{\mathrm{T}}Px(t)$$
$$+ \lambda_2^{-1}x^{\mathrm{T}}(t)P(A_d + DFE_d)(A_d + DFE_d)^{\mathrm{T}}Px(t)$$
$$- (1-\mu)x^{\mathrm{T}}(t-d(t))Qx(t-d(t))$$
$$\stackrel{\mathrm{def}}{=} x^{\mathrm{T}}(t)M(\varepsilon)x(t) - x^{\mathrm{T}}(t-d(t))(1-\mu)Qx(t-d(t))$$

其中

$$M = \begin{bmatrix} \begin{matrix} P(A+DFE_1+A_d+DFE_d) \\ +(A+DFE_1+A_d+DFE_d)^{\mathrm{T}}P+Q \\ +\tau(\lambda_1\alpha+\lambda_2\beta)I \end{matrix} & P(A_d+DFE_d) & P(A_d+DFE_d) \\ (A_d+DFE_d)^{\mathrm{T}}P & -\lambda_1 & 0 \\ (A_d+DFE_d)^{\mathrm{T}}P & 0 & -\lambda_2 \end{bmatrix}$$

$$= \begin{bmatrix} P(A+A_d)+(A+A_d)^{\mathrm{T}}P+Q+\tau(\lambda_1\alpha+\lambda_2\beta)I & PA_d & PA_d \\ A_d^{\mathrm{T}}P & -\lambda_1 & 0 \\ A_d^{\mathrm{T}}P & 0 & -\lambda_2 \end{bmatrix}$$

$$+ \begin{bmatrix} P(DFE_1+DFE_d)+(DFE_1+DFE_d)^{\mathrm{T}}P & P(DFE_d) & P(DFE_d) \\ (DFE_d)^{\mathrm{T}}P & -\lambda_1 & 0 \\ (DFE_d)^{\mathrm{T}}P & 0 & -\lambda_2 \end{bmatrix}$$

$$= \begin{bmatrix} P(A+A_d)+(A+A_d)^{\mathrm{T}}P+Q+\tau(\lambda_1\alpha+\lambda_2\beta)I & PA_d & PA_d \\ A_d^{\mathrm{T}}P & -\lambda_1 & 0 \\ A_d^{\mathrm{T}}P & 0 & -\lambda_2 \end{bmatrix}$$

$$+ \begin{bmatrix} P(DFE_1+DFE_d)+(DFE_1+DFE_d)^{\mathrm{T}}P & P(DFE_d) & P(DFE_d) \\ (DFE_d)^{\mathrm{T}}P & 0 & 0 \\ (DFE_d)^{\mathrm{T}}P & 0 & 0 \end{bmatrix}$$

$$= \begin{bmatrix} P(A+A_d)+(A+A_d)^{\mathrm{T}}P+Q+\tau(\lambda_1\alpha+\lambda_2\beta)I & PA_d & PA_d \\ A_d^{\mathrm{T}}P & -\lambda_1 & 0 \\ A_d^{\mathrm{T}}P & 0 & -\lambda_2 \end{bmatrix}$$

$$+\begin{bmatrix} PD \\ 0 \\ 0 \end{bmatrix} F[E_1+E_d \quad E_d \quad E_d]+[E_1+E_d \quad E_d \quad E_d]^{\mathrm{T}}F^{\mathrm{T}}\begin{bmatrix} PD \\ 0 \\ 0 \end{bmatrix}^{\mathrm{T}}$$

同理,存在 $\eta>0$,使得 $M<0$,即

$$\begin{bmatrix} P(A+A_d)+(A+A_d)^{\mathrm{T}}P+Q+\tau(\lambda_1\alpha+\lambda_2\beta)I & PA_d & PA_d \\ A_d^{\mathrm{T}}P & -\lambda_1 & 0 \\ A_d^{\mathrm{T}}P & 0 & -\lambda_2 \end{bmatrix}$$

$$+\eta\begin{bmatrix} PD \\ 0 \\ 0 \end{bmatrix}[D^{\mathrm{T}}P \quad 0 \quad 0]+\eta^{-1}\begin{bmatrix} (E_1+E_d)^{\mathrm{T}} \\ E_d^{\mathrm{T}} \\ E_d^{\mathrm{T}} \end{bmatrix}[E_1+E_d \quad E_d \quad E_d]<0$$

$$\begin{bmatrix} P(A+A_d)+(A+A_d)^{\mathrm{T}}P+Q+\tau(\lambda_1\alpha+\lambda_2\beta)I+\eta^{-1}(E_1+E_d)^{\mathrm{T}}(E_1+E_d) \\ A_d^{\mathrm{T}}P+\eta^{-1}E_d^{\mathrm{T}}(E_1+E_d) \\ A_d^{\mathrm{T}}P+\eta^{-1}E_d^{\mathrm{T}}(E_1+E_d) \\ D^{\mathrm{T}}P \end{bmatrix}$$

$$\begin{matrix} PA_d+\eta^{-1}(E_1+E_d)^{\mathrm{T}}E_d & PA_d+\eta^{-1}(E_1+E_d)^{\mathrm{T}}E_d & PD \\ -\lambda_1+\eta^{-1}E_d^{\mathrm{T}}E_d & \eta^{-1}E_d^{\mathrm{T}}E_d & 0 \\ \eta^{-1}E_d^{\mathrm{T}}E_d & -\lambda_2+\eta^{-1}E_d^{\mathrm{T}}E_d & 0 \\ 0 & 0 & -\eta^{-1} \end{matrix}\Bigg]<0$$

定义 $\eta^{-1}=\bar{\eta}$,则得到

$$\begin{bmatrix} P(A+A_d)+(A+A_d)^{\mathrm{T}}P+Q+\tau(\lambda_1\alpha+\lambda_2\beta)I+\bar{\eta}(E_1+E_d)^{\mathrm{T}}(E_1+E_d) \\ A_d^{\mathrm{T}}P+\bar{\eta}E_d^{\mathrm{T}}(E_1+E_d) \\ A_d^{\mathrm{T}}P+\bar{\eta}E_d^{\mathrm{T}}(E_1+E_d) \\ D^{\mathrm{T}}P \end{bmatrix}$$

$$\begin{matrix} PA_d+\bar{\eta}(E_1+E_d)^{\mathrm{T}}E_d & PA_d+\bar{\eta}(E_1+E_d)^{\mathrm{T}}E_d & PD \\ -\lambda_1+\bar{\eta}E_d^{\mathrm{T}}E_d & \bar{\eta}E_d^{\mathrm{T}}E_d & 0 \\ \bar{\eta}E_d^{\mathrm{T}}E_d & -\lambda_2+\bar{\eta}E_d^{\mathrm{T}}E_d & 0 \\ 0 & 0 & -\bar{\eta} \end{matrix}\Bigg]<0$$

证毕。

方法 5 应用相应引理,巧妙放大,综合运用。

以上是最常用的几种交叉项放大方法,在证明中可以针对具体情况综合运用多种不同方法,所选取方法越多、参数越多,保守性就越小,所得到的控制效果也就越好[186-193]。

2. Lyapunov-Krasovskii 泛函的选取

例如,考虑由以下状态方程描述的时滞奇异摄动不确定系统:

$$\begin{cases} E(\varepsilon)\dot{x}(t)=(A+DF(t)E_1)x(t)+(A_d+DF(t)E_d)x(t-d(t))+Bu(t) \\ x(t)=\phi(t), \quad t\in[-\tau,0) \end{cases}$$

设

$$u(t)=Kx(t)$$

其中,K 是待定的适当维数的控制器增益矩阵,则闭环系统为

$$E(\varepsilon)\dot{x}(t)=(A+DF(t)E_1+BK)x(t)+(A_d+DF(t)E_d)x(t-d(t))$$

(1) 若定义如下形式的 Lyapunov-Krasovskii 泛函:

$$V(x(t)) = x^{\mathrm{T}}(t)Z^{-\mathrm{T}}(\varepsilon)E(\varepsilon)x(t) + \int_{t-d(t)}^{t} x^{\mathrm{T}}(s)Z^{-\mathrm{T}}(\varepsilon)QZ^{-1}(\varepsilon)x(s)\mathrm{d}s$$
$$+ \tau \int_{-\tau}^{0} \int_{t+\theta}^{t} (E(\varepsilon)\dot{x}(s))^{\mathrm{T}}Z^{-1}(\varepsilon)MZ^{-\mathrm{T}}(\varepsilon)E(\varepsilon)\dot{x}(s)\mathrm{d}s\mathrm{d}\theta$$

其中,Q、M 是适当维数的正定对称矩阵。

显然,$V(x(t))$ 是正定的 Lyapunov-Krasovskii 泛函,将 $V(x(t))$ 沿着系统的轨迹进行微分,得

$$\dot{V}(x_t) = \frac{\mathrm{d}}{\mathrm{d}t}(x^{\mathrm{T}}(t)Z^{-\mathrm{T}}(\varepsilon)E(\varepsilon)x(t))$$
$$+ \frac{\mathrm{d}}{\mathrm{d}t}\Big(\int_{t-d(t)}^{t} x^{\mathrm{T}}(s)Z^{-\mathrm{T}}(\varepsilon)QZ^{-1}(\varepsilon)x(s)\mathrm{d}s\Big)$$
$$+ \frac{\mathrm{d}}{\mathrm{d}t}\Big(\tau \int_{-\tau}^{0} \int_{t+\theta}^{t} (E(\varepsilon)\dot{x}(s))^{\mathrm{T}}Z^{-1}(\varepsilon)MZ^{-\mathrm{T}}(\varepsilon)E(\varepsilon)\dot{x}(s)\mathrm{d}s\mathrm{d}\theta\Big)$$

由

$$E(\varepsilon)Z(\varepsilon)=(E(\varepsilon)Z(\varepsilon))^{\mathrm{T}}=Z^{\mathrm{T}}(\varepsilon)E(\varepsilon)$$

有

$$Z^{-\mathrm{T}}(\varepsilon)E(\varepsilon)Z(\varepsilon)=Z^{-\mathrm{T}}(\varepsilon)Z^{\mathrm{T}}(\varepsilon)E(\varepsilon)=E(\varepsilon)$$
$$Z^{-\mathrm{T}}(\varepsilon)E(\varepsilon)=E(\varepsilon)Z^{-1}(\varepsilon)$$

于是

$$\frac{\mathrm{d}}{\mathrm{d}t}(x^{\mathrm{T}}(t)Z^{-\mathrm{T}}(\varepsilon)E(\varepsilon)x(t))$$
$$=\dot{x}^{\mathrm{T}}(t)Z^{-\mathrm{T}}(\varepsilon)E(\varepsilon)x(t)+x^{\mathrm{T}}(t)Z^{-\mathrm{T}}(\varepsilon)E(\varepsilon)\dot{x}(t)$$
$$=(E(\varepsilon)\dot{x}(t))^{\mathrm{T}}Z^{-1}(\varepsilon)x(t)+x^{\mathrm{T}}(t)Z^{-\mathrm{T}}(\varepsilon)E(\varepsilon)\dot{x}(t)$$
$$=\mathrm{sym}(x^{\mathrm{T}}(t)Z^{-\mathrm{T}}(\varepsilon)[(A+BK+DFE_1)x(t)+(A_d+DFE_d)x(t-d(t))])$$
$$=\mathrm{sym}(x^{\mathrm{T}}(t)Z^{-\mathrm{T}}(\varepsilon)(A+BK+DFE_1)x(t))$$
$$\quad +\mathrm{sym}(x^{\mathrm{T}}(t)Z^{-\mathrm{T}}(\varepsilon)(A_d+DFE_d)x(t-d(t)))$$

$$\frac{\mathrm{d}}{\mathrm{d}t}\left(\int_{t-d(t)}^{t} x^{\mathrm{T}}(s)Z^{-\mathrm{T}}(\varepsilon)QZ^{-1}(\varepsilon)x(s)\mathrm{d}s\right)$$

$$= x^{\mathrm{T}}(t)Z^{-\mathrm{T}}(\varepsilon)QZ^{-1}(\varepsilon)x(t)$$

$$- (1-\dot{d}(t))x^{\mathrm{T}}(t-d(t))Z^{-\mathrm{T}}(\varepsilon)QZ^{-1}(\varepsilon)x(t-d(t))$$

$$\leqslant x^{\mathrm{T}}(t)Z^{-\mathrm{T}}(t)QZ^{-1}(t)x(t)$$

$$- (1-\mu)x^{\mathrm{T}}(t-d(t))Z^{-\mathrm{T}}(\varepsilon)QZ^{-1}(\varepsilon)x(t-d(t))$$

应用 Jensen 不等式,对于任意矩阵 $W>0$,标量 d_2、d_1 满足 $d_2>d_1$,向量函数 $\omega(t)$:$[d_1, d_2]\to\mathbf{R}^n$,则有下面不等式成立:

$$\int_{d_1}^{d_2}\omega^{\mathrm{T}}(s)W\omega(s)\mathrm{d}s \geqslant \frac{\left(\int_{d_1}^{d_2}\omega(s)\mathrm{d}s\right)^{\mathrm{T}}W\left(\int_{d_1}^{d_2}\omega(s)\mathrm{d}s\right)}{d_2-d_1}$$

可知

$$\frac{\mathrm{d}}{\mathrm{d}t}\left(\tau\int_{-\tau}^{0}\int_{t+\theta}^{t}(E(\varepsilon)\dot{x}(s))^{\mathrm{T}}Z^{-1}(\varepsilon)MZ^{-\mathrm{T}}(\varepsilon)E(\varepsilon)\dot{x}(s)\mathrm{d}s\mathrm{d}\theta\right)$$

$$\leqslant \tau^2(E(\varepsilon)\dot{x}(t))^{\mathrm{T}}Z^{-1}(\varepsilon)MZ^{-\mathrm{T}}(\varepsilon)E(\varepsilon)\dot{x}(t)$$

$$- \tau\int_{-\tau}^{0}(E(\varepsilon)\dot{x}(t+\theta))^{\mathrm{T}}Z^{-1}(\varepsilon)MZ^{-\mathrm{T}}(\varepsilon)E(\varepsilon)\dot{x}(t+\theta)\mathrm{d}\theta$$

$$\leqslant \tau^2(E(\varepsilon)\dot{x}(t))^{\mathrm{T}}Z^{-1}(\varepsilon)MZ^{-\mathrm{T}}(\varepsilon)E(\varepsilon)\dot{x}(t)$$

$$- (x(t)-x(t-d(t)))^{\mathrm{T}}E(\varepsilon)Z^{-1}(\varepsilon)MZ^{-\mathrm{T}}(\varepsilon)E(\varepsilon)(x(t)-x(t-d(t)))$$

$$= \tau^2[(A+BK+DFE_1)x(t)+(A_d+DFE_d)x(t-d(t))]^{\mathrm{T}}Z^{-1}(\varepsilon)$$

$$\times MZ^{-\mathrm{T}}(\varepsilon)[(A+BK+DFE_1)x(t)+(A_d+DFE_d)x(t-d(t))]$$

$$- (x(t)-x(t-d(t)))^{\mathrm{T}}E(\varepsilon)Z^{-1}(\varepsilon)MZ^{-\mathrm{T}}(\varepsilon)E(\varepsilon)(x(t)-x(t-d(t)))$$

所以

$$\dot{V}(x_t)\leqslant \xi^{\mathrm{T}}(t)W(\varepsilon)\xi(t)$$

其中

$$\xi(t)=[x^{\mathrm{T}}(t) \quad x^{\mathrm{T}}(t-d(t))]^{\mathrm{T}}$$

$$W(\varepsilon)=\begin{bmatrix}
\mathrm{sym}(Z^{-\mathrm{T}}(\varepsilon)(A+BK+DFE_1)) \\
+Z^{-\mathrm{T}}(\varepsilon)QZ^{-1}(\varepsilon)-E(\varepsilon)Z^{-1}(\varepsilon)MZ^{-\mathrm{T}}(\varepsilon)E(\varepsilon) \\
+\tau^2(A+BK+DFE_1)^{\mathrm{T}}Z^{-1}(\varepsilon)MZ^{-\mathrm{T}}(\varepsilon)(A+BK+DFE_1)
\end{bmatrix}$$
$$*$$
$$\begin{matrix}
Z^{-\mathrm{T}}(\varepsilon)(A_d+DFE_d)+E(\varepsilon)Z^{-1}(\varepsilon)MZ^{-\mathrm{T}}(\varepsilon)E(\varepsilon) \\
+\tau^2(A+BK+DFE_1)^{\mathrm{T}}Z^{-1}(\varepsilon)MZ^{-\mathrm{T}}(\varepsilon)(A_d+DFE_d) \\
\\
-(1-\mu)Z^{-\mathrm{T}}(\varepsilon)QZ^{-1}(\varepsilon)-E(\varepsilon)Z^{-1}(\varepsilon)MZ^{-\mathrm{T}}(\varepsilon)E(\varepsilon) \\
+\tau^2(A_d+DFE_d)^{\mathrm{T}}Z^{-1}(\varepsilon)MZ^{-\mathrm{T}}(\varepsilon)(A_d+DFE_d)
\end{matrix}$$

对上式线性化,并左乘对角矩阵 $\mathrm{diag}\{Z^{\mathrm{T}}(\varepsilon),Z^{\mathrm{T}}(\varepsilon)\}$、右乘其转置,可得

$$
\begin{bmatrix}
\begin{matrix}(A+BK+DFE_1)Z(\varepsilon)+Z^{\mathrm{T}}(\varepsilon)(A+BK+DFE_1)^{\mathrm{T}}+Q-E(\varepsilon)ME(\varepsilon)\\ +\tau^2 Z^{\mathrm{T}}(\varepsilon)(A+BK+DFE_1)^{\mathrm{T}}Z^{-1}(\varepsilon)MZ^{-\mathrm{T}}(\varepsilon)(A+BK+DFE_1)Z(\varepsilon)\end{matrix} \\[4mm]
* \\[4mm]
\begin{matrix}(A_d+DFE_d)Z(\varepsilon)+E(\varepsilon)ME(\varepsilon)\\ +\tau^2 Z^{\mathrm{T}}(\varepsilon)(A+BK+DFE_1)^{\mathrm{T}}Z^{-1}(\varepsilon)MZ^{-\mathrm{T}}(\varepsilon)(A_d+DFE_d)Z(\varepsilon)\\[2mm] -(1-\mu)Q-E(\varepsilon)ME(\varepsilon)\\ +\tau^2 Z^{\mathrm{T}}(\varepsilon)(A_d+DFE_d)^{\mathrm{T}}Z^{-1}(\varepsilon)MZ^{-\mathrm{T}}(\varepsilon)(A_d+DFE_d)Z(\varepsilon)\end{matrix}
\end{bmatrix}<0
$$

由 Schur 补引理,可得

$$
\begin{bmatrix}
\mathrm{sym}((A+BK+DFE_1)Z(\varepsilon))+Q-E(\varepsilon)ME(\varepsilon) & (A_d+DFE_d)Z(\varepsilon)+E(\varepsilon)ME(\varepsilon) & \tau Z^{\mathrm{T}}(\varepsilon)(A+BK+DFE_1)^{\mathrm{T}} \\
* & -(1-\mu)Q-E(\varepsilon)ME(\varepsilon) & \tau Z^{\mathrm{T}}(\varepsilon)(A_d+DFE_d)^{\mathrm{T}} \\
* & * & -Z^{\mathrm{T}}(\varepsilon)M^{-1}Z(\varepsilon)
\end{bmatrix}<0
$$

等价于

$$
\begin{bmatrix}
\mathrm{sym}((A+BK)Z(\varepsilon))+Q-E(\varepsilon)ME(\varepsilon) & A_d Z(\varepsilon)+E(\varepsilon)ME(\varepsilon) & \tau Z^{\mathrm{T}}(\varepsilon)(A+BK)^{\mathrm{T}} \\
* & -(1-\mu)Q-E(\varepsilon)ME(\varepsilon) & \tau Z^{\mathrm{T}}(\varepsilon)(A_d)^{\mathrm{T}} \\
* & * & -Z^{\mathrm{T}}(\varepsilon)M^{-1}Z(\varepsilon)
\end{bmatrix}
$$

$$
+\begin{bmatrix}D\\0\\\tau D\end{bmatrix}F(t)\begin{bmatrix}E_1 Z(\varepsilon) & E_d Z(\varepsilon) & 0\end{bmatrix}
$$

$$
+\begin{bmatrix}Z^{\mathrm{T}}(\varepsilon)E_1^{\mathrm{T}}\\Z^{\mathrm{T}}(\varepsilon)E_d^{\mathrm{T}}\\0\end{bmatrix}F^{\mathrm{T}}(t)\begin{bmatrix}D^{\mathrm{T}} & 0 & \tau D^{\mathrm{T}}\end{bmatrix}<0
$$

经推理,最后结果为

$$\widetilde{W}(\varepsilon) = \begin{bmatrix} \mathrm{sym}(AZ(\varepsilon)+B\widetilde{K})+Q-E(\varepsilon)ME(\varepsilon)+\gamma DD^{\mathrm{T}} & A_dZ(\varepsilon)+E(\varepsilon)ME(\varepsilon) \\ * & -(1-\mu)Q-E(\varepsilon)ME(\varepsilon) \\ * & * \\ * & * \end{bmatrix}$$

$$\begin{bmatrix} Z^{\mathrm{T}}(\varepsilon)A^{\mathrm{T}}+\widetilde{K}^{\mathrm{T}}B^{\mathrm{T}}+\gamma\tau DD^{\mathrm{T}} & Z^{\mathrm{T}}(\varepsilon)E_1^{\mathrm{T}} \\ Z^{\mathrm{T}}(\varepsilon)A_d^{\mathrm{T}} & Z^{\mathrm{T}}(\varepsilon)E_d^{\mathrm{T}} \\ M-\mathrm{sym}(Z(\varepsilon))+\gamma\tau^2 DD^{\mathrm{T}} & 0 \\ * & -\gamma I \end{bmatrix} < 0$$

它对于变量 $\widetilde{K}$、M、Q、γ 和 $Z(\varepsilon)$ 是线性的。

(2) 若选取如下 Lyapunov-Krasovskii 泛函,同样是(1)所对应的系统,结果保守性更小些。

$$V(x(t)) = x^{\mathrm{T}}(t)Z^{-\mathrm{T}}(\varepsilon)E(\varepsilon)x(t) + \int_{t-d(t)}^{t} x^{\mathrm{T}}(s)Z^{-\mathrm{T}}(\varepsilon)QZ^{-1}(\varepsilon)x(s)\mathrm{d}s$$

$$+ \frac{\tau^2}{2}\int_{t-d(t)}^{t} (E(\varepsilon)\dot{x}(s))^{\mathrm{T}}Z^{-1}(\varepsilon)MZ^{-\mathrm{T}}(\varepsilon)E(\varepsilon)\dot{x}(s)\mathrm{d}s$$

$$- \frac{1}{2}\int_{t-d(t)}^{t} (x(s)-x(t-d(t)))^{\mathrm{T}}E(\varepsilon)Z^{-1}(\varepsilon)$$

$$\times MZ^{-\mathrm{T}}(\varepsilon)E(\varepsilon)(x(s)-x(t-d(t)))\mathrm{d}s$$

$$+ \frac{\tau}{2}\int_{-\tau}^{0}\int_{t+\theta}^{t} (E(\varepsilon)\dot{x}(s))^{\mathrm{T}}Z^{-1}(\varepsilon)MZ^{-\mathrm{T}}(\varepsilon)E(\varepsilon)\dot{x}(s)\mathrm{d}s\mathrm{d}\theta$$

其中,Q、M 是适当维数的对称正定矩阵。

根据 Wirtinger 不等式,记 $z(t)\in W[a,b]$,且 $z(a)=0$,那么对于任意矩阵 $W>0$,有

$$\int_a^b z(s)^{\mathrm{T}}Wz(s)\mathrm{d}s \leqslant \frac{4(b-a)^2}{\pi^2}\int_a^b \dot{z}(s)^{\mathrm{T}}W\dot{z}(s)\mathrm{d}s$$

可知

$$\int_{t-d(t)}^{t} (x(s)-x(t-d(t)))^{\mathrm{T}}E(\varepsilon)Z^{-1}(\varepsilon)MZ^{-\mathrm{T}}(\varepsilon)E(\varepsilon)(x(s)-x(t-d(t)))\mathrm{d}s$$

$$\leqslant \frac{4d^2(t)}{\pi^2}\int_{t-d(t)}^{t} (E(\varepsilon)\dot{x}(s))^{\mathrm{T}}Z^{-1}(\varepsilon)MZ^{-\mathrm{T}}(\varepsilon)E(\varepsilon)\dot{x}(s)\mathrm{d}s$$

$$\leqslant \tau^2\int_{t-d(t)}^{t} (E(\varepsilon)\dot{x}(s))^{\mathrm{T}}Z^{-1}(\varepsilon)MZ^{-\mathrm{T}}(\varepsilon)E(\varepsilon)\dot{x}(s)\mathrm{d}s$$

$$\dot{V}(x_t) = \frac{\mathrm{d}}{\mathrm{d}t}(x^{\mathrm{T}}(t)Z^{-\mathrm{T}}(\varepsilon)E(\varepsilon)x(t))$$

$$+ \frac{\mathrm{d}}{\mathrm{d}t}\Big(\int_{t-d(t)}^{t} x^{\mathrm{T}}(s)Z^{-\mathrm{T}}(\varepsilon)QZ^{-1}(\varepsilon)x(s)\mathrm{d}s\Big)$$

$$
\begin{aligned}
&+ \frac{\mathrm{d}}{\mathrm{d}t}\bigg[\frac{\tau^2}{2} \int_{t-d(t)}^{t} (E(\varepsilon)\dot{x}(s))^{\mathrm{T}} Z^{-1}(\varepsilon) M Z^{-\mathrm{T}}(\varepsilon) E(\varepsilon)\dot{x}(s)\mathrm{d}s \\
&\quad - \frac{1}{2} \int_{t-d(t)}^{t} (x(s)-x(t-d(t)))^{\mathrm{T}} E(\varepsilon) Z^{-1}(\varepsilon) \\
&\quad \times M Z^{-\mathrm{T}}(\varepsilon) E(\varepsilon)(x(s)-x(t-d(t)))\mathrm{d}s \\
&\quad + \frac{\tau}{2} \int_{-\tau}^{0} \int_{t+\theta}^{t} (E(\varepsilon)\dot{x}(s))^{\mathrm{T}} Z^{-1}(\varepsilon) M Z^{-\mathrm{T}}(\varepsilon) E(\varepsilon)\dot{x}(s)\mathrm{d}s\mathrm{d}\theta \bigg]
\end{aligned}
$$

于是

$$
\begin{aligned}
&\frac{\mathrm{d}}{\mathrm{d}t}(x^{\mathrm{T}}(t) Z^{-\mathrm{T}}(\varepsilon) E(\varepsilon) x(t)) \\
&= \dot{x}^{\mathrm{T}}(t) Z^{-\mathrm{T}}(\varepsilon) E(\varepsilon) x(t) + x^{\mathrm{T}}(t) Z^{-\mathrm{T}}(\varepsilon) E(\varepsilon) \dot{x}(t) \\
&= (E(\varepsilon)\dot{x}(t))^{\mathrm{T}} Z^{-1}(\varepsilon) x(t) + x^{\mathrm{T}}(t) Z^{-\mathrm{T}}(\varepsilon) E(\varepsilon) \dot{x}(t) \\
&= \mathrm{sym}(x^{\mathrm{T}}(t) Z^{-\mathrm{T}}(\varepsilon)[(A+BK+DFE_1)x(t)+(A_d+DFE_d)x(t-d(t))]) \\
&= \mathrm{sym}(x^{\mathrm{T}}(t) Z^{-\mathrm{T}}(\varepsilon)(A+BK+DFE_1)x(t)) \\
&\quad + \mathrm{sym}(x^{\mathrm{T}}(t) Z^{-\mathrm{T}}(\varepsilon)(A_d+DFE_d)x(t-d(t)))
\end{aligned}
$$

$$
\begin{aligned}
&\frac{\mathrm{d}}{\mathrm{d}t}\bigg(\int_{t-d(t)}^{t} x^{\mathrm{T}}(s) Z^{-\mathrm{T}}(\varepsilon) Q Z^{-1}(\varepsilon) x(s)\mathrm{d}s \bigg) \\
&= x^{\mathrm{T}}(t) Z^{-\mathrm{T}}(\varepsilon) Q Z^{-1}(\varepsilon) x(t) \\
&\quad - (1-\dot{d}(t)) x^{\mathrm{T}}(t-d(t)) Z^{-\mathrm{T}}(\varepsilon) Q Z^{-1}(\varepsilon) x(t-d(t)) \\
&\leqslant x^{\mathrm{T}}(t) Z^{-\mathrm{T}}(t) Q Z^{-1}(t) x(t) \\
&\quad - (1-\mu) x^{\mathrm{T}}(t-d(t)) Z^{-\mathrm{T}}(\varepsilon) Q Z^{-1}(\varepsilon) x(t-d(t))
\end{aligned}
$$

应用 Jensen 不等式可知

$$
\begin{aligned}
&\frac{\mathrm{d}}{\mathrm{d}t}\bigg[\frac{\tau^2}{2} \int_{t-d(t)}^{t} (E(\varepsilon)\dot{x}(s))^{\mathrm{T}} Z^{-1}(\varepsilon) M Z^{-\mathrm{T}}(\varepsilon) E(\varepsilon)\dot{x}(s)\mathrm{d}s \\
&\quad - \frac{1}{2} \int_{t-d(t)}^{t} (x(s)-x(t-d(t)))^{\mathrm{T}} E(\varepsilon) Z^{-1}(\varepsilon) \\
&\quad \times M Z^{-\mathrm{T}}(\varepsilon) E(\varepsilon)(x(s)-x(t-d(t)))\mathrm{d}s \\
&\quad + \frac{\tau}{2} \int_{-\tau}^{0} \int_{t+\theta}^{t} (E(\varepsilon)\dot{x}(s))^{\mathrm{T}} Z^{-1}(\varepsilon) M Z^{-\mathrm{T}}(\varepsilon) E(\varepsilon)\dot{x}(s)\mathrm{d}s\mathrm{d}\theta \bigg] \\
&\leqslant \tau^2 (E(\varepsilon)\dot{x}(t))^{\mathrm{T}} Z^{-1}(\varepsilon) M Z^{-\mathrm{T}}(\varepsilon) E(\varepsilon)\dot{x}(t) \\
&\quad - \frac{1}{2}(x(t)-x(t-d(t)))^{\mathrm{T}} E(\varepsilon) Z^{-1}(\varepsilon) M Z^{-\mathrm{T}}(\varepsilon) E(\varepsilon)(x(t)-x(t-d(t))) \\
&\quad - \frac{\tau}{2} \int_{-\tau}^{0} (E(\varepsilon)\dot{x}(t+\theta))^{\mathrm{T}} Z^{-1}(\varepsilon) M Z^{-\mathrm{T}}(\varepsilon) E(\varepsilon)\dot{x}(t+\theta)\mathrm{d}\theta
\end{aligned}
$$

$$\leqslant \tau^2 (E(\varepsilon)\dot{x}(t))^{\mathrm{T}} Z^{-1}(\varepsilon) M Z^{-\mathrm{T}}(\varepsilon) E(\varepsilon)\dot{x}(t)$$

$$- \frac{1}{2}(x(t) - x(t-d(t)))^{\mathrm{T}} E(\varepsilon) Z^{-1}(\varepsilon) M Z^{-\mathrm{T}}(\varepsilon) E(\varepsilon)(x(t) - x(t-d(t)))$$

$$- \frac{d(t)}{2} \int_{t-d(t)}^{t} (E(\varepsilon)\dot{x}(s))^{\mathrm{T}} Z^{-1}(\varepsilon) M Z^{-\mathrm{T}}(\varepsilon) E(\varepsilon)\dot{x}(s)\,\mathrm{d}s$$

$$\leqslant \tau^2 [(A+BK+DFE_1)x(t) + (A_d+DFE_d)x(t-d(t))]^{\mathrm{T}} Z^{-1}(\varepsilon)$$

$$\times M Z^{-\mathrm{T}}(\varepsilon)[(A+BK+DFE_1)x(t) + (A_d+DFE_d)x(t-d(t))]$$

$$- (x(t)-x(t-d(t)))^{\mathrm{T}} E(\varepsilon) Z^{-1}(\varepsilon) M Z^{-\mathrm{T}}(\varepsilon) E(\varepsilon)(x(t)-x(t-d(t)))$$

所以

$$\dot{V}(x(t)) \leqslant \xi^{\mathrm{T}}(t) W(\varepsilon)\xi(t)$$

其中

$$\xi(t) = [\,x^{\mathrm{T}}(t) \quad x^{\mathrm{T}}(t-d(t))\,]^{\mathrm{T}}$$

$$W(\varepsilon) = \begin{bmatrix} \begin{matrix} \mathrm{sym}(Z^{-\mathrm{T}}(\varepsilon)(A+BK+DFE_1)) \\ +Z^{-\mathrm{T}}(\varepsilon)QZ^{-1}(\varepsilon) - E(\varepsilon)Z^{-1}(\varepsilon)MZ^{-\mathrm{T}}(\varepsilon)E(\varepsilon) \\ +\tau^2(A+BK+DFE_1)^{\mathrm{T}}Z^{-1}(\varepsilon)MZ^{-\mathrm{T}}(\varepsilon)(A+BK+DFE_1) \end{matrix} \\ * \end{bmatrix}$$

$$\begin{bmatrix} \begin{matrix} Z^{-\mathrm{T}}(\varepsilon)(A_d+DFE_d) + E(\varepsilon)Z^{-1}(\varepsilon)MZ^{-\mathrm{T}}(\varepsilon)E(\varepsilon) \\ +\tau^2(A+BK+DFE_1)^{\mathrm{T}}Z^{-1}(\varepsilon)MZ^{-\mathrm{T}}(\varepsilon)(A_d+DFE_d) \\ -(1-\mu)Z^{-\mathrm{T}}(\varepsilon)QZ^{-1}(\varepsilon) - E(\varepsilon)Z^{-1}(\varepsilon)MZ^{-\mathrm{T}}(\varepsilon)E(\varepsilon) \\ +\tau^2(A_d+DFE_d)^{\mathrm{T}}Z^{-1}(\varepsilon)MZ^{-\mathrm{T}}(\varepsilon)(A_d+DFE_d) \end{matrix} \end{bmatrix}$$

中间过程略，最后得

$$\widetilde{W}(\varepsilon) = \begin{bmatrix} \mathrm{sym}(AZ(\varepsilon)+B\widetilde{K})+Q-E(\varepsilon)ME(\varepsilon)+\gamma DD^{\mathrm{T}} & A_dZ(\varepsilon)+E(\varepsilon)ME(\varepsilon) \\ * & -(1-\mu)Q-E(\varepsilon)ME(\varepsilon) \\ * & * \\ * & * \end{bmatrix}$$

$$\begin{bmatrix} Z^{\mathrm{T}}(\varepsilon)A^{\mathrm{T}}+\widetilde{K}^{\mathrm{T}}B^{\mathrm{T}}+\gamma\tau DD^{\mathrm{T}} & Z^{\mathrm{T}}(\varepsilon)E_1^{\mathrm{T}} \\ Z^{\mathrm{T}}(\varepsilon)A_d^{\mathrm{T}} & Z^{\mathrm{T}}(\varepsilon)E_d^{\mathrm{T}} \\ M-\mathrm{sym}(Z(\varepsilon))+\gamma\tau^2 DD^{\mathrm{T}} & 0 \\ * & -\gamma I \end{bmatrix} < 0$$

该不等式对于变量 $\widetilde{K}$、M、Q、γ 和 $Z(\varepsilon)$ 是线性的。

(3) 若选取如下 Lyapunov-Krasovskii 泛函：

$$V(x(t)) = x^{\mathrm{T}}(t)Z^{-\mathrm{T}}(\varepsilon)E(\varepsilon)x(t) + \int_{t-d(t)}^{t} x^{\mathrm{T}}(s)Z^{-\mathrm{T}}(\varepsilon)QZ^{-1}(\varepsilon)x(s)\,\mathrm{d}s$$

$$
+\frac{\tau^2}{2}\int_{t-d(t)}^{t}(E(\varepsilon)\dot{x}(s))^{\mathrm{T}}Z^{-1}(\varepsilon)MZ^{-\mathrm{T}}(\varepsilon)E(\varepsilon)\dot{x}(s)\mathrm{d}s
$$

$$
+\frac{3}{2}\int_{t-d(t)}^{t}(x(s)-x(t-d(t)))^{\mathrm{T}}E(\varepsilon)Z^{-1}(\varepsilon)
$$

$$
\times MZ^{-\mathrm{T}}(\varepsilon)E(\varepsilon)(x(s)-x(t-d(t)))\mathrm{d}s
$$

$$
+\frac{\tau}{2}\int_{-\tau}^{0}\int_{t+\theta}^{t}(E(\varepsilon)\dot{x}(s))^{\mathrm{T}}Z^{-1}(\varepsilon)MZ^{-\mathrm{T}}(\varepsilon)E(\varepsilon)\dot{x}(s)\mathrm{d}s\mathrm{d}\theta
$$

则

$$
\frac{\mathrm{d}}{\mathrm{d}t}\Bigg[\frac{\tau^2}{2}\int_{t-d(t)}^{t}(E(\varepsilon)\dot{x}(s))^{\mathrm{T}}Z^{-1}(\varepsilon)MZ^{-\mathrm{T}}(\varepsilon)E(\varepsilon)\dot{x}(s)\mathrm{d}s
$$

$$
+\frac{3}{2}\int_{t-d(t)}^{t}(x(s)-x(t-d(t)))^{\mathrm{T}}E(\varepsilon)Z^{-1}(\varepsilon)
$$

$$
\times MZ^{-\mathrm{T}}(\varepsilon)E(\varepsilon)(x(s)-x(t-d(t)))\mathrm{d}s
$$

$$
+\frac{\tau}{2}\int_{-\tau}^{0}\int_{t+\theta}^{t}(E(\varepsilon)\dot{x}(s))^{\mathrm{T}}Z^{-1}(\varepsilon)MZ^{-\mathrm{T}}(\varepsilon)E(\varepsilon)\dot{x}(s)\mathrm{d}s\mathrm{d}\theta\Bigg]
$$

$$
=\frac{\tau^2}{2}(E(\varepsilon)\dot{x}(t))^{\mathrm{T}}Z^{-1}(\varepsilon)MZ^{-\mathrm{T}}(\varepsilon)E(\varepsilon)\dot{x}(t)
$$

$$
-\frac{\tau^2}{2}(E(\varepsilon)\dot{x}(t-d(t)))^{\mathrm{T}}Z^{-1}(\varepsilon)MZ^{-\mathrm{T}}(\varepsilon)E(\varepsilon)\dot{x}(t-d(t))
$$

$$
+\frac{3}{2}\int_{t-d(t)}^{t}\mathrm{sym}(-(1-\dot{d}(t))\dot{x}(t-d(t))^{\mathrm{T}}E(\varepsilon)Z^{-1}(\varepsilon)
$$

$$
\times MZ^{-\mathrm{T}}(\varepsilon)E(\varepsilon)(x(s)-x(t-d(t))))\mathrm{d}s
$$

$$
+\frac{3}{2}(x(t)-x(t-d(t)))^{\mathrm{T}}E(\varepsilon)Z^{-1}(\varepsilon)MZ^{-\mathrm{T}}(\varepsilon)E(\varepsilon)(x(t)-x(t-d(t)))
$$

$$
+\frac{\tau}{2}\int_{-\tau}^{0}((E(\varepsilon)\dot{x}(t))^{\mathrm{T}}Z^{-1}(\varepsilon)MZ^{-\mathrm{T}}(\varepsilon)E(\varepsilon)\dot{x}(t)
$$

$$
-(E(\varepsilon)\dot{x}(t+\theta))^{\mathrm{T}}Z^{-1}(\varepsilon)MZ^{-\mathrm{T}}(\varepsilon)E(\varepsilon)\dot{x}(t+\theta))\mathrm{d}\theta
$$

$$
=\frac{\tau^2}{2}(E(\varepsilon)\dot{x}(t))^{\mathrm{T}}Z^{-1}(\varepsilon)MZ^{-\mathrm{T}}(\varepsilon)E(\varepsilon)\dot{x}(t)
$$

$$
-\frac{\tau^2}{2}(E(\varepsilon)\dot{x}(t-d(t)))^{\mathrm{T}}Z^{-1}(\varepsilon)MZ^{-\mathrm{T}}(\varepsilon)E(\varepsilon)\dot{x}(t-d(t))
$$

$$
-\frac{3}{2}\int_{t-d(t)}^{t}\mathrm{sym}((1-\dot{d}(t))\dot{x}(t-d(t))^{\mathrm{T}}E(\varepsilon)Z^{-1}(\varepsilon)
$$

$$
\times MZ^{-\mathrm{T}}(\varepsilon)E(\varepsilon)(x(s)-x(t-d(t))))\mathrm{d}s
$$

$$
+\frac{3}{2}(x(t)-x(t-d(t)))^{\mathrm{T}}E(\varepsilon)Z^{-1}(\varepsilon)MZ^{-\mathrm{T}}(\varepsilon)E(\varepsilon)(x(t)-x(t-d(t)))
$$

$$\leqslant \tau^2 (E(\varepsilon)\dot{x}(t))^\mathrm{T} Z^{-1}(\varepsilon) M Z^{-\mathrm{T}}(\varepsilon) E(\varepsilon) \dot{x}(t)$$

$$+ \frac{3}{2}(x(t) - x(t-d(t)))^\mathrm{T} E(\varepsilon) Z^{-1}(\varepsilon) M Z^{-\mathrm{T}}(\varepsilon) E(\varepsilon)(x(t) - x(t-d(t)))$$

$$- \frac{\tau}{2} \frac{\left(\int_{-\tau}^{0} \dot{x}(t+\theta)\mathrm{d}\theta\right)^\mathrm{T} E(\varepsilon) Z^{-1}(\varepsilon) M Z^{-\mathrm{T}}(\varepsilon) E(\varepsilon) \int_{-\tau}^{0} \dot{x}(t+\theta)\mathrm{d}\theta}{\tau}$$

$$= \tau^2 (E(\varepsilon)\dot{x}(t))^\mathrm{T} Z^{-1}(\varepsilon) M Z^{-\mathrm{T}}(\varepsilon) E(\varepsilon) \dot{x}(t)$$

$$+ \frac{3}{2}(x(t) - x(t-d(t)))^\mathrm{T} E(\varepsilon) Z^{-1}(\varepsilon) M Z^{-\mathrm{T}}(\varepsilon) E(\varepsilon)(x(t) - x(t-d(t)))$$

$$- \frac{1}{2}\left(\int_{-\tau}^{0} \dot{x}(t+\theta)\mathrm{d}\theta\right)^\mathrm{T} E(\varepsilon) Z^{-1}(\varepsilon) M Z^{-\mathrm{T}}(\varepsilon) E(\varepsilon) \int_{-\tau}^{0} \dot{x}(t+\theta)\mathrm{d}\theta$$

$$= \tau^2 (E(\varepsilon)\dot{x}(t))^\mathrm{T} Z^{-1}(\varepsilon) M Z^{-\mathrm{T}}(\varepsilon) E(\varepsilon) \dot{x}(t)$$

$$+ \frac{3}{2}(x(t) - x(t-d(t)))^\mathrm{T} E(\varepsilon) Z^{-1}(\varepsilon) M Z^{-\mathrm{T}}(\varepsilon) E(\varepsilon)(x(t) - x(t-d(t)))$$

$$- \frac{1}{2}\left(\int_{t-\tau}^{t} \dot{x}(s)\mathrm{d}s\right)^\mathrm{T} E(\varepsilon) Z^{-1}(\varepsilon) M Z^{-\mathrm{T}}(\varepsilon) E(\varepsilon) \int_{t-\tau}^{t} \dot{x}(s)\mathrm{d}s$$

$$= \tau^2 (E(\varepsilon)\dot{x}(t))^\mathrm{T} Z^{-1}(\varepsilon) M Z^{-\mathrm{T}}(\varepsilon) E(\varepsilon) \dot{x}(t)$$

$$+ \frac{3}{2}(x(t) - x(t-d(t)))^\mathrm{T} E(\varepsilon) Z^{-1}(\varepsilon) M Z^{-\mathrm{T}}(\varepsilon) E(\varepsilon)(x(t) - x(t-d(t)))$$

$$- \frac{1}{2}\left[\left(\int_{t-\tau}^{t-d(t)} + \int_{t-d(t)}^{t}\right)\dot{x}(s)\mathrm{d}s\right]^\mathrm{T} E(\varepsilon) Z^{-1}(\varepsilon) M Z^{-\mathrm{T}}(\varepsilon) E(\varepsilon)\left[\left(\int_{t-\tau}^{t-d(t)} + \int_{t-d(t)}^{t}\right)\dot{x}(s)\mathrm{d}s\right]$$

$$\leqslant \tau^2 (E(\varepsilon)\dot{x}(t))^\mathrm{T} Z^{-1}(\varepsilon) M Z^{-\mathrm{T}}(\varepsilon) E(\varepsilon) \dot{x}(t)$$

$$+ \frac{3}{2}(x(t) - x(t-d(t)))^\mathrm{T} E(\varepsilon) Z^{-1}(\varepsilon) M Z^{-\mathrm{T}}(\varepsilon) E(\varepsilon)(x(t) - x(t-d(t)))$$

$$- \frac{1}{2}\left(\int_{t-d(t)}^{t} \dot{x}(s)\mathrm{d}s\right)^\mathrm{T} E(\varepsilon) Z^{-1}(\varepsilon) M Z^{-\mathrm{T}}(\varepsilon) E(\varepsilon)\left(\int_{t-d(t)}^{t} \dot{x}(s)\mathrm{d}s\right)$$

$$= \tau^2 [(A + BK + DFE_1)x(t) + (A_d + DFE_d)x(t-d(t))]^\mathrm{T} Z^{-1}(\varepsilon)$$

$$\times M Z^{-\mathrm{T}}(\varepsilon)[(A + BK + DFE_1)x(t) + (A_d + DFE_d)x(t-d(t))]$$

$$+ \frac{3}{2}(x(t) - x(t-d(t)))^\mathrm{T} E(\varepsilon) Z^{-1}(\varepsilon) M Z^{-\mathrm{T}}(\varepsilon) E(\varepsilon)(x(t) - x(t-d(t)))$$

$$- \frac{1}{2}(x(t) - x(t-d(t)))^\mathrm{T} E(\varepsilon) Z^{-1}(\varepsilon) M Z^{-\mathrm{T}}(\varepsilon) E(\varepsilon)(x(t) - x(t-d(t)))$$

$$= \tau^2 [(A + BK + DFE_1)x(t) + (A_d + DFE_d)x(t-d(t))]^\mathrm{T} Z^{-1}(\varepsilon)$$

$$\times M Z^{-\mathrm{T}}(\varepsilon)[(A + BK + DFE_1)x(t) + (A_d + DFE_d)x(t-d(t))]$$

$$+ (x(t) - x(t-d(t)))^\mathrm{T} E(\varepsilon) Z^{-1}(\varepsilon) M Z^{-\mathrm{T}}(\varepsilon) E(\varepsilon)(x(t) - x(t-d(t)))$$

$$= \tau^2 x^T(t) \big[(A + BK + DFE_1)^T + (A + BK + DFE_1)$$
$$+ E(\varepsilon) Z^{-1}(\varepsilon) MZ^{-T}(\varepsilon) E(\varepsilon) \big] x(t)$$
$$+ \mathrm{sym}(x^T(t) \big[(A + BK + DFE_1)^T (A_d + DFE_d)$$
$$- E(\varepsilon) Z^{-1}(\varepsilon) MZ^{-T}(\varepsilon) E(\varepsilon) \big] x(t - d(t)))$$
$$+ x^T(t - d(t)) E(\varepsilon) Z^{-1}(\varepsilon) MZ^{-T}(\varepsilon) E(\varepsilon) x(t - d(t))$$

以上问题的着眼点为,结合 Jensen 不等式,对 $\dot{V}(t)$ 进行放缩,并合理运用适当的矩阵变换,将矩阵不等式中的非线性项转换为线性项。

可见,针对 Lyapunov-Krasovskii 函数时间导数项中的交叉项,采用矩阵不等式对其进行不同程度的放大,使得导出的稳定性条件具有不同的保守性[185-189],不同的二次型矩阵的选取、不同的交叉项放大方式,将决定最终结果的不同,保守性也不同。

对于交叉项界定法的具体应用,请参见文献[190]~[196]。

6.4　本章小结

(1) 利用 Lyapunov 稳定性理论,构造了一种新的 Lyapunov-Krasovskii 泛函,研究含有不确定性结构的时变时滞奇异摄动 Lurie 系统(6.47)在扇形区域 $[0, V]$ 和 $[V_1, V_2]$ 内的绝对稳定性,得到了此 Lurie 系统在不同的扇形区域的时滞相关和时滞无关的绝对稳定性充分判据。

(2) 结合引理,对得到的结论进行推广,补充和完善了现有文献的一些研究结果。

(3) 在绝对稳定性定理基础上,应用反馈环节变换,分别求出了使得 Lurie 闭环系统在时滞相关和时滞无关两种情形下绝对稳定的状态反馈控制律。得出了在时滞相关和时滞无关两种情形下时变时滞奇异摄动 Lurie 系统绝对稳定的状态反馈控制器。

(4) 对于时变时滞奇异摄动 Lurie 系统,目前文献研究成果较少。本章研究了时变时滞奇异摄动以及鲁棒控制下的 Lurie 系统稳定与镇定问题,该结果对非线性系统相应理论的进一步研究奠定了基础。

绝对稳定性分析和状态反馈控制器设计自产生到发展,经过无数学者共同的努力,已经形成了比较系统的理论体系。以上讨论了含有不确定项的时变时滞奇异摄动 Lurie 系统的绝对稳定性分析和状态反馈控制器设计问题,也就是根据 Lyapunov-Krasovskii 稳定性原理、LMI 方法及交叉项界定法,在一定的条件下,讨论了该系统是绝对稳定的充分条件,再由 Lurie 系统的特性,求出该系统的一个状态反馈控制律。

本章针对时滞不确定系统研究其滤波器设计方法,在一定的有限扇形约束条件下,讨论了系统的滤波器存在的充分条件。设计其滤波器,然后对滤波误差动态系统进行稳定性分析。本章所用方法以及结论,均可用于处理非线性状态的其他系统控制问题。数值算例表明所设计滤波器的方法可行。

本章对含有不确定性结构的时变时滞奇异摄动 Lurie 系统的稳定性分析和控制器设计虽然在一定的条件下得到了保守性较小的结论,但在本节中所用到的方法和得出的结论也存在一定的局限性。对此 Lurie 系统的稳定性和控制器设计方面的研究还需进一步的解决:

(1) 在研究含有不确定性结构的时变时滞奇异摄动 Lurie 系统的绝对稳定性时,其中所选非线性函数 $\varphi(t,z)$ 属于的扇形区域不同,最后得到的线性矩阵不等式也会有所不同,可以进行推广。

(2) 在求解 Lurie 系统的稳定性结论时,运用不同的 Lyapunov-Krasovskii 泛函和不同的交叉项界定法能够得出完全不同的可行性结论,因此如何定义一个新的二次 Lyapunov-Krasovskii 泛函以及如何找到新的交叉项界定方法有待进一步探讨研究。

(3) 若加强难度使时滞 Lurie 系统变为多时滞 Lurie 系统,得出的稳定性结论能在更多的实际工业领域中发挥作用,所以对多时滞的 Lurie 系统进行研究具有重要意义,这是下一步需要深入研究的内容。

(4) 在求得时滞相关和时滞无关稳定性结论的过程中可对其中的某一变量作进一步的限定,减少计算量,使过程和结果简单化,这样用较大一点的保守性,换取实际工程的简便性,也是一个有意义的理论方向。

(5) 该系统在现实生产及科研中广泛存在。如何建模一个性能更好、更精确的非线性函数控制模型,进而进行如上控制,是一个优越性更好、保守性更小、可行性更强的研究课题。

第 7 章　总结与展望

本书在研究时滞奇异摄动系统的鲁棒控制方面取得了一些成果,但所给出的设计方法和结论也存在一定的局限性。需要进一步考虑时滞不确定系统的动态性能,如跟踪速度、调节时间等;深入研究不同的推理方法,改进现有理论,降低方法的保守性。

针对本书的时滞奇异摄动不确定系统,鲁棒控制理论研究中还有进一步深入探讨和解决的问题如下:

(1) 现有的判断时滞系统的稳定性的结论大部分仍是充分条件,这已经是很早就有专家学者提出的问题,本系统也是如此。是否可以通过进一步论证,找到一些充要条件,来判断时滞系统的稳定性仍然是亟待解决的理论问题。

(2) 对实际系统实施的一些鲁棒控制方法,都不可避免地要依赖于对系统数学模型的精确数学分析,而实际系统真实状态应该是非线性时滞摄动一体的。现今成果多以线性系统模型为主,非线性系统成果甚微,因为后者很难精确地数学建模与描述,而这正是时滞摄动模型所需要体现的本质特征。若没有好的方法去抽象提取精确的摄动模型,鲁棒性控制便难以进行,就很难真实逼近实际系统状态,也就失去了理论的切实意义。实际系统也就很难得到稳定性保障,这点对时变非线性系统尤其突出,在这方面需要进一步研究。

(3) 如何进一步利用系统的时滞信息,如具有状态和输入时变时滞的不确定线性系统,用时滞变化率、时滞区间等来设计具有更小保守性的控制器。当时滞不能精确知道时,如何构造具有合适时滞区间、合适时滞变化率的观测器对系统进行有效控制,这是需要进一步考虑的问题。

(4) 保性能控制的标准问题在理论上和算法上都已基本成熟,但如何将性能指标与实际问题指标联系在一起,如何选择权函数等,有时理论难以在具体应用中实现,达不到优化控制效果。所以,如何设计出一种既能在工程实际领域便于实现,又具有良好的鲁棒性能的控制器,已成为保性能控制迫切需要研究的问题。非线性控制系统经过长期的大量研究,尽管有了很多的成果,但是对于建立一套完整的理论体系,还是远远不够的,以致长期以来对这一问题的研究成果寥寥。

时滞奇异摄动系统的未来发展方向如下:

时滞奇异摄动不确定系统作为控制系统实际应用的核心内容,有着广阔的应用领域和美好前景,如电子网络、电力、经济、机械、机器人、惯性导航、交联、化工、导弹系统以及航空、生物、时间序列分析、网络分析以及社会系统等。在这些领域,用时滞奇异摄动系统来描述和刻画比用线性系统要自然方便精确得多。在当今生产制造精密化、信息化的同时,科技含量日益增高,时滞奇异摄动系统能很好地满足这一要求。这些领域存在的计算机仿真实现的需求就为本系统研究领域带来了巨大的应用空间和发展前景,使时滞奇异摄动控制软件在获取可观的经济效益的同时,也能取得长久良好的社会效益,典型应用领域包括制造领域、电力系统领域、过程控制领域、航空航天领域,以及网络系统的保性能控制等研究领域[168,169]。虽然在时滞奇异摄动系统的理论研究以及实际应用中还存在诸多问题,但我们相信,随着科技的进步和科学工作者的不断努力,其在今后的一段时间内必将有重大的理论飞跃和突破,进而成为控制论的一个富有特色的重要分支,更好地为国民生产和经济建设服务。

参 考 文 献

[1] Kokoto V P,Khali L H,Reilly J O. Singular Perturbation Methods in Control Analysis and Design[M]. London:Academic Press,1986.

[2] Klimu S V. Uncertain asymptotic stability of systems of differential equations with a small parameter in the derivative terms[J]. Journal of Applied Mathematics and Mechanics,1962, 25(9):1011-1025.

[3] Glizer V Y. Euclidean space controllability of singularly perturbed linear systems with state delay[J]. System Control Letters,2001,43(3):180-191.

[4] Glizer V Y. Observability of singularly perturbed linear time-dependent differential systems with small delay[J]. Journal Control System,2004,10(3):329-363.

[5] Glizer V Y. Novel controllability conditions for a class of singularly perturbed systems with small state delays[J]. Journal of Optimization Theory and Applications, 2008, 137(1): 135-156.

[6] Glizer V Y. Infinite horizon quadratic control of linear singularly perturbed systems with small state delays:An asymptotic solution of Riccati-type equations[J]. IMA Journal of Mathematical Control and Information,2007,24(4):1-25.

[7] 潘峰,韩如成. 时变大时滞系统的控制方法综述[J].仪器仪表学报,2002,23(2):789-791.

[8] Glizer V Y. Asymptotic analysis and solution of a finite horizon H_∞ control problem for singularly perturbed linear systems with small state delay[J]. Jouranal of Optimization Theory and Applications,2003,117(2):295-325.

[9] Shao Z,Rowland J R. Stability of time-delay singularly perturbed systems[J]. IEE Proceedings—Control Theory Applications,1995,142(1):111-113.

[10] 柏艳,吴保卫,左宁. 非线性变时滞系统的保性能鲁棒稳定性分析[J].纺织高校基础科学学报,2006,19(4):299-303.

[11] Fridman E. Stability of singularly perturbed differential-differences systems:A LMI approach [J]. Dynamics of Continous,Discrete and Impulsive Systems,2002,9(2):201-212.

[12] Glizer V Y. Controllability of nonstandard singularly perturbed systems with small state delay[J]. IEEE Transactions on Automatic Control,2003,48(7):1280-1285.

[13] Glizer V Y. On stabilization of nonstandard singularly perturbed systems with small delays in state and control[J]. IEEE Transactions on Automatic Control,2004,49(6):1012-1016.

[14] Darouach M,Zasadzinski M,Mehdi D. State estimation of stochastic singular linear systems [J]. International Journal of Systems Science,1993,24(2):345-354.

[15] Fridman E. A descriptor system approach to nonlinear singularly perturbed optimal control problem[J]. Automatica,2001,37(4):543-549.

[16] Kim Y J, Kim B S, Lim M T. Composite control for singularly perturbed bilinear systems via successive galerkin approximation[J]. IEE Proceedings—Control Theory and Applications, 2003, 150(5): 483-488.

[17] Glizer V Y, Fridman E. Control of linear singularly perturbed systems with small state delay[J]. Journal of Mathematical Analysis and Applications, 2000, 250(1): 49-85.

[18] 张宝琳, 郑菲菲, 唐功友. 奇异摄动时滞系统组合控制的 Chebyshev 多项式级数方法[J]. 控制与决策, 2010, 27(5): 691-696.

[19] 钟庆昌, 谢剑英. 时滞控制及其应用[J]. 控制理论与应用, 2002, 19(4): 500-504.

[20] Malek-Zavarei M, Jamshidi M. Time-Delay System: Analysis, Optimization and Applications [M]. New York: Elsevier Science Inc. , 1987.

[21] Hale J. Theory of Functional Differential Equations[M]. Berlin: Springer-Verlag, 1977.

[22] Mahmoud M S. Robust Control and Filtering for Time-Delay Systems[M]. New York: Marcel Dekker Inc. , 2000.

[23] Nobuyama E, Kitamori T. Spectrum assignment and parameterization of all stabilizing compensators for time-delay systems[C]. IEEE Conference on Decision & Control, 1990, 6: 3629-3634.

[24] Nobuyama E. Robust stabilization of time-delay systems via reduction to delay-free model matching problems[C]. IEEE Conference on Decision & Control, 1992, 1: 357-358.

[25] Zhou K, Khargonekar P P. On the weighted sensitivity minimization problem for delay systems[J]. System Control Letters, 1987, 8: 307-312.

[26] Curtain R F. Robust stabilizability of normalized coprime factors: The infinite dimensional case[J]. International Journal of Control, 1990, 51(6): 1173-1190.

[27] Partington J R, Glover K. Robust stabilization of delay systems by approximation of coprime factors[J]. System Control Letters, 1990, 14: 325-331.

[28] Curtain R F, Glover K. Robust stabilization of infinite dimensional system by finite dimensional controllers[J]. System Control Letters, 1986, 7: 41-47.

[29] Ozbay H. Tutorial review H_∞ optimal controller design for a class of distributed parameter systems[J]. International Journal of Control, 1993, 58(4): 739-742.

[30] Ichikawa A. H_∞ control and mini-max problems in Hilbert space. Report C-17[R]. Shizuoka: Shizuoka University, 1991.

[31] Kojima A, Ishijima S. H_∞ control for delay systems: Characterization with finite dimensional operations[C]. IEEE Conference on Decision & Control, 1995, 2: 1343-1349.

[32] Nagpal K M, Ravi R. H_∞ control and estimation problem with delayed measurements state space solutions[C]. American Control Conference, 1994, 3: 2379-2383.

[33] Nobuyama E, Shin S, Kitamori T. Deadbeat control of continuous-time systems: MIMO case [C]. IEEE Conference on Decision & Control, 1996, 2: 2110-2113.

[34] Uchida K, Shimemura E, Kubo T, et al. The linear quadratic optimal control approach to feedback control design for systems with delay[J]. Automatica, 1988, 24(6): 773-780.

[35] 张宝琳,郑菲菲,唐功友,等. 线性时滞系统前馈反馈次优控制:Taylor 级数法[J]. 控制与决策,2010,25(11):1723-1726,1731.

[36] Uchida K,Shimemura E. Closed-loop properties of the infinite-time linear quadratic optimal regulator for systems with delays[J]. International Journal of Control, 1986, 43(3): 773-779.

[37] Peterson I R,McFarlane D C. Optimal guaranteed cost control and filtering for uncertain linear systems[J]. IEEE Transactions on Automatic Control,1994,39(9):1971-1977.

[38] 胡叶楠,孙富春,刘华平,等. 模糊奇异摄动建模在飞机着陆控制的应用[J]. 弹箭与制导学报,2007,27(2):255-257.

[39] Cai G P,Huang J Z,Yang S X. An optimal control method for linear systems with time delay[J]. Computers and Structures,2003,81(15):1539-1546.

[40] Tang G Y,Wang H H. Successive approximation approach of optimal control for nonlinear discrete-time systems[J]. International Journal of Systems Science,2005,36(3):153-161.

[41] Zhao X H,Tang G Y. Suboptimal control of linear discrete large-scale systems with state time-delay[C]. Proceedings of the 4th International Conference on Control and Automation, 2003:404-408.

[42] Kolmanovsky V,Maizenberg T. Control of continuous-time linear systems with time-varying random delay[J]. Systems and Control Letters,2001,44(2):119-126.

[43] Zhang X F,Cheng Z L. A fuzzy logic approach to optimal control of nonlinear time-delay systems[J]. Journal of Shandong University,2004,1(5):902-906.

[44] 王天成,刘小梅. 时滞不确定系统研究综述[J]. 苏州市职业大学学报,2010,21(3):1-6.

[45] Hale J. Introduction to Function Differential Equations[M]. New York:Springer-Verlag,1993.

[46] Lee J H,Kim S W,Kwon W H. Memoryless H_∞ controllers for state delayed systems[J]. IEEE Transactions on Automatic Control,1994,39(1):159-162.

[47] Mahmoud M S. Technical communique:Robust H_∞ control of linear neutral systems[J]. Automatica,2000,36(5):757-764.

[48] 高正晖. 具有多时变分布时滞的 Lurie 控制系统的绝对稳定性[J]. 生物数学学报,2011, 26(1):124-128.

[49] Jiang X J,Tan D L,Wang Y C. An LMI approach to stability of systems with severe time-delay[J]. IEEE Transactions on Automatic Control,2004,49(7):1192-1195.

[50] Moon Y S,Park P,Kwon W H,et al. Delay-dependent robust stabilization of uncertain state delayed systems[J]. International Journal of Control,2001,74(14):1447-1455.

[51] 汤伟,施颂椒,王孟效. 时滞系统的稳定性分析与控制器设计[J]. 化工自动化及仪表, 2002,29(4):1-8.

[52] 吴敏,何勇. 时滞系统鲁棒控制——自由权矩阵方法[M]. 北京:科学出版社,2008.

[53] Hao F. Full-order observer design for descriptor systems with delayed state and unknown inputs[C]. Chinese Control Conference,2006:765-770.

[54] 张卫东. 时滞系统的鲁棒控制[D]. 杭州:浙江大学,1996.

[55] Chang M S L, Peng T K C. Adaptive guaranteed cost control of systems with uncertain parameters[J]. IEEE Transactions on Automatic Control, 1972, 17(4): 474-483.

[56] 梅生伟, 申铁龙, 刘康志. 现代鲁棒控制理论与应用[M]. 北京: 清华大学出版社, 2002.

[57] Peterson I R, McFarlane D C. Optimal guaranteed cost control of discrete-time uncertain linear systems[C]. American Control Conference, 1998, 8(8): 2929-2930.

[58] Henrion D, Garulli A. Positive Polynomials in Control[M]. Berlin: Springer-Verlag, 2005.

[59] Yu L, Chu J. An LMI approach to guaranteed cost control of linear uncertain time delay systems[J]. Automatica, 1999, 35(6): 1155-1159.

[60] Esfahani S H, Peterson I R. An LMI approach to the output feedback guaranteed cost control for uncertain time delay systems[C]. IEEE Conference on Decision & Control, 1998, 2: 1358-1363.

[61] Parrilo P A. Structured semi-definite programs and semi-algebraic geometry methods in robustness and optimization[D]. Pasadena: California Institute of Technology, 2000.

[62] Lasserre J B. Global optimization with polynomials and the problem of moments[J]. SIAM Journal on Optimization, 2001, 11(3): 796-817.

[63] 俞立, 黄昕, 褚健. 不确定时滞系统的保成本控制[J]. 控制与决策, 1998, 13(1): 67-70.

[64] Gouaisbaut F, Peaucelle D. A note on stability of time-delay systems[C]. IFAC Proceedings, 2006, 39(9): 555-560.

[65] Zhang D M, Yu L. Equivalence of some stability criteria for linear time-delay systems[J]. Applied Mathematics and Computation, 2007, (2): 55-62.

[66] Xu S Y, Lam J. On equivalence and efficiency of certain stability criteria for time-delay systems[J]. IEEE Transactions on Automatic Control, 2007, 52(1): 95-101.

[67] Liu W, Jiao X. Stability of a class of uncertain stochastic systems with time delay based on output feedback[J]. Journal of Hefei University of Technology, 2013, 1: 50-55.

[68] Chen B, Lin C. On the stability bounds of singularly perturbed systems[J]. IEEE Transactions on Automatic Control, 1990, 35(11): 1265-1270.

[69] Li T H S, Li J H. Stabilization bound of discrete two-time-scale systems[J]. Systems & Control Letters, 1992, 18(6): 479-489.

[70] Shieh N C, Tung P C, Lin C L. Robust output tracking control of a linear brushless DC motor with time-varying disturbances[J]. IEE Proceedings of Electric Power of Applications, 2002, 149(1): 39-45.

[71] 梅春辉. 奇异摄动方法在缓速系统中的应用[D]. 长春: 吉林大学, 2010.

[72] 南志远, 王瑞申. 奇异摄动型卡尔曼滤波算法及其在互联电力系统负荷频率控制中的应用[J]. 自动化学报, 1990, 5: 3-10.

[73] 蒋扇英, 徐鉴. 奇异摄动方法在输电线非线性振动问题中的应用[J]. 力学季刊, 2009, 1: 37-42.

[74] 张平, 苑明哲, 王宏. 污水处理过程的奇异摄动模型仿真研究[J]. 系统仿真学报, 2007, 19(14): 61-65.

[75] Sande N R. Robust stability of systems with application to singular perturbations[J]. Automatica,1979,15(4):467-470.

[76] 胡海岩,王在华. 非线性时滞动力系统的研究进展[J]. 力学进展,1999,29(4):501-512.

[77] Saberi A,Khali L H. Quadratic-type Lyapunov functions for singularly perturbed systems [J]. IEEE Transactions on Automatic Control,1984,29(6):542-550.

[78] Chen S J,Lin J L. Maximal stability bounds of singularly perturbed systems[J]. Journal of Franklin Institute,1999,336(8):1209-1218.

[79] Grujic L T. Uniform asymptotic stability of non-linear singularly perturbed and large-scale systems[J]. International Journal of Control,1981,33(3):481-504.

[80] 杨春雨. 若干类非线性广义系统的稳定性分析与设计[D]. 沈阳:东北大学,2008.

[81] Tuan H D,Hosoe S. Multivariable circle criteria for multiparameter singularly perturbed systems[J]. IEEE Transactions on Automatic Control,2000,45(4):720-725.

[82] Tikhonov A N. Systems of differential equations containing small parameters multiplying some of the derivatives[J]. Acta Mathematica,1952,31(73):575-586.

[83] Lin C L,Chen B. On the design of stabilizing controllers for singularly perturbed systems [J]. IEEE Transactions on Automatic Control,1992,37(11):1828-1834.

[84] Levinson N. Perturbations of discontinuous solutions of non-linear systems of differential equations[J]. Acta Mathematica,1950,82:71-106.

[85] Chiou J C,Kung F C,Li T H S. An infinite bound stabilization design for a class of singularly perturbed systems [J]. IEEE Transactions on Circuits and Systems: Fundamental Theory and Applications,1999,46(12):1507-1510.

[86] Chow J H,Kokotovic P V. A decomposition of near optimum regulators for systems with slow and fast modes[J]. IEEE Transactions on Automatic Control,1976,21(6):701-705.

[87] Kokotovic P V,Yacel R A. Singular perturbation of linear regulators:Basic theorems[J]. IEEE Transactions on Automatic Control,1972,17(1):29-37.

[88] 许可康. 控制系统中的奇异摄动[M]. 北京:科学出版社,1986.

[89] Vasil'eva A B. Asymptotic behavior of solutions to certain problems involving nonlinear ordinary differential equations containing a small parameter multiplying the highest derivatives[J]. Russian Mathematical Surveys,1963,18:83-84.

[90] Wasow W. Asymptotic Expansions for Ordinary Differential Equations[M]. New York: Dover Publications,2002.

[91] 戴浩晖,汪志鸣. 基于模型的网络化控制两时标系统的稳定性分析[C]. 中国智能自动化会议,2009:1771-1776.

[92] Su W C,Galic Z,Shen X M. The exact slow-fast decomposition of the algebraic Riccati equation of singularly perturbed systems[J]. IEEE Transactions on Automatic Control, 1992,37(9):1456-1459.

[93] Qian X S,The Poincaré-Lighthill-Kuo method[J]. Advances in Applied Mechanics,1995, (4):281-349.

［94］ Kecman V, Bingulac S, Gajic Z. Eigenvector approach for order reduction of singularly perturbed linear-quadratic optimal control problems[J]. Automatica, 1999, 35(1): 151-158.

［95］ Wang Y Y, Zhang Z J. A descriptor system approach singular perturbation of linear regulators[J]. IEEE Transactions on Automatic Control, 1988, 33(4): 370-373.

［96］ Garcia G, Dafouz J, Bern J. A LMI solution in the H_2 optimal problem for singularly perturbed systems[C]. American Control Conference, 1998, 1: 550-554.

［97］ Tuan H D, Hosoe S. A new method for regulator problems for singularly perturbed systems with constrained control[J]. IEEE Transactions on Automatic Control, 1997, 42(2): 260-264.

［98］ Li Y, Wang J L, Yang G H. Sub-optimal linear quadratic control for singularly perturbed systems[C]. IEEE Conference on Decision & Control, 2001, 4: 3698-3703.

［99］ 戴诗正. 奇异摄动理论[J]. 系统工程与电子技术, 1988, 2: 12-15.

［100］ Xu H, Mukaidani H, Mizukami K. New method for composite optimal control of singularly perturbed systems[J]. International Journal of System Sciences, 1997, 28(2): 161-172.

［101］ Bartolini G, Ferrara A, Usai E. Output tracking control of uncertain nonlinear second-order systems[J]. Automatica, 1997, 33(12): 2203-2212.

［102］ Chen X, Su C Y. Robust output tracking control for the systems with uncertainties[J]. International Journal of Systems Science, 2002, 33(4): 247-257.

［103］ 刘华平, 孙富春, 何克忠, 等. 奇异摄动控制系统[J]. 控制理论与应用, 2003, 20(1): 1-7.

［104］ Luse D W. Multivariable singularly perturbed feedback systems with delay[J]. IEEE Transactions on Automatic Control, 1987, 32(11): 990-994.

［105］ 王海红. 非线性离散时滞系统最优控制近似方法研究[D]. 青岛: 中国海洋大学, 2004.

［106］ 钟宁帆, 孙敏慧, 邹云. 奇异摄动系统的 H_∞ 控制: 基于奇异系统的方法[J]. 控制理论与应用, 2007, 24(5): 701-706.

［107］ 杜雄飞. 不确定离散时间奇异摄动系统的鲁棒 H_∞ 控制[D]. 西安: 陕西师范大学, 2011.

［108］ Pan S T, Hsiao F H, Teng C C. Stability bound of multiple time-delay singularly perturbed systems[J]. Electronics Letters, 1996, 32(14): 1327-1328.

［109］ 赵永祥, 肖爱国. 两步 W-法关于时滞奇异摄动初值问题的误差分析[J]. 数学物理学报, 2011, 31(5): 1239-1252.

［110］ Liu L L, Peng J G, Wu B W. Delay-dependent criteria for robust stability of singularly perturbed systems with delays[C]. International Conference on Computational and Information Sciences, 2010: 1-4.

［111］ Liu L L, Peng J G, Wu B W. Robust stability of singularly perturbed systems with state delays[C]. Proceedings of the International Workshop on Information Security and Application, 2009: 2-6.

［112］ Fridman E. Effects of small delays on stability of singularly perturbed systems[J]. Automatica, 2002, 38(5): 897-902.

［113］ Chiou J S. Stability bound of discrete multiple time-delay singularly perturbed systems

[J]. International Journal of Systems Science, 2006, 37(14): 1069-1076.

[114] Liu P L. Stabilization of singularly perturbed multiple time-delay systems with a saturating actuator[J]. International Journal of Systems Science, 2001, 32(3): 1041-1045.

[115] Chen W H, Yang S T, Lu X, et al. Exponential stability and exponential stabilization of singularly perturbed stochastic systems with time-varying delay[J]. International Journal of Robust Nonlinear Control, 2010, 20: 2021-2044.

[116] 黄志华. 几类非线性不确定系统的鲁棒稳定性分析及控制设计[D]. 天津: 天津工业大学, 2008.

[117] Fridman E. Introduction to Time-Delay Systems[M]. Berlin: Springer, 2014.

[118] Glizer V Y, Fridman E. Stability of singularly perturbed functional-differential systems: Spectrum analysis and LMI approaches[J]. IMA Journal of Mathematical Control & Information, 2012, 29(1): 79-111.

[119] 张锋. 线性二次型最优控制问题的研究[D]. 天津: 天津大学, 2009.

[120] Xie L. Output feedback H_∞ control of systems with parameter uncertainty[J]. International Journal of Control, 1996, 63: 741-750.

[121] Black H S. Stabilized feedback amplifiers[C]. Proceedings of the IEEE, 1934, 87(2): 379-385.

[122] Horowitzi I M. Synthesis of Feedback Systems[M]. New York: Academic Press, 1963.

[123] Zames G. Feedback and optimal sensitivity: Model reference transformations, multiplicative seminorms, and approximate inverse[J]. IEEE Transactions on Automatic Control, 1981, 26(2): 585-610.

[124] El Ghaoui L, Niculescu S. Advances in Linear Matrix Inequality Methods in Control[M]. Philadelphia: SIAM, 2000.

[125] Fridman E. Decoupling transformation of singularly perturbed systems with small delays and its applications[J]. Mathematical Mechanics, 1996, 76(2): 201-204.

[126] Su T, Lu C Y, Tsai J S. LMI approach to delay-dependent robust stability for uncertain time-delay systems[C]. IEE Proceedings of Control Theory Applications, 1999, 146: 591-596.

[127] 张宝琳, 高德欣, 吕强, 等. 基于时滞补偿的奇异摄动时滞系统组合控制的近似设计[C]. 第 29 届中国控制会议, 2010: 112-120.

[128] Yang C, Zhang Q. Multi-objective control for T-S fuzzy singularly perturbed systems[J]. IEEE Transactions on Fuzzy Systems, 2009, 17(1): 104-115.

[129] He S, Da F, You W. Research advances of time-delay control theory[J]. Journal of Nanjing University of Science and Technology, 2005, 29: 132-136.

[130] Kokotovic P V, O'Reilly J, Khalil H K. Singular perturbation methods in control: Analysis and design[J]. Analysis & Design, 1986, 25(6): 953-954.

[131] Trinh H, Aldeen M. Robust stability of singularly perturbed discrete-delay systems[J]. IEEE Transactions on Automatic Control, 1995, 40: 1620-1623.

[132] Hsiao F S,Pan S T,Teng C C. An efficient algorithm for finding the D-stability bound of discrete singularly perturbed systems with multiple time delays[J]. International Journal of Control,1999,72:1-17.

[133] Porter B. Singular perturbation methods in the design of stabilizing state-feedback controllers for multivariable linear systems [J]. International Journal of Control, 1977, 26: 589-594.

[134] Mei P,Cai C X,Zou Y. Stability analysis for singularly perturbed systems with time-varying delay[J]. Journal of Nanjing University of Science and Technology (Natural Science),2009,33(3):297-301.

[135] Zhao P W,Yao Y,Xu L Q. Robust control of time-delay systems with time-varying uncertainties[J]. Electric Machines & Control,2000,4(2):69-73.

[136] Kim J H. Robust stability of linear systems with delayed perturbations[J]. IEEE Transactions on Automatic Control,1996,41:1820-1822.

[137] Nyquist H. Regeneration theory[J]. Bell System Technical Journal,1932,11:126-127.

[138] Gan Z,Ge W,Zhao S,et al. Robust absolute stability of general Lurie type nonlinear control systems[J]. Mathematics Application,1999,12(1):121-124.

[139] 张志飞,章兢. 具有时滞的 Lurie 型组合系统的分散输出反馈镇定[J]. 武汉大学学报(工学版),2008,(4):117-121.

[140] Suthee P,Furuta K. Memoryless stabilization of uncertain linear systems including time-varying state delays[J]. IEEE Transactions on Automatic Control,1989,34:460-462.

[141] 孟博. 非线性奇异摄动控制系统理论的研究及应用[D]. 沈阳:东北大学,2009.

[142] 陈刚,朱红求,阳春华,等. 多时滞 Lurie 网络控制系统动态输出反馈控制器设计[J]. 通信学报,2012,33(12):116-122.

[143] Mori T. Criteria for asymptotic stability of linear time-delay systems[J]. IEEE Transactions on Automatic Control,1985,30:158-161.

[144] Cao Y Y,Sun Y X. Robust stability of uncertain systems with time-varying multistate delay[J]. IEEE Transactions on Automatic Control,1998,43:1484-1488.

[145] 张嗣瀛,高立群. 现代控制理论[M]. 北京:清华大学出版社,2006.

[146] 贾英民. 鲁棒 H_∞ 控制[M]. 北京:科学出版社,2007.

[147] 俞立. 鲁棒控制——线性矩阵不等式处理方法[M]. 北京:清华大学出版社,2002.

[148] Souza C D. Delay-dependent robust stability and stabilization of uncertain linear delay systems:A linear matrix inequality approach[J]. IEEE Transaction on Automatic Control,1997,42(8):1144-1148.

[149] Jiang X F,Xu W L. Robust exponential stabilization for linearly uncertain time-delay systems[J]. Journal of Tsinghua University,2004,44(7):997-1000.

[150] 俞立. 不确定离散系统的最优保性能控制[J]. 控制理论与应用,1999,6(5):639-642.

[151] 俞立,王景成,褚健. 不确定离散动态系统的保成本控制[J]. 自动化学报,1998,24(3):414-417.

[152] Chang K. Singular perturbations of a general boundary value problem[J]. SIAM Journal on Mathematics Analysis,2012,3(3):520-526.

[153] 王天成,王耀才,王军威,等. 变时滞不确定控制系统的保性能控制器设计[J]. 中国矿业大学学报,2005,34(4):504-508.

[154] 俞立,陈国定,杨马英. 具有滞后摄动的线性系统鲁棒稳定性分析[J]. 控制理论与应用,1999,16(4):577-579.

[155] Luo J S,Johnson A,van den Bosch P P J. Minimax guaranteed cost control for linear systems with large uncertain parameters—Riccati equation approach[C]. IFAC Proceedings,1993,26(2):271-274.

[156] Tang G Y. Suboptimal control for nonlinear systems:A successive approximation approach[J]. Systems and Control Letters,2005,54(5):429-434.

[157] Fischman M N,Dion J M,Dugard L,et al. A linear matrix inequality approach for guaranteed cost control[C]. IFAC Proceedings,1996,29(1):3591-3596.

[158] Xie L,Sony C. Guaranteed cost control of uncertain discrete-time systems[C]. IEEE Conference on Decision & Control,1993:56-61.

[159] Yu L,Wang J,Chu J. Guaranteed cost control of uncertain linear discrete time systems[C]. American Control Conference,1997,5:3181-3184.

[160] 张霓,吴铁军. 一类不确定混杂动态系统的保性能控制及其应用[J]. 华东理工大学学报,2002,28(4):435-440.

[161] 孙超君. 不确定非线性时滞系统保性能控制研究[D]. 青岛:中国海洋大学,2004.

[162] 褚宏军. 具有丢包的网络控制系统可靠保性能鲁棒控制[J]. 科学技术与工程,2008,8(20):5575-5579.

[163] 唐斌,刘国平,桂卫华. 不确定系统的网络化保性能控制[J]. 控制理论与应用,2008,25(1):105-110.

[164] 刘金良. 时滞系统的稳定性分析与滤波器设计[D]. 上海:东华大学,2011.

[165] 王思峰. 不确定非线性离散时滞系统的鲁棒 H_∞ 滤波器设计及应用[D]. 曲阜:曲阜师范大学,2010.

[166] 贾志鹏. 利用线性矩阵不等式方法设计滤波器[D]. 长春:吉林大学,2005.

[167] 张鹏. 线性不确定时滞系统的鲁棒无源滤波器设计[J]. 哈尔滨理工大学学报,2010,(3):59-63.

[168] 马新军,胥布工,向少华,等. 不确定多时变时滞 Lurie 系统的绝对稳定性[J]. 华南理工大学学报(自然科学版),2006,(6):44-48.

[169] 曹九稳. Lurie 系统的稳定性研究及其在混沌同步中的应用[D]. 成都:电子科技大学,2008.

[170] 刘轩. Lurie 时滞系统绝对稳定的时滞相关条件[J]. 韩山师范学院学报,2011,32(6):29-33.

[171] 范蓉蓉,张小美,祁恬,等. Lurie 系统的鲁棒量化控制[J]. 控制理论与应用,2012,29(1):91-96.

［172］Mukhija P,Kar N,Bhatt R. Delay-distribution-dependent robust stability analysis of uncertain Lurie systems with time-varying delay［J］. Acta Automatica Sinica,2012,38(7):1100-1106.

［173］田玉全. 不确定时滞 Lurie 系统鲁棒稳定性研究［D］. 青岛:青岛大学,2014.

［174］陈东彦,刘伟华. 多时滞 Lurie 控制系统的时滞相关鲁棒稳定性［J］. 控制理论与应用,2005,(3):499-502.

［175］李娥. 含有不确定项的时滞 Lurie 系统稳定性分析［D］. 西安:陕西师范大学,2012.

［176］高骞. 几类时滞 Lurie 系统的稳定性分析［D］. 秦皇岛:燕山大学,2012.

［177］汤红吉,李海萍,周儒娟,等. 具有分布变时滞 Lurie 控制系统的绝对稳定性［J］. 西北师范大学学报(自然科学版),2012,48(4):14-18.

［178］樊冲,包俊东. 时变时滞的 Lurie 控制系统的 H_∞ 状态反馈控制器的设计［J］. 内蒙古师范大学学报(自然科学汉文版),2010,39(1):22-26.

［179］林明明. 时滞 Lurie 系统的鲁棒控制研究［D］. 呼和浩特:内蒙古师范大学,2013.

［180］王岩青,王在华. 时滞不确定 Lurie 系统的鲁棒绝对稳定性准则［J］. 计算技术与自动化,2011,30(1):17-20.

［181］苑玉洁. 随机中立时滞 Lurie 系统的鲁棒绝对稳定性［D］.长沙:中南大学,2014.

［182］田玉全,林崇,张雷,等. 新的时变时滞 Lurie 系统的稳定性判据［J］. 青岛大学学报(工程技术版),2013,28(4):23-28.

［183］张芬,张艳邦. 一类 Lurie 时滞系统的时滞依赖鲁棒稳定［J］. 科学技术与工程,2011,11(16):3683-3687.

［184］阙军霞. 一类多时滞 Lurie 控制系统的研究［J］. 德州学院学报,2012,28(2):20-25.

［185］Sun F Q,Yang C Y,Zhang Q L,et al. Stability bound analysis of singularly perturbed systems with time-delays［J］. Chemical Industry & Chemical Engineering Quarterly,2013,19(4):505-511.

［186］Sun F Q,Yang C Y,Zhang Q L,et al. Stability bound analysis and design of singularly perturbed systems with time-varying delay［J］. Mathematical Problems in Engineering,2013,(1):61-68.

［187］孙凤琪. 时变不确定时滞系统的稳定性分析［J］. 吉林大学学报,2012,30(5):456-461.

［188］Sun F Q. Controller design for uncertain time-delay systems［J］. Journal of Harbin Institute of Technology,2012:116-118.

［189］孙凤琪. 广义网络控制系统的能控性能观性［J］. 吉林大学学报,2008,46(5):853-859.

［190］孙凤琪. 线性时滞系统的稳定性分析［J］.吉林大学学报(理学版),2014,52(4):709-714.

［191］孙凤琪. 时滞奇异摄动控制系统的稳定性分析［J］.吉林大学学报(信息版),2014,3(6):684-688.

［192］孙凤琪. 时不变时滞奇异摄动控制系统的保性能控制［J］.吉林大学学报(理学版),2015,53(5):863-867.

［193］孙凤琪. 时变时滞不确定奇异摄动系统的保性能控制［J］.吉林大学学报(信息版),2015,33(6):637-643.

[194] 孙凤琪. 不确定变时滞奇异摄动系统的控制器设计[J]. 吉林大学学报(理学版),2017,55(6):1449-1455.

[195] 姜思汇. 时滞奇异不确定控制系统的稳定性分析[D]. 四平:吉林师范大学,2017.

[196] 阚晓慧. 多时滞奇异摄动控制系统的保性能控制[D]. 四平:吉林师范大学,2017.